中国地质大学(武汉)数学建模系列教材
中国地质大学(武汉)教材项目(2022070)资助
中国地质大学(武汉)2022年度教学改革研究项目(2022015)资助

数学建模赛题分析与点评

SHUXUE JIANMO SAITI FENXI YU DIANPING

张玉洁　王元媛　黄昌盛　向东进　编著

图书在版编目(CIP)数据

数学建模赛题分析与点评/张玉洁等编著. —武汉:中国地质大学出版社,2024.11. —ISBN 978-7-5625-6037-1

Ⅰ.O141.4-53

中国国家版本馆 CIP 数据核字第 2025MF0365 号

数学建模赛题分析与点评	张玉洁 王元媛 黄昌盛 向东进 编著
责任编辑:郑济飞	责任校对:徐蕾蕾

出版发行:中国地质大学出版社(武汉市洪山区鲁磨路388号)　邮编:430074
电　　话:(027)67883511　　传真:(027)67883580　　E-mail:cbb@cug.edu.cn
经　　销:全国新华书店　　　　　　　　　　　　　　　http://cugp.cug.edu.cn

开本:787mm×960mm　1/16　　　字数:499千字　　印张:19.5
版次:2024年11月第1版　　　　　印次:2024年11月第1次印刷
印刷:湖北睿智印务有限公司

ISBN 978-7-5625-6037-1　　　　　　　　　　　　　　　　　　定价:68.00元

如有印装质量问题请与印刷厂联系调换

前　言

在以数据为驱动的时代背景下,数学建模作为一种强有力的分析与问题解决工具,在科学研究、工程技术、经济管理等多个领域中,已经成为相关专业人员不可或缺的技能。本书作者致力于近年来数学建模竞赛题目的深入剖析与评述,旨在协助读者深入理解问题的核心,掌握建模技巧,并提高解决实际问题的能力。

全国大学生数学建模竞赛为本科生提供了合作分析和解决实际问题的宝贵机会,同时培养了他们的数学建模能力,参赛者需具备丰富的数学知识和卓越的分析能力、创新思维。当前,数学建模课程已广泛纳入高等学校的教学体系,这不仅促进了各类建模活动的开展,也让更多学生有机会参与数学建模并深入理解数学的精髓。

本书的编著者们在中国地质大学(武汉)长期致力于数学建模课程的教学工作,并在建模培训和竞赛指导方面积累了丰富的经验。中国地质大学(武汉)在全国大学生数学建模竞赛的团队建设与竞赛培训方面取得了显著成就,近年来屡次荣获全国大学生数学建模竞赛一等奖和二等奖。编撰本书的初衷旨在为热衷数学建模的读者提供指导与灵感。通过精选历年的数学建模赛题,本书不仅重现了问题的原始背景和数据,还详尽展示了模型构建过程、求解方法及结果分析。每个赛题的分析均附有指导老师的点评,既突出了建模方法的创新点,也提出了期望改进的方向。鉴于数学建模竞赛论文的评价具有主观性,指导老师的点评主要基于个人的指导风格,希望读者在阅读过程中能够批判性地审视论文,吸取其中的精华部分,从而获得数学建模的实战经验,掌握不同类型问题的建模策略,并学会如何评价和改进模型。

本书所选的试题均为全国大学生数学建模竞赛试题。本书可作为数学建模课程的教材,也可作为参与竞赛的学生及教师的参考资料,为便于阅读,每章均配有相应的解题思路分析。

最后,对参赛学生表示感谢,对长期从事数学建模课程教学和竞赛指导的教师们表示敬意。同时,本书的出版得到了中国地质大学(武汉)数学与物理学院及中国地质大学出版社的大力支持,在此一并致谢!

鉴于编著者能力有限,书中可能存在疏漏与不当之处,恳请各位专家、同行及广大读者不吝指正。

本书的出版受到中国地质大学(武汉)教材项目"数学建模赛题分析与点评"(2022070)以及中国地质大学(武汉)2022年度教学改革研究项目"《数学建模》一流课程建设"(2022015)的支持。

扫码获取本书附件内容

目 录

第 1 章　城市表层土壤重金属污染分析(2011A) ……………………… (1)
　1.1　问题分析及思路概述 …………………………………………… (2)
　1.2　模型建立准备 …………………………………………………… (3)
　1.3　问题一的模型建立与求解 ……………………………………… (4)
　1.4　问题二的模型建立与求解 ……………………………………… (10)
　1.5　问题三的模型建立与求解 ……………………………………… (24)
　1.6　问题四的模型建立与求解 ……………………………………… (29)
　1.7　模型评价 ………………………………………………………… (32)
　主要参考文献 ………………………………………………………… (33)

第 2 章　碎纸片的拼接复原(2013B) ……………………………… (35)
　2.1　问题分析及思路概述 …………………………………………… (35)
　2.2　模型建立准备 …………………………………………………… (37)
　2.3　问题一的模型建立与求解 ……………………………………… (40)
　2.4　问题二的模型建立与求解 ……………………………………… (48)
　2.5　问题三的模型建立与求解 ……………………………………… (60)
　2.6　模型评价 ………………………………………………………… (65)
　主要参考文献 ………………………………………………………… (66)

第 3 章　嫦娥三号软着陆轨道设计与控制策略(2014A) ………… (68)
　3.1　问题分析及思路概述 …………………………………………… (69)
　3.2　模型建立准备 …………………………………………………… (70)

3.3 问题一的模型建立与求解 ······(71)
3.4 问题二的模型建立与求解 ······(73)
3.5 问题三的模型建立与求解 ······(87)
3.6 模型评价 ······(88)
主要参考文献 ······(88)

第 4 章　系泊系统的设计(2016A) ······(90)
4.1 问题分析及思路概述 ······(91)
4.2 模型建立准备 ······(93)
4.3 问题一的模型建立与求解 ······(93)
4.4 问题二的模型建立与求解 ······(105)
4.5 问题三的模型建立与求解 ······(108)
4.6 模型评价 ······(113)
主要参考文献 ······(116)

第 5 章　CT 系统参数标定及成像(2017A) ······(118)
5.1 问题分析及思路概述 ······(119)
5.2 模型建立准备 ······(120)
5.3 问题一的模型建立与求解 ······(121)
5.4 问题二的模型建立与求解 ······(133)
5.5 问题三的模型建立与求解 ······(137)
5.6 问题四的分析与求解 ······(139)
5.7 模型评价 ······(140)
主要参考文献 ······(141)

第 6 章　高温作业专用服装设计(2018A) ······(143)
6.1 问题分析及思路概述 ······(144)
6.2 模型建立准备 ······(145)
6.3 问题一的模型建立与求解 ······(146)

6.4　问题二的模型建立与求解 ……………………………………（151）
　　6.5　问题三的模型建立与求解 ……………………………………（155）
　　6.6　模型评价 ………………………………………………………（157）
　　主要参考文献 …………………………………………………………（158）

第7章　智能 RGV 的动态调度策略（2018B） ……………………（160）
　　7.1　问题分析及思路概述 …………………………………………（162）
　　7.2　模型建立准备 …………………………………………………（162）
　　7.3　问题一与问题二的模型建立 …………………………………（164）
　　7.4　问题一与问题二的求解 ………………………………………（173）
　　7.5　模型评价 ………………………………………………………（184）
　　主要参考文献 …………………………………………………………（185）

第8章　高压油管的压力控制（2019A） ……………………………（187）
　　8.1　问题分析及思路概述 …………………………………………（189）
　　8.2　模型建立准备 …………………………………………………（190）
　　8.3　问题一的模型建立与求解 ……………………………………（191）
　　8.4　问题二的模型建立与求解 ……………………………………（202）
　　8.5　问题三的模型建立与求解 ……………………………………（206）
　　8.6　模型评价 ………………………………………………………（211）
　　主要参考文献 …………………………………………………………（213）

第9章　炉温曲线（2020A） …………………………………………（214）
　　9.1　问题分析及思路概述 …………………………………………（216）
　　9.2　模型建立准备 …………………………………………………（217）
　　9.3　问题一的模型建立与求解 ……………………………………（218）
　　9.4　问题二的模型建立与求解 ……………………………………（227）
　　9.5　问题三的模型建立与求解 ……………………………………（230）
　　9.6　问题四的模型建立与求解 ……………………………………（234）

9.7　模型评价 ……………………………………………………………… (237)

主要参考文献 ……………………………………………………………… (237)

第10章　乙醇偶合制备 C_4 烯烃 (2021B) ……………………………… (239)

10.1　问题分析与基本思路 ………………………………………………… (240)

10.2　建模建立准备 ………………………………………………………… (241)

10.3　问题一的模型建立与求解 …………………………………………… (242)

10.4　问题二的模型建立与求解 …………………………………………… (252)

10.5　问题三的模型建立与求解 …………………………………………… (258)

10.6　问题四的模型建立与求解 …………………………………………… (263)

10.7　模型评价 ……………………………………………………………… (268)

主要参考文献 ……………………………………………………………… (268)

第11章　生产企业原材料的订购与运输 (2021C) ……………………… (270)

11.1　问题分析及思路概述 ………………………………………………… (272)

11.2　模型建立准备 ………………………………………………………… (273)

11.3　问题一的模型建立与求解 …………………………………………… (274)

11.4　问题二的模型建立与求解 …………………………………………… (289)

11.5　问题三的模型建立与求解 …………………………………………… (294)

11.6　问题四的模型建立与求解 …………………………………………… (296)

11.7　模型评价 ……………………………………………………………… (299)

主要参考文献 ……………………………………………………………… (299)

第1章 城市表层土壤重金属污染分析(2011A)[①]

随着城市经济的快速发展和城市人口的不断增加,人类活动对城市环境的影响日显突出。对城市土壤地质环境异常的查证,以及如何应用查证获得的海量数据资料开展城市环境质量评价,研究人类活动影响下城市地质环境的演变模式,日益成为人们关注的焦点。

按照功能划分,城区一般可分为生活区、工业区、山区、主干道路区及公园绿地区等,分别记为1类区、2类区、3类区、4类区、5类区,不同的区域环境受人类活动影响的程度不同。

现对某城市城区土壤地质环境进行调查。一方面,将所考察的城区划分为间距1km左右的网格子区域,按照1个/km^2采样点对表层土(0~10cm深度)进行取样、编号,并用GPS记录采样点的位置。应用专门仪器测试分析,获得了每个样本所含的多种化学元素的浓度数据。另一方面,按照2km的间距在那些远离人群及工业活动的自然区取样,将其作为该城区表层土壤中元素的背景值。

附件1列出了采样点的位置、海拔高度及其所属功能区等信息,附件2列出了8种主要重金属元素在采样点处的浓度,附件3列出了8种主要重金属元素的背景值。

现通过数学建模来完成以下任务:

(1) 给出8种主要重金属元素在该城区的空间分布,并分析区内不同区域重金属的污染程度。

(2) 通过数据分析,说明重金属污染的主要原因。

(3) 分析重金属污染物的传播特征,由此建立模型,确定污染源的位置。

---

① 本赛题内容根据2011年全国大学生数学建模竞赛一等奖论文改写而成。竞赛小组成员为陈双双、霍玉丹、蒋丽丽等,指导老师为张玉洁。

(4) 分析所建立模型的优缺点,为更好地研究城市地质环境的演变模式,还应收集什么信息? 有了这些信息,如何建立模型解决问题?

由于篇幅有限,附件的完整内容可扫描前言处的二维码获取。

附件1:取样点位置及其所属功能区

附件2:8种主要重金属元素的浓度

附件3:8种主要重金属元素的背景值

1.1 问题分析及思路概述

本节问题的数据来源于城市对土壤环境的实地监测,重点考虑数学模型的建立、计算方法及选择该方法的理由。

问题一,根据问题附件中给出的采样点以及在采样点处8种主要重金属元素的信息,研究各重金属元素的空间分布,并分析不同功能区重金属的污染程度。附件2中只给出了金属元素在采样点处的浓度值,要给出重金属在整个城区的空间分布,需要通过插值得到更加密集的浓度分布值。由于城区内样本点之间的重金属浓度存在空间相关性,因此可以用克里金(Kriging)法进行插值,此插值法是对空间分布的数据求线性最优解,生成整个城区的重金属含量数据,并绘制等值线图,从而得到整个城区重金属元素的空间分布。

绘制8种主要重金属元素在该城区的空间分布,可以选择利用Surfer(MAP-GIS)等画图软件,给出空间分布图,进而阐述5个地区8种重金属元素的分布、变化规律。同时为了分析得到区内不同区域重金属的污染程度,可以利用单因子评价法、内梅罗综合污染指数法、地质累积指数法(Muller指数)对重金属进行因子评价,根据建立的内梅罗综合污染指数评价标准,找到各重金属元素的分布、变化规律,对污染程度进行等级划分,最终判断出该城区不同区域重金属污染程度。

问题二,要求分析数据说明污染产生的原因。现有资料表明,某些重金属空间分布含量具有相关性,相关性较大的重金属可能在成因和来源上有一定的联系。因子分析法是根据变量之间的相互关系,运用数学变换将多个变量转变为少数几个线性不相关的综合指标,从而简化数据处理,用较少的有代表性的因子来说明众多变量所提取的主要信息,揭示出多个变量之间的关系,由于线性综合指标往往不能直接观测到,但它更能反映事物的本质,因此因子分析法在成因、来源分析问题的研究中是一种非常有效的数学方法,可用以解决很多环境相关的问题,比如污染源的判别,因此可以采用因子分析法来研究这个问题。

问题三,要求分析重金属污染物的传播特征,建立模型并确定污染源的位置。结合问题二的分析,可以知道重金属的传播主要由汽车尾气、燃煤等通过空气传播以及工业废水排放污染造成,这些污染物的传播都可以用对流-扩散微分方程进行描述。在给定边界值条件下,通过不同的数值计算方法来求解对流-扩散方程,在求解的过程中可以采用差分格式进行问题简化,进而直接利用已有数据进行最小二乘法求解得到重金属元素的污染源位置。

问题四,在分析问题三模型的优缺点基础上,为更好地研究城市地质环境的演变模型,应该确定收集什么信息,通过这些信息如何建立模型来解决问题,在模型的求解过程中前面主要应用了污染物的位置信息,实际为了得到准确表达式,还需要收集不同地理、天气等条件下的地质元素的分布,进一步根据这些信息建立更完善的优化模型,这具有很大的实际意义。

1.2 模型建立准备

1.2.1 基本假设

(1)假设采样的土壤均为非饱和土壤,即不饱和含水的土壤,重金属元素可以在土壤中随水分进行迁移;

(2)假设在采样时,没有大型降水或大风等天气变化,在近几年也没有发生大型的地质灾害,不会影响到元素浓度值的变化;

(3)附件中给出的数据均是原始数据,来源真实可靠,不考虑调查取样过程中带来的误差。

1.2.2 基本符号说明

P_{ij} 为第 $j(j=1,2,\cdots,8)$ 种重金属第 $i(i=1,2,\cdots,319)$ 个采样点的污染指

数；C_{ij} 为第 $j(j=1,2,\cdots,8)$ 种重金属第 $i(i=1,2,\cdots,319)$ 个采样点的实际测得值；S_j 为第 $j(j=1,2,\cdots,8)$ 种重金属评价标准值(背景值)。

其余部分符号的含义在使用时具体给出。

1.3 问题一的模型建立与求解

为了给出 8 种主要重金属元素在该城区的空间分布,须要将各重金属元素在该城区的分布情况通过图形展示出来,在这里利用 Surfer 软件,以附件 1 中给出的每个编号区域相对应的坐标 (x,y) 为自变量,以附件 2 中 8 种重金属元素浓度为因变量,利用 Kriging 最优插值法[1-2]做出这各重金属元素在该城区的空间分布图,并通过颜色深浅区分各功能区重金属污染程度,最后将功能区分布图与重金属元素空间分布图进行对比,得到 8 种重金属在该城区的空间分布。同时为了分析该城区内不同区域重金属污染程度,分别利用内梅罗综合污染指数和地质累积指数对重金属污染进行多因子评价,根据建立的内梅罗综合污染指数评价标准和地质累积指数评价标准,对污染程度进行等级划分,最终判断出该城区不同区域重金属的污染程度。

1.3.1 8 种主要重金属元素的空间分布

先给出 8 种主要重金属元素在该城区的空间分布,利用 Surfer 软件,做出 8 种重金属元素含量的空间分布等值线图(图 1-1)。

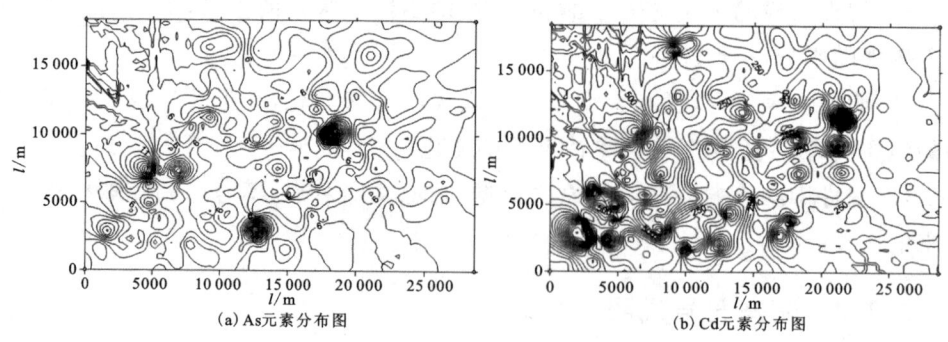

(a) As 元素分布图　　　　　　(b) Cd 元素分布图

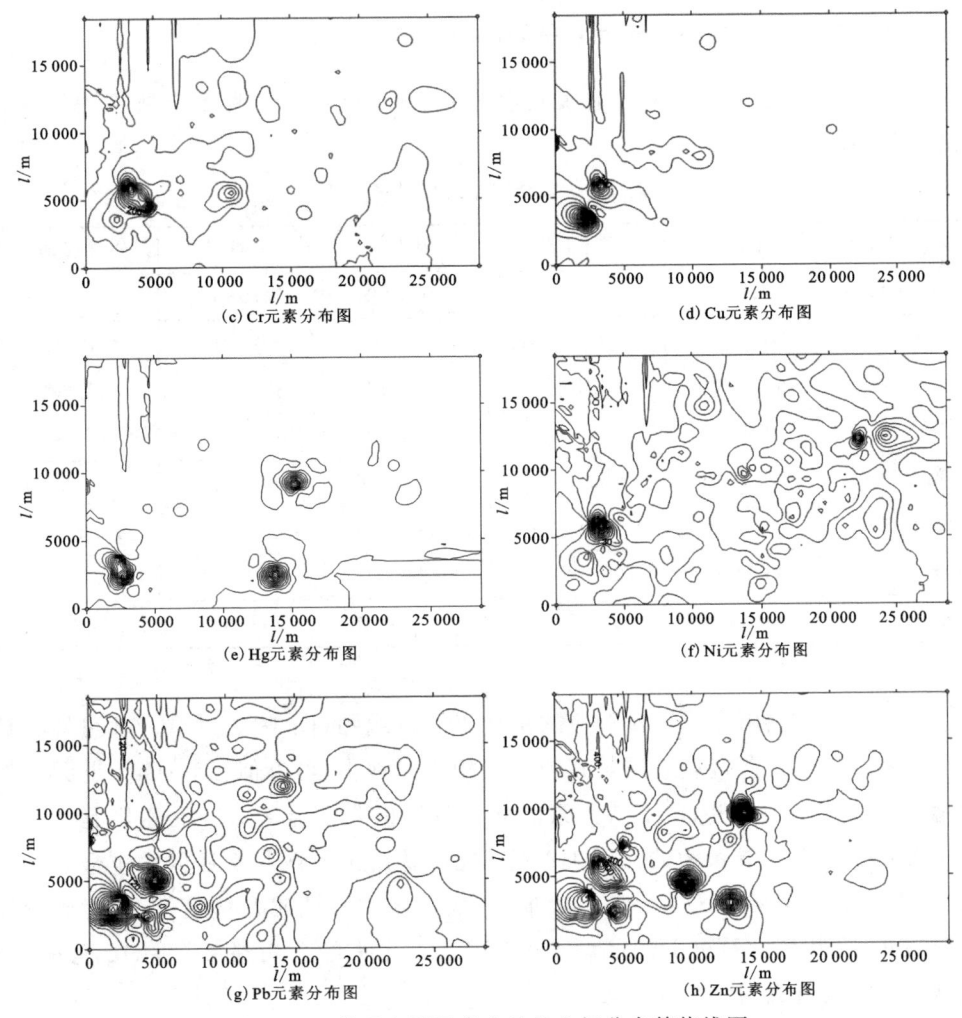

图 1-1 8 种重金属元素含量的空间分布等值线图

在图 1-1 中,颜色越深代表浓度越高。结合附件 1 中功能区的划分可知,As 元素主要分布在生活区和交通区;Cd 元素主要分布在工业区和交通区;Cr 元素主要分布在生活区和交通区;Cu 元素主要分布在工业区;Hg 元素主要分布在工业区和交通区;Ni 元素主要分布在交通区;Pb 元素主要分布在生活区和交通区;Zn 元素主要分布在生活区和工业区。山区与公园绿地区的相对重金属含量都比较低。

1.5 个地区的 8 种重金属元素平均值的分布

分别对 5 个地区的 8 种重金属元素求平均值,可列出 8 种重金属平均值分布图表(表 1-1、图 1-2)。

表 1-1 重金属平均值的分布表

重金属元素	生活区	工业区	山区	交通区	公园绿地区
As/×10⁻⁶	6.270 455	7.251 389	4.044 091	5.708 04	6.263 714
Cd/×10⁻⁹	289.961 4	393.111 1	152.319 7	360.014	280.542 9
Cr/×10⁻⁶	69.018 41	53.409 17	38.959 7	58.053 9	43.636
Cu/×10⁻⁶	49.403 18	127.535 8	17.317 27	62.214 9	30.191 71
Hg/×10⁻⁹	93.040 68	642.355 3	40.956 06	446.823	114.991 7
Ni/×10⁻⁶	18.342 27	19.811 67	15.453 79	17.617 1	15.289 71
Pb/×10⁻⁶	69.106 36	93.040 83	36.555 91	63.534 2	60.708 57
Zn/×10⁻⁶	237.008 6	277.927 5	73.294 24	242.855	154.242 3

由表 1-1 可画出 5 个区域对应的重金属的折线图(图 1-2),由图 1-2 可知各地区的 As、Ni、Cr 元素含量差异与其他元素相比非常小,可近似相等;Cu、Pb 元素的含量差异则相对大一些;Cd、Zn 元素的含量差异也非常显著;Hg 元素则是所有元素中各地区分布差异最大的。图 1-2 直观地反映出工业区与交通区的重金属含量最高,即工业区与交通区的污染程度最大,而山区的重金属含量最低,即污染程度相对较小。同时,可看出 Hg 元素、Cd 元素、Zn 元素的含量最高,即 Hg 元素、Cd 元素、Zn 元素造成的污染最严重。

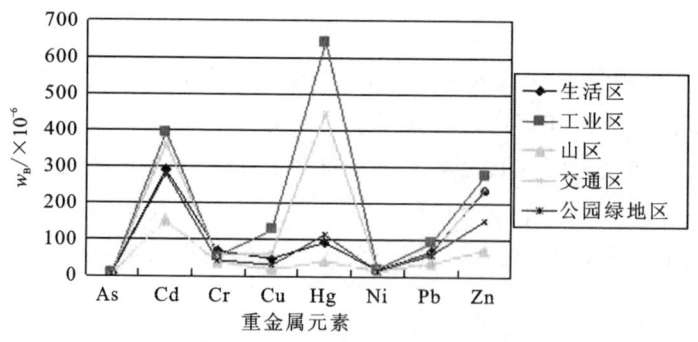

图 1-2 重金属元素平均值分布图

2. 全区域重金属元素含量分布

分别求出全区域 8 种重金属元素含量的最小值、最大值、平均值、方差和标准差,直观地反映 8 种重金属元素的分布(表 1-2)。

表 1-2 全区域重金属元素含量分布表

重金属元素	最小值	最大值	平均值	方差	标准差	自然背景值
As/$\times 10^{-6}$	1.61	30.13	5.676 489	9.146 343	3.024 292	3.6
Cd/$\times 10^{-9}$	40	1 619.8	302.396 2	50 619.42	224.987 6	130
Cr/$\times 10^{-6}$	15.32	920.84	53.509 65	4 900.250	70.001 78	31
Cu/$\times 10^{-6}$	2.29	2 528.48	55.016 73	26 541.32	162.915 0	13.2
Hg/$\times 10^{-9}$	8.57	16 000	299.711 2	2 655 399.894	1 629.539	35
Ni/$\times 10^{-6}$	4.27	142.5	17.261 84	98.831 89	9.941 422	12.3
Pb/$\times 10^{-6}$	19.68	472.48	61.740 94	2 505.779	50.057 75	31
Zn/$\times 10^{-6}$	32.86	3 760.82	201.202 6	115 078.7	339.232 5	69

由表 1-2 的最小值、最大值可见,As 元素、Ni 元素的含量差异非常小,而 Cd 元素、Zn 元素的含量差异已达到 10^3,并且 Hg 元素的含量差异达到 10^4。由平均值可见,Hg 元素、Zn 元素的含量最高。由方差和标准差可见,Cd 元素、Zn 元素、Hg 元素的含量差异显著。此结论与前面的结论一致。

1.3.2 评价重金属污染程度方法

1.3.2.1 单因子评价法

单因子评价法对环境中污染物的污染程度进行评价的方法,是目前被广泛采用的方法之一。单因子评价方法公式[3-4]为

$$P_{ij} = \frac{C_{ij}}{S_j}, (i=1,2,\cdots,319, j=1,2,\cdots,8) \tag{1-1}$$

式中:P_{ij} 为第 $j(j=1,2,\cdots,8)$ 种重金属第 $i(i=1,2,\cdots,319)$ 个采样点的污染指数;C_{ij} 为第 $j(j=1,2,\cdots,8)$ 种重金属第 $i(i=1,2,\cdots,319)$ 个采样点的实际测得值;S_j 为第 $j(j=1,2,\cdots,8)$ 种重金属评价标准值(背景值)。

为了反映各重金属污染物对土壤的不同作用,突出高浓度污染物对环境的影

响,采用内梅罗综合污染指数法对土壤重金属污染进行评价,此方法既能反映各污染物对土壤的作用,同时也突出了高浓度污染物对土壤环境的质量的影响。其计算公式[3-4]为

$$P_{j综} = \sqrt{\frac{(P_{\cdot j})^2_{平均} + (P_{\cdot j})^2_{\max}}{2}}, (j = 1, 2, \cdots, 8) \quad (1\text{-}2)$$

式中:$P_{j综}$ 为第 $j(j=1,2,\cdots,8)$ 种重金属综合污染指数;$(P_{\cdot j})_{平均}$ 为各因子污染指数 P_{ij} 相对于每一种重金属污染指数的平均值;$(P_{\cdot j})_{\max}$ 为每一种重金属污染指数中的最大值。综合污染指标 $P_{综}$ 值对环境的影响见表1-3。

表 1-3 综合污染程度分级指标

$P_{综}$	$0 \leqslant P_{综} \leqslant 0.7$	$0.7 < P_{综} \leqslant 1$	$1.0 < P_{综} \leqslant 2.0$	$2 < P_{综} \leqslant 3$	$3.0 < P_{综}$
污染情况(分级)	优良(0)	安全(1)	轻度污染(2)	中污染(3)	重污染(4)

根据以上方法原理,分别算出 5 个区域的 8 种重金属元素的综合污染指数,并以综合污染指数来代表污染程度,可得出如图 1-3 的不同分区的重金属污染程度(内梅罗综合污染指数法),图 1-3 中从左到右依次为 As、Cd、Cr、Cu、Hg、Ni、Pb、Zn 元素。

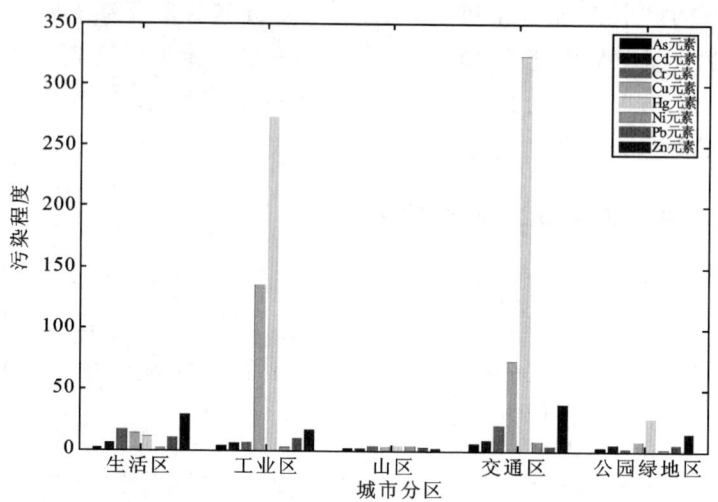

图 1-3 不同分区的重金属污染程度(内梅罗综合污染指数法)

由图 1-3 可明显看出生活区、山区、公园绿地区的重金属含量偏低,且含量差异极小,尤其以山区最为明显。而工业区和交通区的重金属含量相对较高,且含量

差异较大,尤其是 Hg、Cu、Zn 元素的含量差异显著。

从图 1-3 可以说明工业区与交通区的污染程度最大,而山区的污染程度相对较小。同时,可看出 Hg、Cu、Zn 元素的含量最高,可以说明污染主要是由 Hg、Cu、Zn 元素造成的。

1.3.2.2 地质累积指数法

虽然单因子评价法和内梅罗综合指数法能对研究区土壤重金属污染程度进行较为全面的评价,但无法从自然异常中分离人为的异常,判断重金属的人为污染情况,地质累积指数法又称 Muller 指数,是广泛地应用于研究沉积物及其他物质中重金属污染程度的定量指标。

地质累积指数法表达式[3-4]为

$$I_{ij} = \log_2[C_{ij}/(k \cdot S_j)] \quad (i=1,2,\cdots,319, j=1,2,\cdots,8) \quad (1-3)$$

式中:k 为考虑各地岩石差异可能会引起的背景值的变动而取的系数(此处 k 取 1.5),用来表征沉积特征、岩石地质及其他影响。再利用内梅罗综合污染指数法,能更合理地反映评价区域内总体污染情况。其计算公式为

$$P'_{j综} = \sqrt{\frac{(I_{\cdot j})^2_{平均} + (I_{\cdot j})^2_{\max}}{2}}, (j=1,2,\cdots,8) \quad (1-4)$$

式中:$P'_{j综}$ 为第 $j(j=1,2,\cdots,8)$ 种重金属综合污染指数;$(I_{\cdot j})_{平均} = \frac{1}{319}\sum_{i=1}^{319} I_{ij}$;$(I_{\cdot j})_{\max}$ 为每一种重金属地质累积指数中的最大值。

根据地质累积指数法,分别算出 5 个区域的 8 种重金属元素的地质累积指数,并以地质累积指数来代表污染程度,可得出如图 1-4 的不同分区的重金属污染程度(地质累积指数法),图 1-4 中从左到右依次为 As 元素、Cd 元素、Cr 元素、Cu 元素、Hg 元素、Ni 元素、Pb 元素、Zn 元素。

根据表 1-3 和图 1-4 的地质累积指数法不同分区的重金属污染程度,可以得出各区 8 种元素的 Muller 指数的污染分级表。

由表 1-4,可明显看出生活区、山区、公园绿地区的污染指数偏低,尤其以山区最为明显,污染指数为 0。而工业区和交通区的污染指数较高,尤其表现在 Hg、Cu、Zn 元素的污染指数上,例如,工业区和交通区的 Hg 元素的污染指数都达到 4。

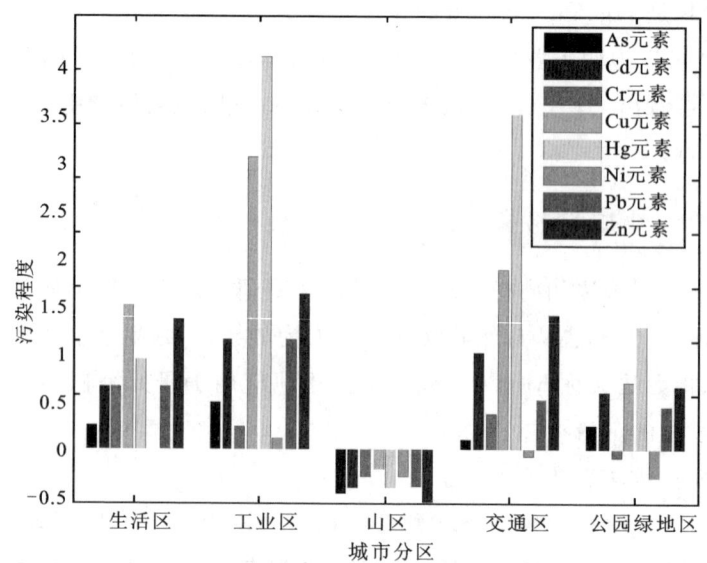

图 1-4 不同分区的重金属污染程度(地质累积指数法)

表 1-4 各区 8 种元素的 Muller 指数的污染分级表

重金属污染元素	生活区	工业区	山区	交通区	公园绿地区
As	1	1	0	1	1
Cd	1	2	0	1	1
Cr	1	1	0	1	0
Cu	2	3	0	2	1
Hg	1	4	0	4	2
Ni	0	1	0	0	0
Pb	1	2	0	1	1
Zn	2	2	0	2	1

1.4 问题二的模型建立与求解

要研究污染产生的原因,必须要充分地考虑各种污染物内在的产生原因,因子分析法可以根据多个实测变量之间的相互关系,运用数学变换,将多个变量转变为少数几个线性不相关的综合指标,从而简化数据处理,用较少的有代表性的因子来说明众多变量,表示出多个变量间的因果关系,以此来建立判别污染来源的综合指标。

1.4.1 模型建立

根据因子分析法的一般步骤,首先对问题附件中提供的采样点的各重金属浓度进行处理,然后得到各重金属浓度之间的相关系数矩阵,求出相关系数矩阵的特征值和特征向量,将 8 种重金属元素转变为少数几个线性无关的综合指标。再使用方差最大法进行正交变换,使因子载荷两极分化,旋转后的因子仍然是正交的,最后确定出因子个数,确定各区内污染状况的主导因子,计算因子得分,并做出各因子的分布图,结合功能区分布特征进行污染源的分析,继而说明 5 个区域内重金属污染的主要原因。

因子分析方法从变量的相关矩阵出发,将一个 m 维的随机向量分解成低于 m 个且有代表性的公因子和一个特殊的 m 维向量,使其公因子数取得最佳的个数,从而将 m 维向量转化成较少个数的公因子的研究[5-6]。

因子分析的一般步骤:

(1)原始数据的标准化,其公式为

$$\tilde{x}_{ij} = \frac{x_{ij} - \bar{x}_j}{s_j} \tag{1-5}$$

式中: $\bar{x}_j$、s_j 是矩阵 $X = (x_{ij})_{M \times N}$ 每一列的均值与标准差。标准化的目的在于消除不同变量的量纲的影响,而且标准化不会改变变量的相关系数。

(2)计算标准化数据的相关系数矩阵,求出相关系数矩阵的特征值和特征向量。

(3)使用方差最大法,进行正交变换。其目的是使因子载荷两极分化,而且旋转后的因子仍然正交。

(4)确定因子个数,计算因子得分,进行统计分析。

1.4.2 模型求解与分析

分别对 5 个区域的重金属元素进行因子分析,首先计算每个区的重金属相关性系数矩阵。

1.4.2.1 生活区污染分析

1. 生活区结果分析与讨论

由生活区 8 种重金属相关性系数矩阵(表 1-5)可知,Pb 元素和 Cd 元素的相关性最好,相关系数为 0.802;其次为 Ni 元素和 As 元素,相关系数为 0.605;以下依次是 Cu 元素和 As 元素,Ni 元素和 Cr 元素的相关性较好,相关系数分别为 0.531 和 0.527;Pb 元素和 Cu 元素的相关系数为 0.502。表 1-6 给出了 KMO 和巴特利特的检验结果,其中 KMO 值越接近 1,表示越适合作因子分析,从表 1-6 中可以看到 KMO 的值为 0.706,表示适合作因子分析,巴特利特球形度检验的原假设为相关系数矩阵是单位矩阵,显著性值为 0.000,小于显著水平 0.05,因此拒绝原假设,说明变量之间存在相关关系,适合作因子分析。

表 1-5　生活区 8 种重金属相关性系数矩阵

重金属元素	As	Cd	Cr	Cu	Hg	Ni	Pb	Zn
$As/\times 10^{-6}$	1.000	0.381	0.238	0.531	0.293	0.605	0.45	−0.017
$Cd/\times 10^{-6}$	0.381	1.000	0.349	0.499	0.397	0.283	0.802	0.346
$Cr/\times 10^{-6}$	0.238	0.349	1.000	0.376	0.15	0.527	0.416	0.412
$Cu/\times 10^{-6}$	0.531	0.499	0.376	1.000	0.198	0.434	0.502	0.238
$Hg/\times 10^{-9}$	0.293	0.397	0.15	0.198	1.000	0.211	0.34	0.242
$Ni/\times 10^{-6}$	0.605	0.283	0.527	0.434	0.211	1.000	0.3	0.334
$Pb/\times 10^{-6}$	0.45	0.802	0.416	0.502	0.34	0.3	1.000	0.328
$Zn/\times 10^{-6}$	−0.017	0.346	0.412	0.238	0.242	0.334	0.328	1.000

表 1-6　KMO 和巴特利特检验

KMO 取样适切性量数		0.706
巴特利特球形度检验	近似卡方	133.774
	自由度	28
	显著性	0.000

因子分析的关键就是利用相关系数矩阵求出相应因子的特征值和累计贡献率。通过计算,得到表1-7和表1-8的因子分析数据结果。

表 1-7 特征值和累计贡献率

成分	特征值	累积贡献/%
1	3.632	45.400
2	1.136	59.598
3	1.075	73.039
4	0.794	82.958
5	0.524	89.504
6	0.444	95.059
7	0.233	97.972
8	0.162	100.000

表 1-8 旋转后因子载荷矩阵

重金属元素	成分						共同度
	1	2	3	4	5	6	
As	0.351	0.826	−0.216	−0.053	0.111	0.214	0.914
Cd	0.908	0.112	0.135	0.057	0.148	0.113	0.893
Cr	0.258	0.238	0.183	0.907	0.023	0.096	0.990
Cu	0.377	0.326	0.077	0.122	0.032	0.852	0.996
Hg	0.258	0.125	0.093	0.022	0.952	0.024	0.999
Ni	0.095	0.867	0.265	0.298	0.040	0.048	0.924
Pb	0.921	0.172	0.071	0.136	0.069	0.081	0.912
Zn	0.230	0.059	0.940	0.160	0.092	0.053	0.977

由表1-7分析,因子1单项的方差贡献率达45.4%,所以因子1是造成生活区污染的主要来源,而因子2、3、4、5、6对生活区重金属污染也有重要作用,同时因子

分析的变量共同度都非常高,表明变量中的大部分信息均能被因子所提取,说明因子分析的结果是有效的。

从特征值图 1-5 可看出,1、2 因子之间的连线比较陡峭,说明特征值的差值较大,即前两个因子起着最重要的作用。分析 6 个主因子,其累积贡献率达到 95.059%,所以生活区所选因子为以下 6 个因子(表 1-8)。

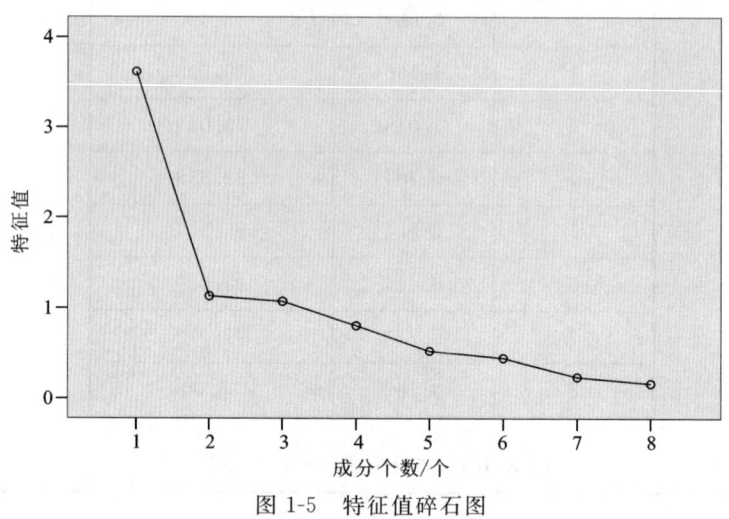

图 1-5　特征值碎石图

由旋转后因子载荷矩阵的分析得知,因子 1 支配的变量为 Cd 元素和 Pb 元素,因子 2 支配的变量为 As 元素和 Ni 元素,因子 3 支配的变量为 Zn 元素,因子 4 支配的变量为 Cr 元素,因子 5 支配的变量为 Hg 元素,因子 6 支配的变量为 Cu 元素。

2. 生活区污染原因分析

变量与某一个因子的联系系数绝对值(载荷)越大,则该因子与变量关系越接近。根据正交因子解说明,因子 1 为 Pb 元素和 Cd 元素的组合,因子 2 为 As 元素和 Ni 元素的组合,所以可以推想 Pb 元素和 Cd 元素同源,As 元素和 Ni 元素同源,且由表 1-8 可知,因子 1(Pb 元素和 Cd 元素)是造成工业区污染的主要来源。

在生活区,Pb 元素主要来源于汽车尾气的排放,交通运输所用的各种工具,如汽车、飞机等使用的汽油燃料,都可把含 Pb 元素的化合物排入大气,使得生活区产生 Pb 污染[7-8]。Cd 元素的来源则可能是污水灌溉、垃圾堆肥和农药的使用,最主要的原因是农业活动和交通因素造成的。

1.4.2.2 工业区污染分析

1. 工业区结果分析与讨论

由表 1-9 相关性系数矩阵可知,各重金属元素之间的相关性系数都很大,Hg 元素和 Cu 元素,Cr 元素和 Cu 元素,Hg 元素和 Cr 元素相关系数分别为 0.983、0.920、0.902;其后依次是 Pb 元素和 Cd 元素,Cd 元素和 Zn 元素,Pb 元素和 Zn 元素的相关性较好,相关系数分别为 0.829、0.754、0.739;而 Ni 元素和 Cr 元素,Zn 元素和 Cr 元素,Ni 元素和 As 元素之间的相关系数也比较大,分别为 0.698、0.695、0.690。表 1-10 给出了 KMO 和巴特利特的检验结果,其中 KMO 的值为 0.753,显著性值为 0.000,小于显著水平 0.05,说明变量之间存在相关关系,适合作因子分析。

表 1-9 工业区 8 种重金属相关性系数矩阵

重金属元素	As	Cd	Cr	Cu	Hg	Ni	Pb	Zn
As/$\times 10^{-6}$	1.000	0.329	0.380	0.153	0.181	0.690	0.395	0.518
Cd/$\times 10^{-9}$	0.329	1.000	0.541	0.566	0.533	0.489	0.829	0.754
Cr/$\times 10^{-6}$	0.380	0.541	1.000	0.920	0.902	0.698	0.675	0.695
Cu/$\times 10^{-6}$	0.153	0.566	0.920	1.000	0.983	0.503	0.670	0.622
Hg/$\times 10^{-9}$	0.181	0.533	0.902	0.983	1.000	0.479	0.612	0.590
Ni/$\times 10^{-6}$	0.690	0.489	0.698	0.503	0.479	1.000	0.578	0.634
Pb/$\times 10^{-6}$	0.395	0.829	0.675	0.670	0.612	0.578	1.000	0.739
Zn/$\times 10^{-6}$	0.518	0.754	0.695	0.622	0.590	0.634	0.739	1.000

表 1-10 KMO 和巴特利特检验

KMO 取样适切性量数		0.753
巴特利特球形度检验	近似卡方	332.312
	自由度	28
	显著性	0.000

由表 1-9 与表 1-10 可以分析出工业区各重金属元素之间的相关系数非常大,污染源比较集中。从成因上分析,可能是某些工厂工业废水、废气的排放导致了工业区的数据之间相关性好。通过计算,得到表 1-11 相应的因子的特征值和累计贡献率以及表 1-12 对应的旋转后因子载荷矩阵。

由表 1-11 可以看出,前 4 个因子的特征值之和占总特征值的 94.546%,因此选取前 4 个因子作为主因子。因子 1 单项的方差贡献率就达 65.68%,所以因子 1 是造成工业区污染的主要来源。

表 1-11 特征值和累计贡献率

成分	特征值	累积贡献/%
1	5.254	65.680
2	1.262	81.454
3	0.781	91.219
4	0.266	94.546
5	0.227	97.384
6	0.151	99.273
7	0.050	99.903
8	0.008	100.000

表 1-12 旋转后因子载荷矩阵

重金属元素	成分				共同度
	1	2	3	4	
As	0.169	0.117	0.930	0.122	0.922
Cd	0.503	0.811	0.140	0.050	0.933
Cr	0.949	0.041	0.244	−0.029	0.963
Cu	0.990	0.089	−0.044	−0.003	0.990
Hg	0.983	0.036	−0.028	0.034	0.970
Ni	0.536	0.142	0.737	−0.282	0.930
Pb	0.620	0.686	0.209	−0.133	0.916
Zn	0.614	0.486	0.400	0.407	0.939

由表 1-12 分析得知，因子 1 支配的变量为 Hg 元素、Cr 元素、Cu 元素、Pb 元素和 Zn 元素，因子 2 支配的变量为 Cd 元素、Pb 元素、Zn 元素，因子 3 支配的变量为 As 元素、Ni 元素和 Zn 元素，因子 4 支配的变量为 Zn 元素。

2. 工业区污染原因分析

由表 1-11 与表 1-12 可知，工业区的 Hg 元素、Cr 元素和 Cu 元素的相关性大且同源，因子 1（Hg 元素、Cr 元素和 Cu 元素）、因子 2（Cd 元素和 Pb 元素）是造成工业区污染的主要来源。

工业区 Hg 元素和 Pb 元素的含量和污染指数都很大，Hg 元素和 Pb 元素主要来自汽车尾气、工业三废排放和污水灌溉，其中燃煤和交通运输可能是其重要来源。在工业区，各种大型污染企业很多，所以 Hg 元素来源较单一，废气和废水排放是其污染的主要来源[9]。交通运输工具的汽油燃料和工厂企业排放的废气，可把含 Pb 元素的化合物排入大气，使得工业区产生 Pb 污染。Cd 元素、Cu 元素主要来自一些大型的矿工企业及交通运输等，并且在不同矿工企业周围，重金属污染也表现出明显的差异。造成 Ni 元素、Cr 元素污染的原因可能是工厂废水排放，也可能是附近有矿山开采等。

在工业区 Pb 元素的主要来源应该是各种工业中铅金属的使用和汽车尾气排放，而 Cd 元素的主要来源是颜料行业和石油化工厂。

1.4.2.3　山区污染分析

1. 山区结果分析与讨论

由表 1-13 相关性系数矩阵可知，Cr 元素和 Ni 元素的相关性最好，相关系数最大，为 0.945，其次为 Cd 元素和 Pb 元素，相关系数为 0.766，其后依次是 Zn 元素和 Cr 元素、Cd 元素和 Zn 元素、Ni 元素和 Zn 元素的相关性较好，相关系数分别为 0.627 和 0.629，接下来是 Zn 元素和 Cd 元素、Zn 元素和 Pb 元素，相关系数分别为 0.606 和 0.590。表 1-14 给出了 KMO 和巴特利特的检验结果，其中 KMO 的值为 0.607，显著性值为 0.000，小于显著水平 0.05，说明变量之间存在相关关系，适合作因子分析。

表 1-13 山区 8 种重金属相关性系数矩阵

重金属元素	As	Cd	Cr	Cu	Hg	Ni	Pb	Zn
As/×10^{-6}	1.000	−0.291	0.113	0.527	0.075	0.078	−0.205	−0.176
Cd/×10^{-9}	−0.291	1.000	0.066	0.090	0.246	0.049	0.766	0.606
Cr/×10^{-6}	0.113	0.066	1.000	0.364	−0.006	0.945	0.107	0.627
Cu/×10^{-6}	0.527	0.090	0.364	1.000	0.505	0.358	0.122	0.252
Hg/×10^{-9}	0.075	0.246	−0.006	0.505	1.000	−0.045	0.226	0.170
Ni/×10^{-6}	0.078	0.049	0.945	0.358	−0.045	1.000	0.028	0.629
Pb/×10^{-6}	−0.205	0.766	0.107	0.122	0.226	0.028	1.000	0.590
Zn/×10^{-6}	−0.176	0.606	0.627	0.252	0.170	0.629	0.590	1.000

表 1-14 KMO 和巴特利特检验

KMO 取样适切性量数		0.607
巴特利特球形度检验	近似卡方	365.924
	自由度	28
	显著性	0.000

通过计算,得到表 1-15 相应的因子的特征值和累计贡献率以及表 1-16 对应的旋转后因子载荷矩阵。

表 1-15 特征值和累计贡献率

成分	特征值	累积贡献/%
1	3.056	38.202
2	2.045	63.759
3	1.552	83.154
4	0.684	91.705
5	0.251	94.837
6	0.218	97.558
7	0.153	99.465
8	0.043	100

由表 1-15 可知,前 5 个因子的方差贡献率达到 94.837%,特别是因子 1 的方差贡献率为 38.202%。因此选取前 5 个因子作为山区重金属污染分析的主因子。

由表 1-16 分析得知,因子 1 支配的变量为 Ni 元素、Cr 元素、Zn 元素,因子 2 支配的变量为 Cd 元素、Pb 元素、Zn 元素,因子 3 支配的变量为 As 元素,因子 4 支配的变量为 Hg 元素,因子 5 支配的变量为 Cu 元素。

表 1-16 旋转后因子载荷矩阵

重金属元素	成分					共同度
	1	2	3	4	5	
As	0.045	−0.196	0.968	0.042	0.010	0.979
Cd	0.029	0.925	−0.157	0.060	0.184	0.918
Cr	0.972	0.047	0.091	−0.002	−0.02	0.956
Cu	0.337	0.089	0.545	0.477	0.571	0.972
Hg	−0.023	0.180	0.062	0.977	0.030	0.993
Ni	0.981	−0.005	0.029	−0.036	0.078	0.971
Pb	0.051	0.937	0.013	0.092	−0.141	0.910
Zn	0.681	0.637	−0.106	0.089	−0.036	0.889

2. 山区污染原因分析

由表 1-13 和表 1-16 可知,山区的 Cr 元素和 Ni 元素、Cd 元素和 Pb 元素的相关性好且同源,因子 1(Cr 元素和 Ni 元素)、因子 2(Cd 元素和 Pb 元素)、因子 3(As 元素)是造成山区重金属污染的主要来源。

但是就山区整体而言,山区的污染程度最小。Cr 元素、Ni 元素、As 元素的含量主要都是受母土质的影响,在山区内的污染可认为是因为垃圾堆积产生的。

1.4.2.4 交通区污染分析

1. 交通区结果分析与讨论

由表 1-17 相关性系数矩阵可知,Cu 元素和 Cr 元素、Ni 元素和 Cu 元素、Ni 元素和 Cr 元素的相关性最好,相关系数分别为 0.894、0.886 和 0.869;其次为 Ni 元素和 As 元素,相关系数为 0.605;其后依次是 Pb 元素和 Cd 元素、Pb 元素和 Cu 元素、Zn 元素和 Ni 元素的相关性较好,相关系数分别为 0.615、0.506、0.503。表 1-18 给出了 KMO 和巴特利特的检验结果,其中 KMO 的值为 0.772,显著性值为 0.000,小于显著水平 0.05,说明变量之间存在相关关系,适合作因子分析。

表 1-17　交通区 8 种重金属变量相关矩阵

重金属元素	As	Cd	Cr	Cu	Hg	Ni	Pb	Zn
As	1.000	0.121	0.139	0.092	−0.004	0.228	0.060	0.188
Cd	0.121	1.000	0.373	0.424	0.211	0.351	0.615	0.294
Cr	0.139	0.373	1.000	0.894	0.012	0.869	0.428	0.395
Cu	0.092	0.424	0.894	1.000	0.032	0.886	0.506	0.432
Hg	−0.004	0.211	0.012	0.032	10.00	0.040	0.266	0.118
Ni	0.228	0.351	0.869	0.886	0.040	1.000	0.396	0.503
Pb	0.060	0.615	0.428	0.506	0.266	0.396	1.000	0.482
Zn	0.188	0.294	0.395	0.432	0.118	0.503	0.482	1.000

表 1-18　KMO 和巴特利特检验

KMO 取样适切性量数		0.772
巴特利特球形度检验	近似卡方	639.348
	自由度	28
	显著性	0.000

通过计算,得到表 1-19 相应的因子的特征值和累计贡献率以及表 1-20 对应的旋转后因子载荷矩阵。

表 1-19　特征值和累计贡献率

成分	特征值	累积贡献/%
1	3.751	46.893
2	1.285	62.954
3	0.994	75.376

续表 1-19

成分	特征值	累积贡献/%
4	0.747	84.715
5	0.686	93.291
6	0.337	97.506
7	0.116	98.955
8	0.084	100.000

由表 1-19 可知,前 5 个因子的方差贡献率达到 93.291%,特别是因子 1 的方差贡献率为 46.893%。因此选取前 5 个因子作为交通区重金属污染分析的主因子。

由表 1-20 得知,因子 1 支配的变量为 Cu 元素、Ni 元素、Cr 元素,因子 2 支配的变量为 Cd 元素、Pb 元素,因子 3 支配的变量为 As 元素,因子 4 支配的变量为 Hg 元素,因子 5 支配的变量为 Zn 元素。

表 1-20 旋转后因子载荷矩阵

重金属元素	成分					共同度
	1	2	3	4	5	
As	0.112	0.042	0.986	−0.006	0.07	0.992
Cd	0.275	0.895	0.09	0.062	−0.045	0.891
Cr	0.953	0.132	0.023	−0.016	0.021	0.927
Cu	0.944	0.208	−0.035	−0.008	0.067	0.941
Hg	0.005	0.157	−0.006	0.986	0.042	0.999
Ni	0.942	0.073	0.122	0.019	0.153	0.931
Pb	0.333	0.752	−0.062	0.149	0.336	0.815
Zn	0.363	0.183	0.095	0.045	0.889	0.967

2. 交通区污染原因分析

由表 1-17、表 1-20 可知,交通区的 Cu 元素、Ni 元素、Cr 元素的相关性好且同源,因子 1(Cu 元素、Ni 元素和 Cr 元素)是造成交通区污染的主要来源。

交通区的 Hg 元素的含量和污染指数都最大，其原因可能是车辆大量废气的排放或者交通区附近的大型污染企业废水废气的排放，例如火力发电、钢铁冶炼、水泥制造、垃圾焚烧及燃煤锅炉等都可能成为大气 Hg 元素的排放源。Cu 元素、Ni 元素、Cr 元素污染的来源也主要是工厂废水排放，也可能是附近有矿山开采。

1.4.2.5 公园绿地区污染分析

1. 公园绿地区结果分析与讨论

由表 1-21 相关性系数矩阵可知，Cu 元素和 Pb 元素的相关性最好，相关系数为 0.756；其次为 Zn 元素和 Pb 元素、Ni 元素和 Cr 元素相关系数为 0.748、0.739；Zn 元素和 Cd 元素、Ni 元素和 As 元素、Cr 元素和 As 元素相关性较好，相关系数为 0.712、0.691、0.689。表 1-22 给出了 KMO 和巴特利特的检验结果，其中 KMO 的值为 0.676，显著性值为 0.000，小于显著水平 0.05，说明变量之间存在相关关系，适合作因子分析。

表 1-21　公园绿地区 8 种重金属变量相关矩阵

重金属元素	As	Cd	Cr	Cu	Hg	Ni	Pb	Zn
As	1.000	0.358	0.689	0.107	0.176	0.691	0.265	0.285
Cd	0.358	1.000	0.564	0.500	0.054	0.433	0.598	0.712
Cr	0.689	0.564	1.000	0.357	0.023	0.739	0.397	0.509
Cu	0.107	0.500	0.357	1.000	0.136	0.267	0.756	0.521
Hg	0.176	0.054	0.023	0.136	1.000	−0.048	0.389	0.063
Ni	0.691	0.433	0.739	0.267	−0.048	1.000	0.168	0.298
Pb	0.265	0.598	0.397	0.756	0.389	0.168	1.000	0.748
Zn	0.285	0.712	0.509	0.521	0.063	0.298	0.748	1.000

表 1-22　KMO 和巴特利特检验

KMO 取样适切性量数		0.676
巴特利特球形度检验	近似卡方	155.993
	自由度	28
	显著性	0.000

通过计算,得到表 1-23 相应的因子的特征值和累计贡献率以及表 1-24 对应的旋转后因子载荷矩阵。

表 1-23　特征值和累计贡献率

成分	特征值	累积贡献/%
1	3.91	48.876
2	1.62	69.121
3	1.055	82.312
4	0.547	89.153
5	0.336	93.359
6	0.237	96.325
7	0.213	98.983
8	0.081	100.000

因子 1 单项的方差贡献率就达 48.876%,所以可以猜想因子 1 是造成公园绿地区污染的主要来源。

由表 1-24 分析得知,因子 1 支配的变量为 Cd 元素、Pb 元素、Zn 元素,因子 2 支配的变量为 As 元素、Cr 元素、Ni 元素,因子 3 支配的变量为 Hg 元素,因子 4 支配的变量为 Cu 元素,因子 5 支配的变量为 Cd 元素。

表 1-24　旋转后因子载荷矩阵

重金属元素	成分					共同度
	1	2	3	4	5	
As	0.142	0.887	0.187	−0.169	−0.182	0.904
Cd	0.724	0.353	−0.013	0.006	0.566	0.969
Cr	0.375	0.833	−0.064	0.054	0.027	0.842
Cu	0.595	0.13	0.052	0.778	0.01	0.979
Hg	0.121	0.017	0.984	0.025	0.001	0.984
Ni	0.053	0.908	−0.088	0.185	0.195	0.907
Pb	0.854	0.121	0.313	0.307	−0.129	0.953
Zn	0.935	0.216	−0.075	−0.074	−0.006	0.932

2. 公园绿地区污染原因分析

由表 1-21 和表 1-24 可知，公园绿地区的 As 元素、Ni 元素、Cr 元素的相关性大且同源，因子 1（Cd 元素、Pb 元素、Zn 元素）是造成公园绿地区污染的主要来源。Cd 元素、Pb 元素、Zn 元素主要都是来自土壤母质，公园绿地区绿化面积较大，一些树木树龄也比较大，为了保护树木成长，会常年施一些含有 Cd 元素、Pb 元素、Zn 元素的化肥，经数年累积就会导致公园绿地区土壤里的 Cd 元素、Pb 元素、Zn 元素污染比较严重。

1.5 问题三的模型建立与求解

通过对问题二的分析，在进行重金属污染源分析时，重金属元素主要集中分布在工业区和交通区，而从以往经验来看，工业区的重金属污染物主要来源于各种工业企业，如化工、冶金等企业的工厂排污，主要以排放污水和废气为主；而交通区排污主要以汽车尾气为主，比如重金属元素 Pb 与元素 Cd 的污染主要由汽车尾气的排放导致，而 Hg 元素的污染主要是燃煤引起的，它们都是由空气进行传播的，而 Zn 元素主要是由于工业废水的排放，经过地表水的流动传播，因此都可以用对流扩散微分方程进行描述，由此建立对流扩散方程，进而求解。

1.5.1 模型建立

污染源在介质中（土壤、水域、大气）的运移是发生在对流、扩散、弥散、吸附等过程中的，综合考虑对流、扩散、弥散、吸附和微生物降解等作用，根据质量守恒原理，建立污染源对流扩散数学模型[10-11]：

$$\frac{\partial}{\partial X}[A \frac{\partial P_i}{\partial X}] - \frac{\partial}{\partial X}(P_i v) - \lambda P_i R = R \frac{\partial P_i}{\partial t} \qquad (1-6)$$

式中：$\frac{\partial}{\partial X}[A \frac{\partial P_i}{\partial X}]$ 为污染源在介质中的扩散；$\frac{\partial}{\partial X}(P_i v)$ 为污染源在介质中的对流；$\lambda P_i R$ 为污染源在介质中的吸附降解；$R \frac{\partial P_i}{\partial t}$ 为污染源在介质中的积累。其中，P_i 为重金属单项污染指数；v 为污染源在介质中的流速；A 为污染物在土壤中的扩散

系数；X 为二维坐标轴；λ 为一个与放射性衰变或者生物降解有关的系数；R 为与吸附有关的常数。

假设条件：

(1)污染源在介质中的运动被看作是二维模型的运动，忽略垂向分子的扩散和对流(污染源在介质中的运动方向与二维坐标轴方向一致)。

(2)污染源是初始浓度恒定(即污染源在介质中的积累 $R\dfrac{\partial P_i}{\partial t}$ 为常数)。

(3)污染源在介质中的运动是稳定连续的，即扩散系数在平面内各方向都是相等的，所以 $A_x = A_y$。

由以上假设以及污染源对流扩散数学模型，可得出本题中污染源的对流扩散模型：

$$A_x \frac{\partial^2 P_i}{\partial x^2} + A_y \frac{\partial^2 P_i}{\partial y^2} + \alpha' P_i = \beta' \tag{1-7}$$

$$\frac{\partial^2 P_i}{\partial x^2} + \frac{\partial^2 P_i}{\partial y^2} + \alpha P_i = \beta \tag{1-8}$$

式中：A_x、A_y 分别为污染物在 x、y 方向上的扩散系数；P_i 为污染物的浓度；β 为污染源初始浓度(污染源在介质中的积累)，$\beta < 0$ 则可以判断所求点为源点，$\beta > 0$ 则可以判断所求点为会聚点；α 为污染源在介质中的吸附降解常量，$\alpha > 0$ 说明污染可降解，$\alpha = 0$ 说明污染不可降解。

1.5.2 模型求解

通过以上分析，结合问题一的模型所得到的重金属污染分布结果可知，污染浓度最高的区域最有可能是污染源。下面以 Hg 元素为例，具体介绍污染源位置的确定过程。

1. Hg 污染源 1 的位置求解

由图 1-6 可以大致看出 Hg 元素有 3 个污染源。我们建立的是单个源的对流扩散模型，通过等高线图选取[0,5000]*[0,5000]的正方形区域进行模型拟合，进而得出模型，确定污染源位置。选取 Hg 元素污染源 1(图 1-6 中西南角处)，求解过程如下：

(1)用线性最小二乘拟合求出系数 α、β 值

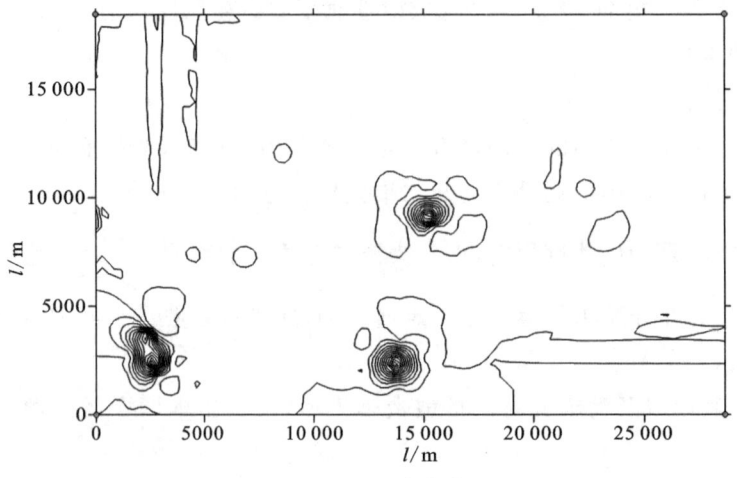

图 1-6　Hg 元素分布图

每相邻三点进行三点之间的差分近似，以 (x_1, y_1, P_1)、(x_2, y_2, P_2)、(x_3, y_3, P_3) 为例说明

$$\frac{\partial^2 P}{\partial x^2} + \frac{\partial^2 P}{\partial y^2} + \alpha P_1 = \beta \tag{1-9}$$

$$\frac{\partial P}{\partial x_1} = \frac{P_2 - P_1}{x_2 - x_1}, \frac{\partial P}{\partial x_2} = \frac{P_3 - P_2}{x_3 - x_2} \tag{1-10}$$

$$\frac{\partial^2 P}{\partial x_1^2} = \frac{\dfrac{P_3 - P_2}{x_3 - x_2} - \dfrac{P_2 - P_1}{x_2 - x_1}}{x_2 - x_1} \tag{1-11}$$

所以 $\dfrac{\partial^2 P}{\partial x^2} + \dfrac{\partial^2 P}{\partial y^2} + \alpha P = \beta$ 可以近似为

$$\frac{\dfrac{P_3 - P_2}{x_3 - x_2} - \dfrac{P_2 - P_1}{x_2 - x_1}}{x_2 - x_1} + \frac{\dfrac{P_3 - P_2}{y_3 - y_2} - \dfrac{P_2 - P_1}{y_2 - y_1}}{y_2 - y_1} + \alpha P_1 = \beta \tag{1-12}$$

根据所确定的正方形区域，对数据进行线性最小二乘拟合，求出 $\alpha = 0.0016$、$\beta = 0.3438$。

从而确定 Hg 元素污染源 1 模型方程为 $\dfrac{\partial^2 P}{\partial x^2} + \dfrac{\partial^2 P}{\partial y^2} + 0.0016P = -0.3438$。

(2) 将方程 $\dfrac{\partial^2 P}{\partial x^2} + \dfrac{\partial^2 P}{\partial y^2} + \alpha P = \beta$ 用极坐标代换式 $\begin{cases} x - x_0 = r\cos\theta \\ y - y_0 = r\sin\theta \end{cases}$，将

$(x-x_0)^2+(y-y_0)^2=r^2$ 变为极坐标形式：

$$\frac{\partial^2 P}{\partial r^2}+\frac{1}{r}\frac{\partial P}{\partial r}-\alpha P=\beta \tag{1-13}$$

将上式变形得：

$$r(\frac{\partial^2 P}{\partial r^2}-\alpha P-\beta)=-\frac{\partial P}{\partial r} \tag{1-14}$$

将 $\alpha=0.0016, \beta=-0.3438$ 代入上式，得方程

$$r(\frac{\partial^2 P}{\partial r^2}-0.0016P+0.3438\beta)=-\frac{\partial P}{\partial r} \tag{1-15}$$

再对式(1-10)与式(1-11)中的差分近似

$$\frac{\partial P}{\partial r_1}=\frac{P_2-P_1}{\sqrt{(x_2-x_1)^2+(y_2-y_1)^2}}, \frac{\partial P}{\partial r_2}=\frac{P_3-P_2}{\sqrt{(x_3-x_2)^2+(y_3-y_2)^2}} \tag{1-16}$$

$$\frac{\partial^2 P}{\partial r_1^2}=\frac{\frac{P_3-P_2}{\sqrt{(x_3-x_2)^2+(y_3-y_2)^2}}-\frac{P_2-P_1}{\sqrt{(x_2-x_1)^2+(y_2-y_1)^2}}}{\sqrt{(x_2-x_1)^2+(y_2-y_1)^2}} \tag{1-17}$$

将上式代入 $r(\frac{\partial^2 P}{\partial r^2}-\alpha P-\beta)=-\frac{\partial P}{\partial r}$ 可以得到 r_1 与 P_1 之间的映射。

(3)将方程 $(x-x_0)^2+(y-y_0)^2=r^2$ 转换成

$$x^2-2xx_0+x_0^2+y^2-2yy_0+y_0^2=r^2 \tag{1-18}$$

用式(1-17)中所列方程可得到 r_1 与 P_1 之间的映射，然后可进行非线性最小二乘拟合，可得到 $x_0=3100$，$y_0=2300$。此处即污染源位置。

2. Hg 元素污染源 2 与 Hg 元素污染源 3 拟合 α、β 的图形

与 Hg 元素污染源 1 位置的确定方法相同，可以确定出 Hg 元素污染源 2 和 Hg 元素污染源 3 的位置，具体方法不再赘述，仅把结果列出。

Hg 元素污染源 2 的模型方程中的系数 $\alpha=0.0, \beta=0.0204$。

确定 Hg 元素污染源 2 的位置，得 $x_0=15340, y_0=8936$。

Hg 元素污染源 3 的模型方程中的系数 $\alpha=0.0, \beta=0.0067$。

确定 Hg 元素污染源 3 的位置，得 $x_0=13603, y_0=2306$。

1.5.3 8种重金属元素的污染源位置

运用上述方法，同样地确定出其他 7 种重金属元素污染源位置，并确定 8 种重金属元素的污染源位置(表 1-25，图 1-7)。

表 1-25 8 种重金属元素的污染源位置

重金属元素	x	y	重金属元素	x	y
As	17 944	10 089	Hg	3100	2300
	13 024	3170		15 340	8936
	4920	7494		13 603	2306
Cd	21 418	11 242	Cu	2604	3747
	3183	2306		3183	6053
Pd	2604	3747	Zn	13 892	9801
	3183	6053		9551	4323
Cr	3762	5765	Ni	2894	6053

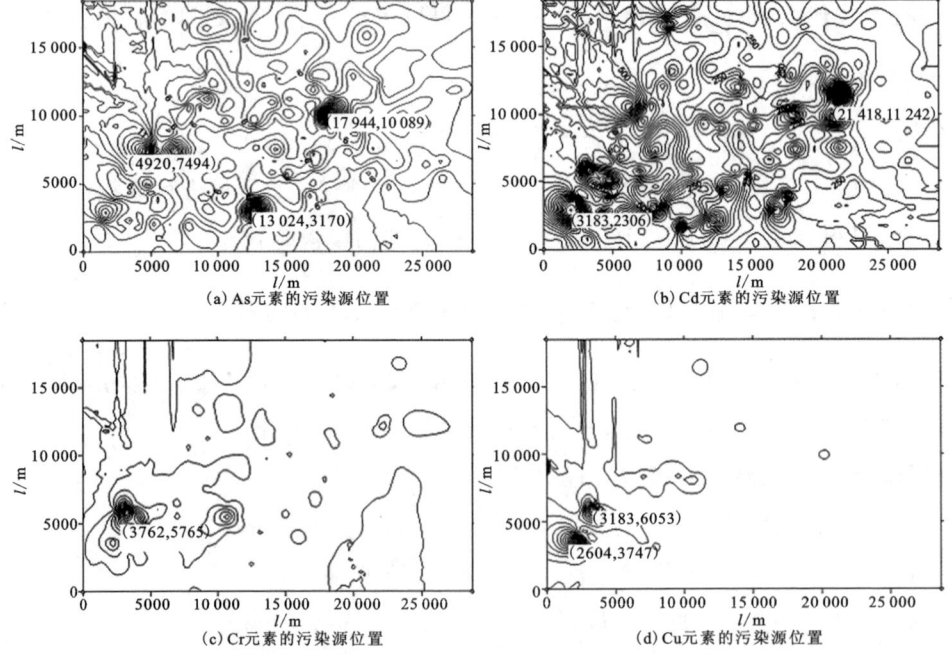

(a) As 元素的污染源位置 (b) Cd 元素的污染源位置
(c) Cr 元素的污染源位置 (d) Cu 元素的污染源位置

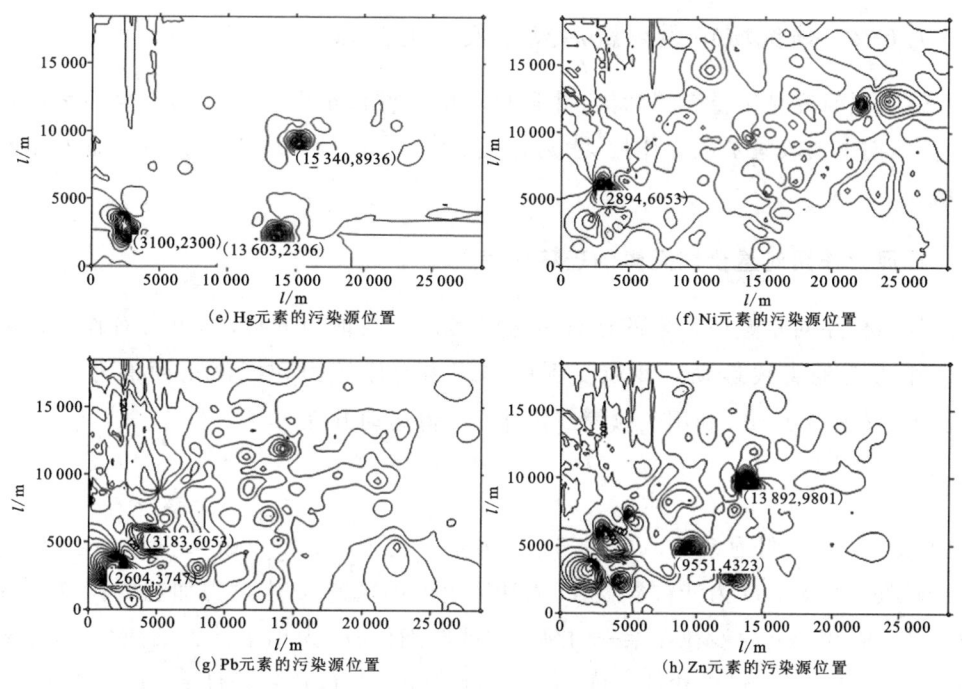

图 1-7　8 种重金属的污染源位置

1.6　问题四的模型建立与求解

1.6.1　研究地质环境演变应收集的信息

在构造作用、气候作用、人为作用 3 种主要作用的条件下,影响地质环境的主要要素有[12-14]。

(1) 构造作用:包括地面升降、侵蚀堆积、堆积物作用等。

(2) 气候作用:包括气温、降水、蒸发、风力等气候作用。

(3) 土地作用:包括土地资源、土地类型、土壤发育等。

(4) 陆地水作用:包括地表水和地下水作用等。

(5) 人为作用:汽车尾气、工业废水排放等。

1.6.2 研究城市重金属污染应收集的信息

假设只研究城市重金属污染,并且只对影响城市重金属污染的重要因素进行分析,我们主要收集了风力作用、水力作用、尾气排放量对城市重金属污染的影响作用。

1. 风力作用对重金属元素的迁移作用[12]

风力作用对重金属元素的迁移可看作是沙粒在地面的运动,也可看作是沙粒沿水平方向的直线运动。沙粒受到的作用力有摩擦力和气流正面推力,$F_D = C_D \rho_a A_D (U-V)^2 / 2$,利用牛顿第二定律,可得运动方程

$$m \frac{dv}{dt} = \frac{C_D A_D \rho_a (U-V)^2}{2} - mg\mu \tag{1-19}$$

式中:C_D 为空气阻力系数,取 0.75;ρ_a 为空气密度,取 1.29kg/m^3;$A_D = \pi D^2/4$ 为沙粒迎风面积;D 为沙粒粒径;U 为沙床表面的风速;g 为重力加速度;μ 为动摩擦系数,取 0.4;v 为沙粒在某一时刻 t 的即时速度;m 为单个沙粒的质量,表达式为 $m = \pi D^3 \rho_p / 6$,ρ_p 为沙粒密度,取 2650kg/m^3。当取边界条件 $t=0, v=0$ 时,解上式可得

$$V = \frac{(e^{2\sqrt{g\mu at}} - 1)(U^2 - g\mu/a)}{(U + \sqrt{\frac{g\mu}{a}}) e^{2\sqrt{g\mu at}} - (U - \sqrt{\frac{g\mu}{a}})} \tag{1-20}$$

2. 水力作用对重金属元素的迁移作用[13]

水力作用对重金属元素的迁移可假设为颗粒沉降条件。由于颗粒受力有浮力 F_b、重力 F_g 和阻力 F_d,即

$$\begin{cases} F_b = \frac{1}{6} \pi d^3 \rho g \\ F_g = \frac{1}{6} \pi d^3 \rho_s g \\ F_d = \xi \frac{\rho \mu^2}{2} \cdot \frac{\pi d^2}{4} \end{cases} \tag{1-21}$$

式中,μ 为颗粒沉降速度;ξ 为颗粒与流体相对运动的阻力系数;g 为重力加速度。

首先重力大于浮力,颗粒做加速下降,随着颗粒的沉降速度 μ 增加,阻力增大,

最终 $F_b = F_g + F_d$ 时,颗粒匀速沉降,则颗粒速度为

$$\frac{1}{6}\pi d^3 \rho_s g = \frac{1}{6}\pi d^3 \rho g + \xi \frac{\rho \mu^2}{2} \cdot \frac{\pi d^2}{4} \tag{1-22}$$

由式可得

$$\mu = \sqrt{\frac{4d(\rho_s - \rho)g}{3\xi\rho}} \tag{1-23}$$

因此,最终沉降速度为

$$\mu_t = \mu - v \tag{1-24}$$

颗粒沉降条件(水力作用对重金属元素的迁移作用)。

(1) 当 $\mu > v$ 时,即 $v < \sqrt{\frac{4d(\rho_s - \rho)g}{3\xi\rho}}$ 时,颗粒才能沉降,则重金属元素也因此沉降。

(2) 当 $\mu < v$ 时,即 $v > \sqrt{\frac{4d(\rho_s - \rho)g}{3\xi\rho}}$ 时,颗粒会随着水流被洗出,则重金属元素也因此被洗出。

(3) 当 $\mu = v$ 时,即 $v = \sqrt{\frac{4d(\rho_s - \rho)g}{3\xi\rho}}$ 时,颗粒处于悬浮状态,因此重金属元素可能被洗出。

3. 尾气排放量对重金属污染的影响[14]

我国至今尚无全国范围内针对汽车排放的统一调查和测算方法。参考国家环境保护总局发布的《城市机动车污染排放测算方法》,机动车某种污染物年排放量模型如下

$$\begin{cases} EQ_{jw} = 10^{-6} \times P_j \times M_j \times Ef_{jw} \\ EQ_w = \sum_{j=1}^{n} EQ_{jw} \end{cases} \tag{1-25}$$

式中:EQ_{jw} 为第 j 类型车,w 种污染物的年排放量;EQ_w 为所有车型 w 种污染物年排放量;j、n 分别为车型和车型总数;P_j 为统计年份 j 类型车保有量,M_j 为 j 类型车年平均行驶里程;Ef_{jw} 为 j 类型车 w 种污染物的排放因子。

1.6.3 模型的建立与分析

为更好地建立城市地质环境演变模型,我们需要考虑以下几个因素。

(1) 重金属污染空间分布。根据表 1-25 所给的重金属污染数据，考虑重金属污染在该城区的空间分布情况。

(2) 考虑污染源的初始浓度是变化的，即污染源在介质中的积累 $R\dfrac{\partial C}{\partial t}$ 是一个随时间变化的量。污染源对流扩散数学模型为

$$A_x\frac{\partial^2 C}{\partial x^2}+A_y\frac{\partial^2 C}{\partial y^2}+\alpha C=\beta\frac{\partial C}{\partial t} \tag{1-26}$$

当 $\alpha>0$ 时，表示此污染源是可降解的，此污染源附近有植被；当 $\alpha\leqslant 0$ 时，表示此污染源是不可降解的，此污染源应在工业区附近；当 $\beta>0$ 时，表示此污染源是"汇"，即所有污染物有向此处增加的趋势；当 $\beta\leqslant 0$ 时，表示此污染源是"源"，即此污染源不断向外扩散污染物。

(3) 考虑一些外部条件，比如风力作用、水力作用和尾气排放量对城市重金属污染的影响信息。

综合考虑以上几点因素建立模型，可以更好地研究城市地质环境的演变模式。

1.7 模型评价

模型的优点：①对于问题一，利用重金属浓度的空间相关性，采用 Kriging 插值法给出了各种重金属的浓度空间分布，然后利用地质累积指数法与内梅罗综合污染指数法对各功能区的污染程度进行了分析，同时绘出各功能区污染指数走访图，多方面分析了每种重金属的污染程度；②对于问题二采用因子分析法，用较少的有代表性的因子来说明众多因素中的主要信息，并提取因子计算得分，在一定程度上降低了计算复杂度，结果与实际情况基本相符；③根据质量守恒原理，建立污染源对流扩散数学模型来描述重金属污染的传播特征是合理的，同时采用二阶差分简化计算，能大致得到污染源的位置。

但模型也有一些缺点：①在采用插值时，很大程度上受数据采样点含量的影响较大，对采样点具有的代表性有一定的要求；②建立对流扩散方程时采用的单变量的影响，忽略了其他一些变量因素对污染传播的影响，造成结果会有一定的偏差；同时进行最小二乘数据拟合时，还需要进行最小二乘的系数检验，以及交叉验证的方法来说明模型的有效性。

主要参考文献

[1] 冯仲科. 空间数据的最佳内插法(Kriging 法)及其在 GIS 中应用的构想[J]. 测绘科技动态, 1995(3): 22-26.

[2] 李湘凌, 张颖慧, 杨善谋, 等. 合肥义城地区土壤重金属污染评价中典型插值方法的对比[J]. 吉林大学学报(地球科学版), 2011, 41(1): 222-227.

[3] 胡恭任, 于瑞莲. 应用地积累指数法和富集因子法评价 324 国道塘头段两侧土壤的重金属污染[J]. 中国矿业, 2008, 17(4): 47-51.

[4] 刘衍君, 汤庆新, 白振华, 等. 基于地质累积与内梅罗指数的耕地重金属污染研究[J]. 中国农学通报, 2009, 25(20): 174-178.

[5] 王雄军, 赖健清, 鲁艳红, 等. 基于因子分析法研究太原市土壤重金属污染的主要来源[J]. 生态环境, 2008, 17(2): 671-676.

[6] 王济, 张凌云. 贵阳市表层土壤重金属污染元素之间的相关分析[J]. 贵州师范大学学报(自然科学版), 2006, 24(3): 33-36.

[7] 卓文珊, 唐建锋, 管东生. 广州市城区土壤重金属空间分布特征及其污染评价[J]. 中山大学学报(自然科学版), 2009, 48(4): 47-51.

[8] 雏昆利, 王斗虎, 谭见安, 等. 西安市燃煤中铅的排放量及其环境效应[J]. 环境科学, 2002, 23(1): 123-125.

[9] 王应刚, 辛晓云, 郭翠花. 太原市土壤中汞污染及成因研究[J]. 生态学杂志, 2003, 22(5): 40-42.

[10] 胡舸, 王维. 土壤污染物运移轨迹模拟研究[J]. 环境化学, 2010, 29(4): 574-577.

[11] 胡舸, 彭帅, 张胜涛. 土壤环境下污染物运移问题的数值模拟研究[J]. 环境工程学报, 2010, 4(7): 1659-1663.

[12] 张和喜, 袁友波, 舒贤坤, 等. 降雨对烟地地表径流和土壤渗透性能的影响[J]. 广东农业科学, 2008(2): 40-42.

[13] 李克勋, 徐智华, 张振家. 水力作用对颗粒污泥形成的影响[J]. 中国沼气, 2003, 21(1): 12-14.

[14] 陈永林, 曹晓春, 吴柳柳, 等. 汽车尾气排放量的计算方法[J]. 浙江交通职业技术学院学报, 2009, 10(3): 20-25.

点 评

本篇竞赛题目通过 Kriging 法进行插值,将空间中不规则的数据规则化,利用内梅罗综合污染指数法和地质累积指数法对重金属进行因子评价,根据建立的内梅罗指数评价标准,找到5个地区8种重金属元素的分布、变化规律,对污染程度进行等级划分,最终判断出该城区不同区域重金属污染程度。

采用统计学中的因子分析法,结合各功能区的分布情况,对每一种重金属元素浓度数据进行详细分析,选取不同的主因子进行分析,得出不同功能区造成污染的原因分析结果。

最后建立对流-扩散微分方程,采用差分格式进行问题简化,在给定边界值条件下,利用最小二乘求解得到重金属元素的污染源位置。最后一问考虑风力、水力、汽车尾气与时间对空间演变的影响。

综合来看,本章整体上每一个环节都解决得不错,一些细节也考虑得很周到,但仍然存在一些问题,比如某些结论没有相关的模型检验,问题三算法介绍有些粗略,问题四如果能考虑多个时间点上的采样信息,可以给出更好的演化模式,同时如果能够将二维扩散方程扩展到三维,以便更充分描述各参数对城市地质演变的影响,将会更全面提升模型精度。

第 2 章　碎纸片的拼接复原(2013B)

碎纸片的拼接在司法物证复原、历史文献修复以及军事情报获取等领域都有着重要的应用。传统上,拼接复原工作需由人工完成,准确率较高,但效率很低,特别是当碎片数量巨大、人工拼接很难在短时间内完成的任务。随着计算机技术的发展,人们试图开发碎纸片的自动拼接技术,以提高拼接复原效率。请讨论以下问题:

(1)对于给定的来自同一页印刷文字文件的碎纸机破碎纸片(仅纵切),建立碎纸片拼接复原模型和算法,并针对附件1、附件2给出的中、英文各一页文件的碎片数据进行拼接复原。如果复原过程需要人工干预,请写出干预方式及干预的时间节点。复原结果以图片形式及表格形式表达。

(2)对于碎纸机既纵切又横切的情形,请设计碎纸片拼接复原模型和算法,并针对附件3、附件4给出的中、英文各一页文件的碎片数据进行拼接复原。如果复原过程需要人工干预,请写出干预方式及干预的时间节点。复原结果以图片形式及表格形式表达。

(3)上述所给碎片数据均为单面打印文件,从现实情形出发,还可能有双面打印文件的碎纸片拼接复原问题需要解决。附件5给出的是一页英文印刷文字双面打印文件的碎片数据。请尝试设计相应的碎纸片拼接复原模型与算法,并就附件5的碎片数据给出拼接复原结果,复原结果以图片形式及表格形式表达。

由于篇幅有限,附件的完整内容可扫描前言处的二维码获取。

2.1　问题分析及思路概述

2013年全国大学生数学建模竞赛B题"碎纸片拼接复原"与一般的碎纸复原

问题不同，首先需要拼接复原的是纯文本的打印文件，且碎纸片是由计算机生成的规则矩形，没有毛边，并不是真正撕碎或者碎纸机粉碎而成，这就大大降低了问题的难度。该题分为3个子问题：一是仅考虑只有纵切情形；二是考虑纵切与横切情况；三是双面打印文件的拼接复原。

首先是数据的读取工作，一般的计算机语言都可完成，读取后可以将数据进行二值化处理，便于后面的计算。但绝大部分中文字体笔画具有连贯性，使得原本左右相邻的碎片右边界和左边界的像素分布具有一定的相似性，即对于相邻的两碎片边界上处于同一行的像素点而言，其像素值之间的差别是很小的，利用这一特征适当转换，可进行碎片的横向拼接。

同时，对于一个文档而言，其行间距和段落间距是一致的，且方块型的中国汉字也决定了中文字具有相同的格式，其像素高度绝大部分是相同的（除了"一"等特殊文字）。利用现有的技术，完全可以获取碎片文字所在行的几何特征信息，比如文字行每行的行高、段落间距等。因此，利用此特征对水平残条进行纵向拼接在理论上也是可行的。

子问题一是仅有纵切文本的复原问题。由于仅有纵切，碎纸片较大，所以信息特征较明显。一种比较直观的建模方法是：基于相邻的两条碎纸片中，前面纸片的右侧的列和后面纸片最左侧的列灰度值比较接近，可以将问题转化为旅行商问题进行求解。可按照某种特征定义两条碎片间的（非对称）距离，如没有二值化的数据，可以使用绝对距离、Euclid 距离、Chebyshev 距离等；二值化后的数据可以用 Hamming 距离或者 Jaccard 距离等，对应建立优化模型与算法，只要模型合理，复原效果好即可。解该问题的关键是说明距离以及优化模型的合理性，并有详细的算法过程。

子问题二是有横、纵切文本的复原问题。一种较直观的建模方法是：对于中文文本，由于属于同一行的纸片黑白之间的间隔是对齐的，首先可利用文本文件的行信息特征，建立同一行碎片的聚类模型（聚类的方法可以采用常见的系统聚类法等），因为同一行的文件黑白之间的间隔是对齐的，但反过来不一定，所以聚类后需要对结果做适当的人工干预；然后在得到行聚类结果后，利用类似于子问题一中的方法完成每行碎片的排序工作；最后对排序后的行，再作纵向排序（这时可以用手工拼接或者利用与子问题一类似的方法对行进行排序）。当然也可以建立一个优化模型，同步搜索行与列的相关性等。本问题的解法也是多种多样的，例如，考虑最邻近距离图,碎片逐步增长,也是一种较为自然的想法。但是对于英文文献,这种聚类方法不可取,因为中文是方块字,但英文不具备这个特征,为提高英文聚类的准确性,需要结合英文字母的特征进行分析,比如可以选择英文的基线作为聚类的依据等。

子问题三是正反两面文本的复原问题。这个问题是子问题二的继续,基本解决方法与上述方法相同。不同的是,问题三的解需要充分利用双面文本的特征信息,比如可以考虑在聚类时将正反两面数据一起考虑,再利用向量的距离进行聚类。该特征信息利用得好,可以提升复原率。

1. 数据文件说明

(1)每一附件为同一页纸的碎片数据。
(2)附件1、附件2为纵切碎片数据,每页纸被切为19条碎片。
(3)附件3、附件4为纵横切碎片数据,每页纸被切为 11×19 个碎片。
(4)附件5为纵横切碎片数据,每页纸被切为 11×19 个碎片,每个碎片有正反两面。该附件中每一碎片对应两个文件,共有 $2\times 11\times 19$ 个文件,例如,第一个碎片的两面分别对应文件000a、000b。

2. 结果表达格式说明

表格表达格式如下:
(1)附件1、附件2的结果:将碎片序号按复原后顺序填入 1×19 的表格。
(2)附件3、附件4的结果:将碎片序号按复原后顺序填入 11×19 的表格。
(3)附件5的结果:将碎片序号按复原后顺序填入两个 11×19 的表格。
(4)不能确定复原位置的碎片,可不填入上述表格,单独列表。

2.2 模型建立准备

2.2.1 数据提取

拼接碎纸条前需提取碎纸片的图像特征。所谓图像特征,即碎纸片各个像素点在像素矩阵中的位置,以及各个像素点的颜色。对碎纸条图像各个像素点颜色采用灰度值矩阵与黑白 0-1 二值矩阵两种矩阵描述方式,如图 2-1 所示。

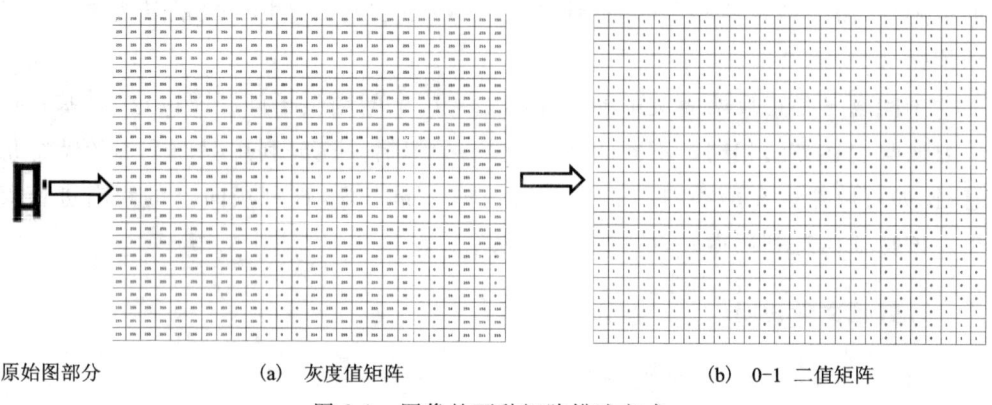

原始图部分　　　　　　(a)　灰度值矩阵　　　　　　(b)　0-1 二值矩阵

图 2-1　图像的两种矩阵描述方式

1. 灰度值矩阵[1,2]

把碎纸片的图片特征位置信息转换为灰度值矩阵。所谓灰度色,就是指纯白、纯黑以及两者中的一系列从黑到白的过渡色,共有 256 阶,白色的灰度值为 255,黑色的灰度值为 0。碎纸片像素大小为 $m \times n$,则第 k 张碎纸片的灰度值矩阵 $H_k = (a_{ij}^{(k)})_{m \times n}$。$j = 1$,表示第 k 张碎纸片最左列像素点的灰度值向量 L_k;$j = n$,表示第 k 张碎纸片最右列像素点的灰度值向量 R_k。

2. 0-1 二值矩阵[3]

由于纸张的颜色均为黑白,设阈值为 T,阈值基于图片亮度的一个黑白分界值,默认值是 50% 中性灰,灰度值为 127,亮度值高于 127 会变白,亮度值低于 128 会变黑。根据阈值将矩阵 H 中的各个像素值进行二值化处理,得

$$a'_{ij} = \begin{cases} 1(白色), a_{ij} \geqslant 127 \\ 0(黑色), a_{ij} < 127 \end{cases} \tag{2-1}$$

则第 k 张碎纸片的灰度值矩阵 $H'_k = (a'^{(k)}_{ij})_{m \times n}$。

2.2.2 数据准备

由于裁剪均匀,每片碎纸片的像素维度均是 $m\times n$,同时根据文档的特殊性,最左边与最右边都是空白,即第 1 片左边为 1 的列最多,最后一片右边为 1 的列最多,有些纸片的位置如果不在最左或最右,即使有留白,其白边的宽度也不会过大,据此可以先将第一片与最后一片选择出来。基于这一考虑,下文中我们将选取边界的模型设计如下:如果某一图片的左边(右边)10 个像素的灰度值都是 1,也就是图像转化成 0-1 矩阵后,前(后)10 列均是 1,则认为图像左(右)侧有较大的空白,我们基本可以确定这张纸片为整张纸片的左(右)边界。

对于图片拼接,最主要的是每一片的边缘信息,因此将每一块碎片的第一列与最后一列提取出来,分别记为

$$\begin{cases} B_1 = (a'^{(1)}_{:,1}, a'^{(2)}_{:,1}, \cdots, a'^{(N)}_{:,1}) = (L_1, L_2, \cdots, L_N) \in R^{m\times N} \\ B_2 = (a'^{(1)}_{:,n}, a'^{(2)}_{:,n}, \cdots, a'^{(N)}_{:,n}) = (R_1, R_2, \cdots, R_N) \in R^{m\times N} \end{cases} \quad (2\text{-}2)$$

式中:$a'^{(k)}_{:,j} = [a'^{(k)}_{1,j}, a'^{(k)}_{2,j}, \cdots, a'^{(k)}_{m,j}]^T, j = \{1, n\}, k = 1, 2, \cdots, N$,$B_1$ 为所有单张碎纸片数值矩阵二值化后左边缘的数值列的集合矩阵,B_2 为所有单张碎纸片数值矩阵二值化后右边缘的数值列的集合矩阵。

2.2.3 基本假设

(1)每张碎纸片的形状都是完全相同的长方形且每张碎纸片形状规则。
(2)文字打印清晰,无缺墨断墨情况。
(3)纸片边缘整齐,无重叠,无损耗。
(4)扫描过程中每张碎纸片的位置都是完全平行的,不会出现倾斜的情况。
(5)假设恰好能完全拼接,即碎片无缺失,也没有其他碎片混杂。
(6)纸片无倒转。
(7)碎片文字均为相同字号,字号大小适中。
(8)文字印刷体行高、行间距相同。
(9)页边距非 0,但较小。

2.3 问题一的模型建立与求解

问题一要求对于给定的来自同一页印刷文字文件的碎纸机破碎纸片(仅纵切),建立碎纸片拼接复原模型和算法,并针对附件 1、附件 2 给出的中英文各一页文件的碎片数据进行拼接复原,对于两张能匹配在一起的碎片像素值矩阵,其边缘像素列是具有相近的像素分布的,即成功匹配的两张碎片像素值矩阵的边缘像素列分布具有渐变性(而非突变性)。建模的主要思想是基于文字特点的分析,由于文字的笔画大多是连续的,因而相邻两张碎纸片对应像素的灰度应该是比较接近的[4]。定义任意两张碎纸片之间的距离反映这种接近程度,灰度越接近,距离越小,这样将距离最小的两张碎纸片拼接在一起,会得到较好的复原效果。

2.3.1 问题一模型的建立

由于每列中文和英文碎片都有左侧和右侧,需要考虑每一列碎片的左侧和右侧与其他碎片左侧和右侧的差异,每列碎片边缘灰度已知,通过任意碎片右侧和任意碎片左侧的差异值可以定义差异度指数(同一碎片的左侧与右侧的度定义为无穷大),从而得到差异度特征矩阵。

对于仅有纵切情况的碎纸片的拼接复原问题,碎纸片总共有 19 片,每片碎纸片的像素是 1980×72,先提取碎纸片边缘差异信息,再进行图片拼接复原,用差异度指数来衡量任意列右侧边缘与任意列左侧边缘差异,定义差异度矩阵 $R = (r_{ij})_{19 \times 19}$,其中 r_{ij} 表示第 i 张碎片右侧和第 j 张碎片左侧的差异度,定义为第 i 张碎片右侧和第 j 张碎片左侧的对应灰度值之差的绝对值的累和的平均,即

$$r_{ij} = \begin{cases} \dfrac{1}{1980}\sum_{k=1}^{1980} |a'^{(i)}_{k,72} - a'^{(j)}_{k,1}| & i,j=1,2,\cdots,19, \text{且 } i \neq j \\ \infty, i = j \end{cases} \tag{2-3}$$

记第 i 张碎片右侧与第 j 张碎片左侧是否相连为决策变量 x_{ij},其中

$$x_{ij} = \begin{cases} 1, \text{第} i \text{片右侧与第} j \text{片左侧邻接} \\ 0, \text{其他} \end{cases}, \quad i,j = 1,2,\cdots,19, i \neq j$$

以每块碎片右侧一定与某块碎片左侧相连 $\sum_{j=1}^{19} x_{ij} = 1, i = 1,2,\cdots,19$，每块碎片左侧一定与某块碎片右侧相连，$\sum_{i=1}^{19} x_{ij} = 1, j = 1,2,\cdots,19$ 为约束条件，建立旅行商问题(traveling salesman problem，TSP)的规划模型[5-6]：

$$\begin{cases} \min\delta = \sum_{j=1}^{19} \sum_{i=1}^{19} r_{ij} x_{ij}, i \neq j \\ \text{s. t.} \begin{cases} \sum_{i=1}^{19} x_{ij} = 1, j = 1,2,\cdots,19 \\ \sum_{j=1}^{19} x_{ij} = 1, i = 1,2,\cdots,19 \end{cases} \end{cases} \quad (2\text{-}4)$$

2.3.2 模型的求解

首先通过式(2-1)计算出每个中文碎片与英文碎片所对应的 0-1 二值灰度矩阵，根据每一个文本的最左侧与最右侧的空白最多，在这里即为 1 的列最多，分别先选择出最左边与最右边两个碎片：对于附件 1 的中文碎片来说，最左侧对应的碎片为 008，其空白的像素列有 12 列，最右侧对应的碎片为 006，其空白的像素列有 20 列；对于附件 2 中的英文碎片来说，最左侧对应的碎片为 003，其空白的像素列有 11 列，最右侧对应的碎片为 004，其空白的像素列有 19 列。

然后将附件 1 与附件 2 的碎片数据分别进行计算，可得每张碎片的灰度值矩阵，从而可以分别计算出中文和英文两个附件所对应的差异度矩阵 $R = (r_{ij})_{19\times 19}$，具体值见表 2-1、表 2-2，再利用附件 1 中的中文碎片数据，对模型(3)进行优化求解，可解得连接矩阵(表 2-3)，因此对应的连接方式见表 2-4。

表 2-1 附件 1 中文碎片差异度矩阵

差异度	000左	001左	002左	003左	004左	005左	006左	007左	008左	009左	010左	011左	012左	013左	014左	015左	016左	017左	018左
000右	inf	0.2566	0.2364	0.2854	0.2011	0.2293	0.051	0.2096	0.1736	0.2316	0.2086	0.2436	0.1838	0.2449	0.2080	0.2025	0.2471	0.2172	0.1838
001右	0.2485	inf	0.2571	0.2636	0.0594	0.1874	0.2394	0.2366	0.1828	0.2158	0.2157	0.2517	0.1894	0.2455	0.2104	0.2081	0.2111	0.25	0.2359
002右	0.2566	0.2278	inf	0.2101	0.2066	0.1904	0.2465	0.1806	0.1636	0.2	0.2076	0.204	0.2076	0.2121	0.2298	0.1717	0.0247	0.2308	0.2308
003右	0.2116	0.2606	0.1939	inf	0.2253	0.2163	0.2247	0.2056	0.1656	0.2217	0.0636	0.2256	0.1667	0.2237	0.1997	0.2066	0.2308	0.2061	0.2384
004右	0.2232	0.2379	0.1985	0.2313	inf	0.0409	0.2394	0.2074	0.1131	0.2071	0.1914	0.1664	0.1904	0.2343	0.148	0.1604	0.2071	0.2461	0.1773
005右	0.247	0.2384	0.2071	0.246	0.2232	inf	0.249	0.1712	0.1601	0.1071	0.2201	0.2305	0.1828	0.2056	0.2136	0.1826	0.2254	0.2253	0.2143
006右	0.1677	0.2167	0.1493	0.2273	0.1663	inf	inf	0.1212	inf	0.1626	0.152	0.120	0.0995	0.1636	0.1036	0.0645	0.1623	0.1763	0.1331
007右	0.2207	0.2283	0.2163	0.2673	0.204	0.2207	0.2187	inf	0.1611	0.2227	0.2077	0.2321	0.1737	0.2103	0.2162	0.1837	0.2102	0.0808	0.2162
008右	0.1909	0.2258	0.2399	0.2505	0.2116	0.1551	0.2202	0.1945	inf	0.2245	0.1985	0.1875	0.2005	0.2343	0.0563	0.1657	0.2227	0.2197	0.2382
009右	0.2232	0.2369	0.2144	0.2424	0.2308	0.2048	0.2505	0.199	0.1758	inf	0.2244	0.1833	0.2056	0.0606	0.2429	0.1889	0.2206	0.2328	0.2384
010右	0.2686	0.2444	0.0414	0.25	0.2576	0.2199	0.2409	0.1922	0.1728	inf	inf	0.2187	0.1848	0.2177	0.2265	0.2086	0.2386	0.2485	0.2273
011右	0.2032	0.2172	0.204	0.247	0.2156	0.1852	0.2297	0.0422	0.1254	0.1923	0.2121	inf	inf	0.2086	0.196	0.1605	0.1886	0.2079	0.1909
012右	0.1717	0.2427	0.1954	0.2394	0.1914	0.151	0.2104	0.1565	0.0646	0.1676	0.1965	0.138	0.1778	0.2088	0.15	0.0172	0.1798	0.188	0.1652
013右	0.201	0.2298	0.2135	0.2475	0.2258	0.178	0.204	0.1872	0.0912	0.2163	0.213	0.1866	inf	0.1806	0.1753	0.1485	0.2253	0.2126	0.0389
014右	0.1955	0.2444	0.1491	0.2611	0.1747	0.1605	0.1955	0.1635	0.0828	0.1995	0.1385	0.1843	0.2113	inf	0.1889	0.1429	inf	0.2129	0.2
015右	0.2465	0.2571	0.2399	0.0485	0.25	0.2169	0.2909	0.2455	0.2152	0.2542	0.2385	0.2202	0.2412	0.2354	0.2429	inf	0.2223	0.2793	0.2601
016右	0.2616	0.0621	0.2692	0.2636	0.2641	0.2146	0.2896	0.2379	0.2314	0.2465	0.2641	0.2441	0.2664	0.2566	0.2265	0.2465	inf	0.2742	0.246
017右	0.0525	0.2551	0.2397	0.2707	0.2527	0.1795	0.2646	0.2037	0.1788	0.2449	0.2399	0.1949	0.2116	0.2016	0.1995	0.1795	0.2558	inf	0.2227
018右	0.2086	0.2561	0.2101	0.2571	0.2465	0.1873	0.2338	0.2167	0.1571	0.2207	0.2374	0.054	0.2277	0.2227	0.201	0.1591	0.2187	0.2657	inf

表 2-2 附件 2 英文碎片差异度矩阵

差异度	000左	001左	002左	003左	004左	005左	006左	007左	008左	009左	010左	011左	012左	013左	014左	015左	016左	017左	018左
000右	inf	0.1758	0.1687	0.15	0.1652	0.0485	0.1985	0.1797	0.1718	0.1857	0.1799	0.1833	0.1586	0.1626	0.1556	0.1596	0.1823	0.1825	0.1793
001右	0.1303	inf	0.1611	0.101	0.1495	0.2056	0.1768	0.148	0.1369	0.0328	0.1449	0.1697	0.1631	0.1561	0.1591	0.1253	0.1543	0.1222	0.1543
002右	0.1121	0.1278	inf	0.0798	0.1283	0.1815	0.1535	0.0403	0.1368	0.0329	0.1219	0.1253	0.1263	0.1399	0.146	0.1303	0.1253	0.1413	0.1152
003右	0.1293	0.1278	0.1449	0.0798	0.1525	0.1845	0.1535	0.15	0.1308	0.1429	0.1218	0.1253	0.1568	0.1538	0.1748	0.1458	0.1258	0.1538	0.1242
004右	0.0596	0.0823	0.1449	inf	0	0.1656	0.1216	0.0904	0.1116	0.1096	0.1216	0.1034	0.0894	0.0864	0.1138	0.0808	0.0894	0.1015	0.0899
005右	0.1146	0.0359	0.1537	0.0929	inf	0.1657	0.1618	0.1363	0.1111	0.1388	0.1419	0.1566	0.1369	0.1389	0.1419	0.1359	0.1414	0.1447	0.1164
006右	0.1263	0.1551	0.0333	0.101	0.1253	0.1722	inf	0.1389	0.1517	0.1607	0.1358	0.1588	0.1256	0.1527	0.1427	0.1307	0.1637	0.1417	0.1407
007右	0.1384	0.153	0.1517	0.1182	0.1646	0.1887	0.1457	0.1389	inf	0.1418	0.1659	0.1584	0.1328	0.1577	0.1422	0.2062	0.2062	0.1738	0.1507
008右	0.1177	0.1258	0.1443	0.0803	0.1429	0.1883	0.1627	0.1458	inf	0.1586	0.1682	0.1578	0.0448	0.1708	0.1598	0.0606	0.1618	0.1738	0.1328
009右	0.1398	0.1485	0.1548	0.1079	0.1428	0.1747	0.1667	0.1338	inf	0.1583	0.1458	0.1268	0.1637	0.1437	0.1598	0.1158	0.1388	0.1438	0.1325
010右	0.1617	0.1528	0.1486	0.0608	0.1629	0.1979	0.1616	0.0418	0.0415	0.135	0.1459	0.1518	0.1528	0.152	0.1667	0.1588	0.1498	0.1368	0.1597
011右	0.0272	0.1196	0.1318	0.1135	0.1568	0.1837	0.1477	0.1188	0.1557	0.1415	0.1167	inf	0.1528	0.158	0.1334	0.1429	0.1738	0.1293	0.2053
012右	0.1638	0.1578	0.1567	0.0618	0.1247	0.1698	0.1627	0.1457	0.1556	0.1838	0.1504	0.1866	0.1209	0.1417	0.0389	0.0939	0.1838	0.1726	0.1585
013右	0.1068	0.1298	0.1568	0.0859	0.1287	0.1628	0.2078	0.1458	0.1436	0.1692	0.0672	0.1194	inf	0.1418	0.1358	0.1148	0.1476	0.1488	0.1322
014右	0.1216	0.1327	0.1428	0.0895	0.1429	0.1833	0.1629	0.1312	0.1648	0.1639	0.0674	0.1199	0.1338	0.1409	inf	0.1534	0.1618	0.0546	0.1322
015右	0.1192	0.1227	0.1429	0.1019	0.1343	0.1798	0.1639	0.1137	0.1577	0.1558	0.1441	0.1659	0.1255	0.1485	0.151	0.1538	0.1615	0.0545	0.1242
016右	0.1349	0.1568	0.1396	0.1086	0.1347	0.1642	0.1621	0.1409	0.1712	0.1637	0.1296	0.1628	0.1438	0.1489	0.1548	0.1449	inf	0.146	0.1399
017右	0.1168	0.1478	0.1676	0.1096	0.1469	0.1948	0.1798	0.1408	0.1607	0.1568	0.1448	0.1585	0.1489	0.1399	0.1639	0.1419	0.0263	inf	0.1374
018右	0.1379	0.1434	0.1525	0.0948	0.1487	0.1929	0.1525	0.1324	0.1384	0.1584	0.1414	0.0449	0.1369	0.1456	0.1707	0.1409	0.1465	0.148	inf

表 2-3　附件 1 中文碎片优化出的连接矩阵

	000左	001左	002左	003左	004左	005左	006左	007左	008左	009左	010左	011左	012左	013左	014左	015左	016左	017左	018左
000右	0	0	0	0	0	0	1	0	0	0	0	0	0	0	0	0	0	0	0
001右	0	0	0	0	1	0	0	0	0	0	0	0	0	0	0	0	0	0	0
002右	0	0	0	0	0	0	0	0	0	0	0	0	0	0	0	0	1	0	0
003右	0	0	0	0	0	0	0	0	0	0	1	0	0	0	0	0	0	0	0
004右	0	0	0	0	0	1	0	0	0	0	0	0	0	0	0	0	0	0	0
005右	0	0	0	0	0	0	0	0	0	1	0	0	0	0	0	0	0	0	0
006右	0	0	0	0	0	0	0	0	1	0	0	0	0	0	0	0	0	0	0
007右	0	0	0	0	0	0	0	0	0	0	0	0	0	0	0	0	0	1	0
008右	0	0	0	0	0	0	0	1	0	0	0	0	0	0	0	0	0	0	0
009右	0	0	0	0	0	0	0	0	0	0	0	0	0	1	0	0	0	0	0
010右	0	1	0	0	0	0	0	0	0	0	0	0	0	0	0	0	0	0	0
011右	0	0	0	0	0	0	0	0	0	0	0	0	0	0	0	1	0	0	0
012右	0	0	0	0	0	0	0	0	0	0	0	0	0	0	1	0	0	0	0
013右	0	0	0	0	0	0	0	0	0	0	0	0	1	0	0	0	0	0	0
014右	0	0	0	0	0	0	0	0	0	0	0	1	0	0	0	0	0	0	0
015右	0	0	0	1	0	0	0	0	0	0	0	0	0	0	0	0	0	0	0
016右	0	0	0	0	0	0	0	0	0	0	0	0	0	0	0	0	0	0	1
017右	1	0	0	0	0	0	0	0	0	0	0	0	0	0	0	0	0	0	0
018右	0	0	0	0	0	0	0	0	0	0	0	1	0	0	0	0	0	0	0

表 2-4　附件 1 中文碎片连接方式

00—06	01—04	02—16	03—10	04—05	05—09	06—08	07—17	08—14	09—13	10—02	11—07	12—15	13—18
14—12	15—03	16—01	17—00	18—11									

前面第一步已经确定最左侧碎片为 008，最右侧一块碎片为 006，因此对应的中文碎片的复原序号见表 2-5，对应的拼接文字见图 2-2。

表 2-5　附件 1 的中文碎片的复原序号

008	014	012	015	003	010	002	016	001	004	005	009	013	018	011	007	017	000	006

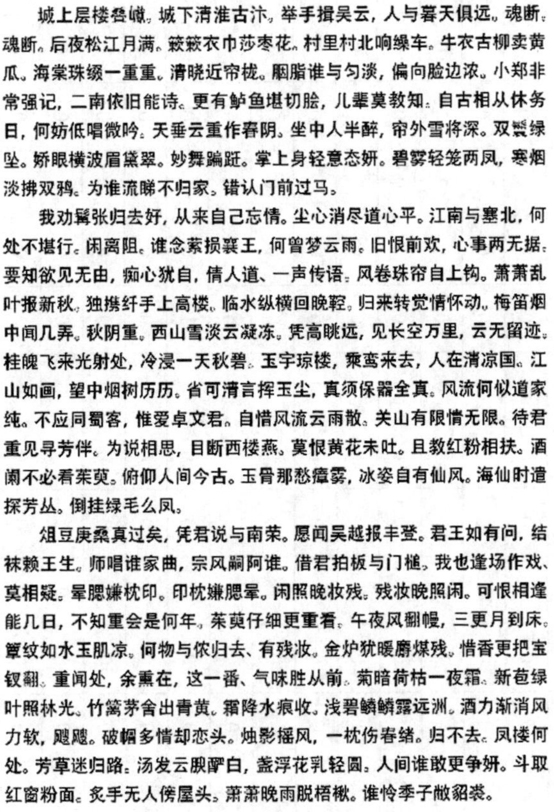

城上层楼叠巘。城下清淮古汴。举手揖吴云，人与暮天俱远。魂断。魂断。后夜松江月满。簌簌衣巾莎枣花，村里村北响缲车。牛衣古柳卖黄瓜。海棠珠缀一重重。清晓近帘栊，胭脂谁与匀淡，偏向脸边浓。小郑非常强记，二南依旧能诗。更有鲈鱼堪切脍，儿辈莫教知。自古相从休务日，何妨低唱微吟。天垂云重作春阴。坐中人半醉，帘外雪将深。双鬟绿坠。娇眼横波眉黛翠。妙舞蹁跹。掌上身轻意态妍。碧雾轻笼两凤，寒烟淡拂双鸦。为谁流睇不归家。错认门前过马。

我劝髯张归去好，从来自己忘情。尘心消尽道心平。江南与塞北，何处不堪行。闲离阻。谁念萦损襄王，何曾梦云雨。旧恨前欢，心事两无据。要知欲见无由，痴心犹自，倩人道、一声传语。风卷珠帘自上钩。萧萧乱叶报新秋。独携纤手上高楼。临水纵横回晚鞚。归来转觉情怀动。梅笛烟中间几弄。秋阴重。西山雪淡云凝冻。凭高眺远，见长空万里，云无留迹。桂魄飞来光射处，冷浸一天秋碧。玉宇琼楼，乘鸾来去，人在清凉国。江山如画，望中烟树历历。省可清言挥玉尘，真须保器全真。风流何似道家纯。不应同蜀客，惟爱卓文君。自惜风流云雨散。关山有限情无限。待君重见寻芳伴。为说相思，目断西楼燕，莫恨黄花未吐。且教红粉相扶。酒阑不必看茱萸。俯仰人间今古。玉骨那愁瘴雾，冰姿自有仙风。海仙时遣探芳丛。倒挂绿毛么凤。

俎豆庚桑真过矣，凭君说与南荣。愿闻吴越报丰登。君王如有问，结袜赖王生。师唱谁家曲，宗风嗣阿谁。借君拍板与门槌。我也逢场作戏、莫相疑。晕腮嫌枕印。印枕嫌腮晕。闲照晚妆残。残妆晚照闲。可恨相逢能几日，不知重会是何年。茱萸仔细更重看，午夜风翻幔，三更月到床。簟纹如水玉肌凉。何物与侬归去、有残妆。金炉犹暖麝煤残。惜香更把宝钗翻。重闻处，余熏在，这一番、气味胜如前。菊暗荷枯一夜霜。新苞绿叶照林光。竹篱茅舍出青黄。霜降水痕收。浅碧鳞鳞露远洲。酒力渐消风力软，飕飕。破帽多情却恋头。烛影摇风，一枕伤春绪。归不去。凤楼何处。芳草迷归路。汤发云腴酽白，盏浮花乳轻圆。人间谁敢更争妍。斗取红窗粉面。炙手无人傍屋头。萧萧晚雨脱梧楸。谁怜季子敝貂裘。

图 2-2　附件 1 复原的中文图片

利用附件 2 中的英文碎片数据，对模型(3)进行优化求解，可解得连接矩阵见表 2-6，对应的连接方式见表 2-7。

表 2-6　附件 2 英文碎片优化出的连接矩阵

	000左	001左	002左	003左	004左	005左	006左	007左	008左	009左	010左	011左	012左	013左	014左	015左	016左	017左	018左
000右	0	0	0	0	0	0	0	0	0	0	0	0	0	0	0	0	0	0	0
001右	0	0	0	0	0	0	0	0	0	1	0	0	0	0	0	0	0	0	0
002右	0	0	0	0	0	1	0	1	0	0	0	0	0	0	0	0	0	0	0
003右	0	0	0	0	0	0	1	0	0	0	0	0	0	0	0	0	0	0	0
004右	0	0	0	1	0	0	0	0	0	0	0	0	0	0	0	0	0	0	0
005右	0	1	0	0	0	0	0	0	0	0	0	0	0	0	0	0	0	0	0
006右	0	0	1	0	0	0	0	0	0	0	0	0	0	0	0	0	0	0	0
007右	0	0	0	0	0	0	0	0	1	0	0	0	0	0	0	0	0	0	0
008右	0	0	0	0	0	0	0	0	0	0	0	0	1	0	0	0	0	0	0
009右	0	0	0	0	0	0	0	0	0	0	1	0	0	0	0	0	0	0	0
010右	0	0	0	0	0	0	0	0	0	0	0	0	0	1	0	0	0	0	0
011右	1	0	0	0	0	0	0	0	0	0	0	0	0	0	0	0	0	0	0
012右	0	0	0	0	0	0	0	0	0	0	0	0	0	0	1	0	0	0	0
013右	0	0	0	0	0	0	0	0	0	0	0	0	0	0	0	1	0	0	0
014右	0	0	0	0	1	0	0	0	0	0	0	0	0	0	0	0	0	0	0
015右	0	0	0	0	0	0	0	0	0	0	0	0	0	0	0	0	0	0	0
016右	0	0	0	0	0	0	0	0	0	0	0	0	0	0	0	0	1	0	0
017右	0	0	0	0	0	0	0	0	0	0	0	1	0	0	0	0	0	0	0
018右	0	0	0	0	0	0	0	0	0	0	0	0	0	0	0	0	0	0	0

表 2-7　附件 2 英文碎片连接方式

00—05	01—09	02—07	03—06	04—03	05—01	06—02	07—15	08—12	09--13	10—18	11—00	12—14	13—10
14—17	15—18	16—04	17—16	18—11									

又已经确定最左侧一块碎片为 003，最右侧一块碎片为 004，因此对应的英文碎片的复原序号见表 2-8，对应的拼接文字见图 2-3。

表 2-8　附件 2 英文碎片的复原序号

003	006	002	007	015	018	011	000	005	001	009	013	010	008	012	014	017	016	004

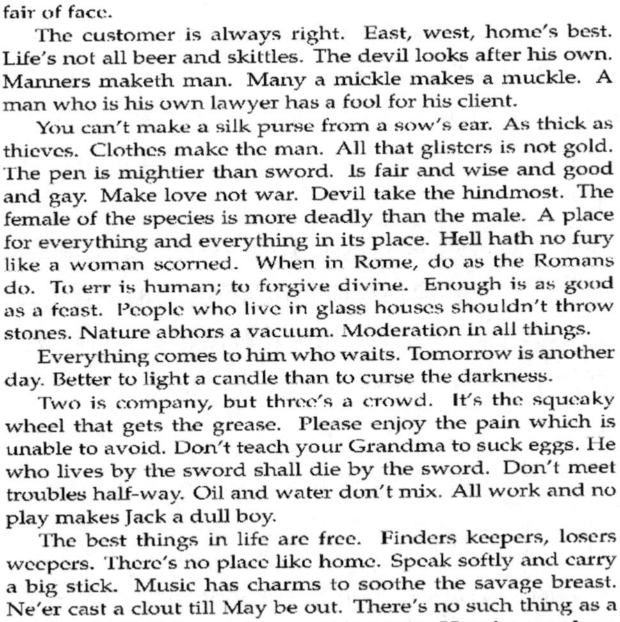

fair of face. The customer is always right. East, west, home's best. Life's not all beer and skittles. The devil looks after his own. Manners maketh man. Many a mickle makes a muckle. A man who is his own lawyer has a fool for his client.
　　You can't make a silk purse from a sow's ear. As thick as thieves. Clothes make the man. All that glisters is not gold. The pen is mightier than sword. Is fair and wise and good and gay. Make love not war. Devil take the hindmost. The female of the species is more deadly than the male. A place for everything and everything in its place. Hell hath no fury like a woman scorned. When in Rome, do as the Romans do. To err is human; to forgive divine. Enough is as good as a feast. People who live in glass houses shouldn't throw stones. Nature abhors a vacuum. Moderation in all things.
　　Everything comes to him who waits. Tomorrow is another day. Better to light a candle than to curse the darkness.
　　Two is company, but three's a crowd. It's the squeaky wheel that gets the grease. Please enjoy the pain which is unable to avoid. Don't teach your Grandma to suck eggs. He who lives by the sword shall die by the sword. Don't meet troubles half-way. Oil and water don't mix. All work and no play makes Jack a dull boy.
　　The best things in life are free. Finders keepers, losers weepers. There's no place like home. Speak softly and carry a big stick. Music has charms to soothe the savage breast. Ne'er cast a clout till May be out. There's no such thing as a free lunch. Nothing venture, nothing gain. He who can does, he who cannot, teaches. A stitch in time saves nine. The child is the father of the man. And a child that's born on the Sab-

图 2-3　附件 2 复原的英文图片

对于纵切情况，不论是中文还是英文，都不需要人工干预，通过人工检验可以看出中文与英文复原图片无明显语法、词语和单词的错误，说明 0-1 规划的方法可以完全复原纵切图片。

2.4 问题二的模型建立与求解

问题二要求对碎纸机既纵切又横切，建立碎纸片拼接复原模型和算法，并针对附件 3、附件 4 给出的中、英文各一页文件的碎片数据进行拼接复原。由于 209 块中文碎片和 209 块英文碎片都有左侧、右侧和上侧、下侧，与问题一相同，可以定义两个差异度矩阵。根据问题一得到双目标 0-1 规划模型，进而进行优化求解，但由于决策变量较复杂，这种模型不是很易求解，矩阵太大，也不易计算，因此采用改进模型进行求解。

不论是英文还是中文，它们对应的行间距都是确定的，因此可以先将所有的碎片利用行聚类的方法进行分类，同时根据 $209 = 19 \times 11$，可以看出应该是分成 19 类或者 11 类，根据问题一的建立和求解，可以看出应该是分成 11 类，每类对应有 19 个碎片，这个方法可以作为我们分类的指导，在每一类中就可以按照问题一的方法进行拼接复原了。

不论是中文还是英文，每个碎片的大小是一样的，通过 Matlab 可以得到每个碎片的像素是 180×72。仍然应用纵向碎片与碎片间的差异度指标来定义差异度矩阵 $L = (l_{ij})_{209 \times 209}$，其中 l_{ij} 表示第 i 张碎片右侧和第 j 张碎片左侧的差异度，即第 i 张碎片右侧和第 j 张碎片左侧的对应 0-1 二值矩阵之差的绝对值的累和平均，即

$$l_{ij} = \begin{cases} \dfrac{1}{180}\sum_{k=1}^{180} |a'^{(i)}_{k,72} - a'^{(j)}_{k,1}|, i,j = 1,2,\cdots,209, \text{且 } i \neq j \\ \infty, i = j \end{cases} \quad (2\text{-}5)$$

给出上侧高度差的定义 $h_{ij}^{(上)}$，表示第 i 张碎片第一行文字中心到第 i 张碎片上侧边缘的高度 $h_i^{(上)}$ 与第 j 张碎片第一行文字中心到第 j 张碎片上侧边缘的高度 $h_j^{(上)}$ 之间的差值，即

$$h_{ij}^{(上)} = \begin{cases} |h_i^{(上)} - h_j^{(上)}|, i,j = 1,2,\cdots,209, \text{且 } i \neq j \\ 0, i = j \end{cases} \quad (2\text{-}6)$$

同理给出下侧高度差的定义为 $h_{ij}^{(下)}$，表示第 i 张碎片最后一行文字中心到第 i 张碎片下侧边缘的高度 $h_i^{(下)}$ 与第 j 张碎片最后一行文字中心到第 j 张碎片下侧边缘的高度 $h_j^{(下)}$ 之间的差值，即

$$h_{ij}^{(下)} = \begin{cases} |h_i^{(下)} - h_j^{(下)}|, i,j=1,2,\cdots,209, 且\ i \neq j \\ 0, i=j \end{cases} \quad (2\text{-}7)$$

以第 i 张碎片右侧与第 j 张碎片左侧的差异度最小,和第 i 张碎片与第 j 张碎片高度差最小为双目标函数,以第 i 张碎片右侧与第 j 张碎片左侧是否相连为决策变量 x_{ij} ,其中

$$x_{ij} = \begin{cases} 1, 第\ i\ 片右侧与第\ j\ 片左侧邻接 \\ 0, 其他 \end{cases}, i,j=1,2,\cdots,209, i \neq j$$

以每块碎片右侧一定与某块碎片左侧相连 $\sum_{j=1}^{209} x_{ij} = 1, i=1,2,\cdots,209$,每块碎片左侧一定与某块碎片右侧相连 $\sum_{i=1}^{209} x_{ij} = 1, j=1,2,\cdots,209$ 为约束条件,建立双目标规划模型,即

$$\begin{cases} \min \delta_1 = \sum_{j=1}^{19} \sum_{i=1}^{19} l_{ij} x_{ij}, i \neq j \\ \min \delta_2 = \sum_{j=1}^{19} \sum_{i=1}^{19} h_{ij}^{(上)} x_{ij}, i \neq j \\ \text{s. t.} \begin{cases} \sum_{i=1}^{209} x_{ij} = 1, j=1,2,\cdots,209 \\ \sum_{j=1}^{209} x_{ij} = 1, i=1,2,\cdots,209 \end{cases} \end{cases} \quad (2\text{-}8)$$

这是一个双目标优化问题,计算量会比较大,考虑到同在一行的碎片,其对应的高度差指标应该相差不大,特别是中文的情况应该基本一致,英文则需要考虑字母类型的问题,因此先将所有的碎片按行进行分类,并通过人工干预得到每一类碎片个数相同都是 19,进而将模型进行简化,在每一类中得到单目标优化问题如下:

$$\begin{cases} \min \delta_1 = \sum_{j=1}^{19} \sum_{i=1}^{19} l_{ij} x_{ij}, i \neq j \\ \text{s. t.} \begin{cases} \sum_{i=1}^{19} x_{ij} = 1, j=1,2,\cdots,19 \\ \sum_{j=1}^{19} x_{ij} = 1, i=1,2,\cdots,19 \end{cases} \end{cases} \quad (2\text{-}9)$$

由于中英文字符都是一行一行排列的,同一行的字符基本处于同一条水平线,我们称之为行线,如果可以确定每一张碎纸片的行线位置,则可以将行线位置相同的碎纸片分到同一组,在组内进行优化,这样会减小计算量,并增加精度。由于中英文的字符结构特点不同,因此须分开讨论。

2.4.1 中文字符

首先通过图像的左(右)侧留白选出最左侧的 11 幅与最右侧的 11 幅图片,最左侧的图片编号:7,14,29,38,49,61,71,89,94,125,168;最右侧的图片编号:18,36,43,59,60,74,123,141,145,176,196。

接下来分析中文字符的行线位置,根据中文字符的特点,其高度与大小位置基本统一,行线位置分明,我们以附件 3 中的 004 为例进行分析,每张中文字符纸片上的灰度信息的分布都大致如图 2-4 所示。图中阴影部分表示有字符的部分,空白部分表示行间距,标记 a、b、c、d 4 条线可作为行线,记录每张碎片每一行的灰度值之和,再自上而下进行搜索,当某一行的灰度值为 72 时,说明这一行位于行间,当某一行灰度信息值之和小于 72 时,则说明这一行位于字符部分,当灰度信息和由 72 变为小于 72 时,此位置位于 a、c 线位置,当灰度信息和由小于 72 变为 72 时,此位置位于 b、d 线位置。由于图片的上端有可能是空白也有可能先有字符,所以为了便于分类的计算,选择 b、d 线作为此处的行线,b 线到上端边缘的距离作为上行线的位移,d 到下端边缘的距离作为下行线的位移。

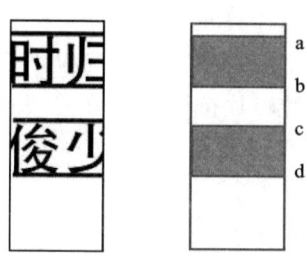

图 2-4　图片与对应行线说明

通过此方式,可得到中文情况下的每一张碎纸片的上行线与下行线位移,由于存在误差,取行线位移之差不大于 2 个像素的碎片分到同一组,在计算的过程中,先采用上行线距离进行分类,对于上行线无法进行区分的再采用下行线距离进行分类,附件 3 中文字符的分组结果如表 2-9 所示。

表 2-9 附件 3 中文字符分组结果

左端	上行线距离	碎片编号（去掉前面的 0）																	下行线距离	右端
7	27±2	0	32	45	53	56	68	70	93	126	137	138	153	158	166	174	175	208		196
14		3	12	31	39	51	73	82	107	115	128	134	135	159	160	169	199	203	18±2	176
29	16±2	5	10	37	44	48	55	64	75	92	98	104	111	158	172	180	201	206	10±2	59
38	78±2	8	9	24	25	35	46	81	88	103	105	122	130	148	161	167	189	193		74
49	34±2	2	11	22	28	54	57	65	69	91	118	129	143	178	186	188	190	192		141
61		6	19	20	52	63	67	69	72	78	95	99	116	131	156	162	163	177		36
71		15	17	27	33	80	85	114	132	133	140	152	156	165	170	185	194	207	40±2	60
89	22±2	4	40	101	102	108	113	117	119	121	124	146	151	154	155	185	194	207	51±2	123
94	45±2	34	42	47	58	77	84	90	97	112	127	136	144	149	164	183				43
125	59±2	12	16	21	66	106	109	110	139	150	157	173	181	182	184	187	197	204		145
168		1	23	26	30	41	50	62	76	86	87	100	120	142	147	179	191	195		18

由图 2-5 可以看出,089 这幅图的上行线与下行线所得距离都无法匹配上表中的类,不能直接进行分类,此处直接填入表格空白处。

1. 组内拼接

我们采用组内拼接的方法对每一类的数据进行拼接复原,首先用模型一的方法进行求解,将旅行商问题转化成指派的优化模型出现了子圈情况。因此此处采用启发式算法进行计算,利用最近邻法,从左边的第一幅图出发,除掉最右侧的图像后,选择与之距离最小的点连接,然后在剩余没有选择的图片中选择一个距离最小的进行再连接,重复这一过程,直到形成回路,如果发现这一组拼接情况不好,可以从最后一幅图出发,再反过来做一次像素匹配进行对比。

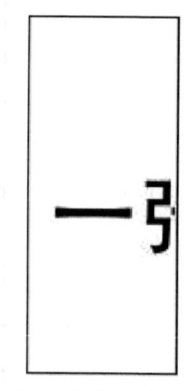

图 2-5　附件 3 中文字符中的 089 图

以第一类为例,直接用像素对比拼接出的结果进行组内排序(图 2-6),发现框线的地方出现了不匹配情况,这种情况需要通过对前后语句的识别来确定相邻关系,我们采用人工干预的方式得到最后的结果(图 2-7)。依照此方法,可以将剩下的 10 类都进行组内排列得到准确的组内拼接结果。

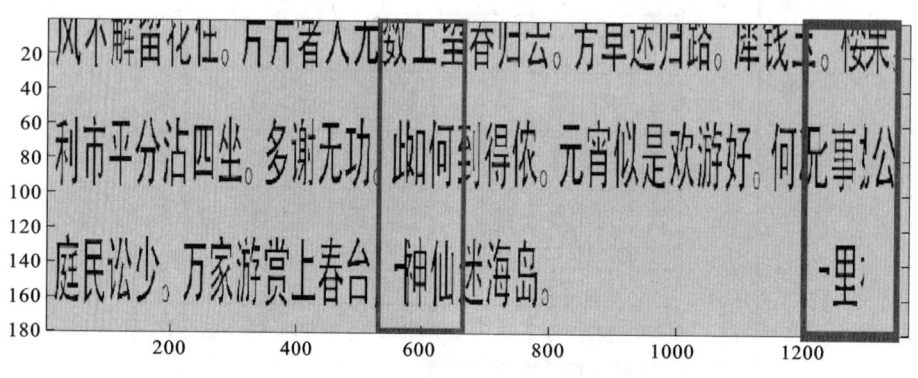

图 2-6　第一类组内直接拼接结果

2. 组间拼接

每一组都进行拼接,等待 11 行都出来后,有下面几种方法进行整个文档的复原:①由于只有 11 行,可以直接通过观察(即人工干预)得到整个文档;②可以先观

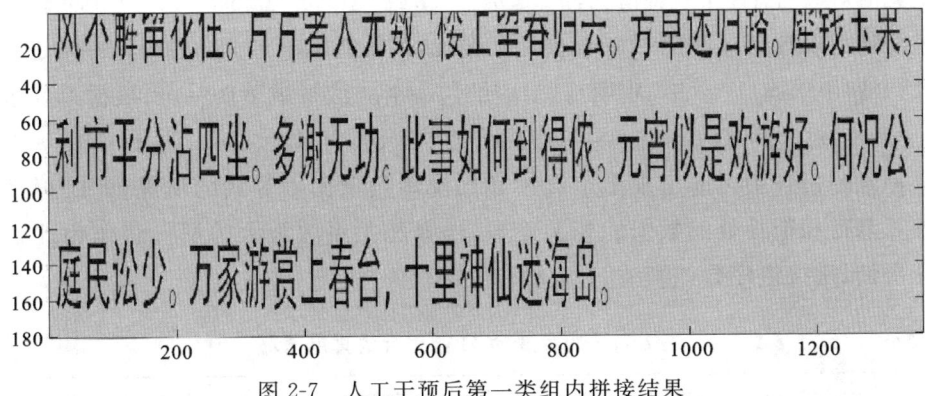

图 2-7 人工干预后第一类组内拼接结果

测汉字的结构,行间距在 26~29 个像素,字高小于 41 个像素,这两个条件可以用来进行行排序;③依照问题一,利用两行之间文字的相似性,依据采用相拼接两块的上下侧的像素的差异,利用 0-1 规划进行求解。

我们采用第二种方法来进行行的拼接,首先计算每一组碎片最上一行文字和最下一行文字分别与上下侧边缘的高度,对于第 i 组上侧来说,有两种情况,如果先是空白再是文字,此时记最上一行文字的上边缘与上侧的高度为 $h^i_{空上}$,如果先是文字,此时记最上一行文字的下边缘与上侧的高度为 $h^i_{字上}$。对于 i 组下侧来说,如果先是空白再是文字,此时记最下一行文字的下边缘与下侧的高度为 $h^i_{空下}$,如果先是文字,此时记最下一行文字的上边缘与下侧的高度为 $h^i_{字下}$,整个过程的计算可以先利用每一组碎片的行和平均值来判断先是空白还是文字,比如分类后的第一组得到的图(图 2-7),从图中可以看出,这一组上边界对应的是先字后空白,而且可以看出分界的位置在第 28 行,所以这里 $h^i_{字上} = 28$,下边界对应的是先空白再字,且空白有 16 行,所以 $h^i_{空下} = 16$。最终可分别计算这 11 组对应的高度(表 2-10)。

表 2-10 每组对应的上下侧高度

	第 1 组	第 2 组	第 3 组	第 4 组	第 5 组	第 6 组	第 7 组	第 8 组	第 9 组	第 10 组	第 11 组
$h^i_{空上}$		26			38		3	13		7	19
$h^i_{字上}$	28		4	16		35			22		
$h^i_{空下}$	16			28		9	3	58	22		
$h^i_{字下}$		19	12		6					37	24

此时对应的有以下几种情况，$40 \leqslant h^i_{字上} + h^i_{字下} \leqslant 43$ 或者 $26 \leqslant h^i_{空上} + h^i_{空下} \leqslant 29$，经过对比上表数据，根据中文的行间距的情况，第 5 组 $h^i_{空上} = 38$，说明这一组是第一行，第 8 组由于 $h^i_{空下} = 58$，很明显，对应的这一组应该是最下面一行，根据第 8 组的 $h^i_{空上} = 13$，对应的可以找出上一行应该接第 1 组，因为 $h^8_{空上} + h^1_{空下} = 13 + 16 = 29$。在这种匹配过程中可能出现多个高度相加都满足上面不等式的情况，此时再进一步计算两行相衔接处的数据的相关系数，选择相关系数最大的那一组作为此处的最佳拼接，拼接组序数如表 2-11 所示。

表 2-11　附件 3 的 11 组图片的排序情况

第 5 组	第 6 组	第 11 组	第 4 组	第 7 组	第 2 组	第 9 组	第 10 组	第 3 组	第 1 组	第 8 组

最终得到的附件 3 的中文拼接图序号，如表 2-12 所示，文字如图 2-8 所示。

表 2-12　附件 3 中文纵横切复原序号

49	54	65	143	186	2	57	192	178	118	190	95	11	22	129	28	91	188	141
61	19	78	67	69	99	162	96	131	79	63	116	163	72	6	177	20	52	36
168	100	76	62	142	30	41	23	147	191	50	179	120	86	195	26	1	87	18
38	148	46	161	24	35	81	189	122	103	130	193	88	167	25	8	9	105	74
71	156	83	132	200	17	80	33	202	198	15	133	170	205	85	152	165	27	60
14	128	3	159	82	199	135	12	5	160	203	169	134	39	31	51	107	115	176
94	34	84	183	90	47	121	42	144	77	112	149	97	136	164	127	58	43	
125	13	182	109	197	16	184	110	187	66	106	150	21	173	157	181	204	139	145
29	64	111	201	5	92	180	48	37	75	55	44	206	10	104	98	172	171	59
7	208	138	158	126	68	175	45	174		137	53	56	93	153	70	166	32	196
89	146	102	154	114	40	151	207	155	140	185	108	117	4	101	113	194	119	123

2.4.2　英文字符

首先与中文字符一样，利用最左边一列的图片左空白以及最右边一列的图片右空白最多，这里空白阈值选择 10，将最左边一列与最右边一列选择出来，左边一

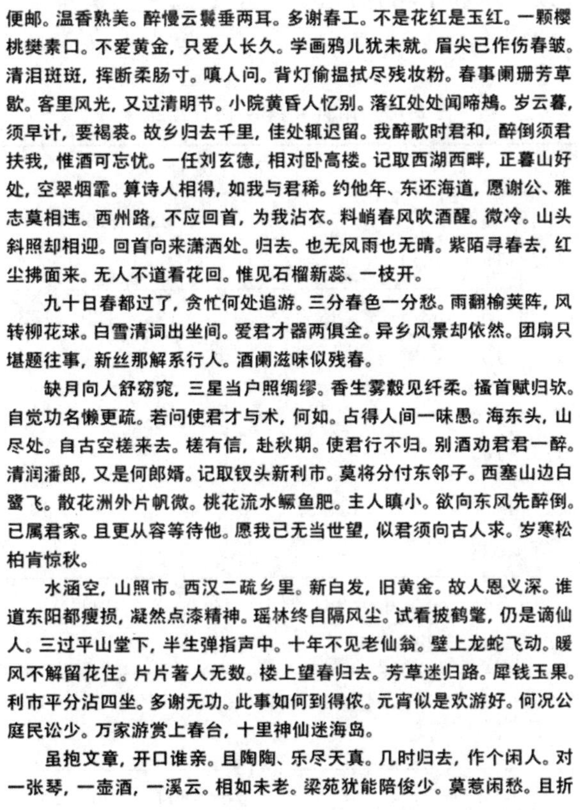

便邮。温香熟美。醉慢云鬟垂两耳。多谢春工。不是花红是玉红。一颗樱桃樊素口。不爱黄金，只爱人长久。学画鸦儿犹未就。眉尖已作伤春皱。清泪斑斑，挥断柔肠寸。嗔人问。背灯偷揾拭尽残妆粉。春事阑珊芳草歇。客里风光，又过清明节。小院黄昏人忆别。落红处处闻啼鴂。岁云暮，须早计，要褐裘。故乡归去千里，佳处辄迟留。我醉歌时君和，醉倒须君扶我，惟酒可忘忧。一任刘玄德，相对卧高楼。记取西湖西畔，正暮山好处，空翠烟霏。算诗人相得，如我与君稀。约他年、东还海道，愿谢公、雅志莫相违。西州路，不应回首，为我沾衣。料峭春风吹酒醒。微冷。山头斜照却相迎。回首向来潇洒处。归去。也无风雨也无晴。紫陌寻春去，红尘拂面来。无人不道看花回。惟见石榴新蕊、一枝开。

九十日春都过了，贪忙何处追游。三分春色一分愁。雨翻榆荚阵，风转柳花球。白雪清词出坐间。爱君才器两俱全。异乡风景却依然。团扇只堪题往事，新丝那解系行人。酒阑滋味似残春。

缺月向人舒窈窕，三星当户照绸缪。香生雾縠见纤柔。搔首赋归欤。自觉功名懒更疏。若问使君才与术，何如。占得人间一味愚。海东头，山尽处。自古空槎来去。槎有信，赴秋期。使君行不归。别酒劝君君一醉。清润潘郎，又是何郎婿。记取钗头新利市。莫将分付东邻子。西塞山边白鹭飞。散花洲外片帆微。桃花流水鳜鱼肥。主人瞋小。欲向东风先醉倒。己属君家。且更从容等待他。愿我无当世望，似君须向古人求。岁寒松柏肯惊秋。

水涵空，山照市。西汉二疏乡里。新白发，旧黄金。故人恩义深。谁道东阳都瘦损，凝然点漆精神。瑶林终自隔风尘。试看披鹤氅，仍是谪仙人。三过平山堂下，半生弹指声中。十年不见老仙翁。壁上龙蛇飞动。暖风不解留花住。片片著人无数。楼上望春归去。芳草迷归路。犀钱玉果。利市平分沾四坐。多谢无功。此事如何到得侬。元宵似是欢游好。何况公庭民讼少。万家游赏上春台，十里神仙迷海岛。

虽抱文章，开口谁亲。且陶陶、乐尽天真。几时归去，作个闲人。对一张琴，一壶酒，一溪云。相如未老。梁苑犹能陪俊少。莫惹闲愁。且折

图 2-8　附件 3 中文纵横切拼接图

列的图片分别为 19,20,70,81,86,132,159,171,191,201,208；右边一列的图片分别为 31,44,82,109,112,115,127,143,146,147,178。

由于英文字符行间距变化幅度较大，为使文本行间距呈现规范的特征，对 26 个大小写字母进行规范化处理，首先将字母分为四类：第一类是 a，c，e，m，n，o，r，s，u，v，w，x，z；第二类是 b，d，f，h，i，k，l，t，A～Z(除 Q)；第三类是 g，p，q，y，Q；第四类是 j。可以看出第一类与第二类字母都分布在四线三格的前三格中，只有第三类与第四类 g，j，p，q，y，Q 超过第三条线，如图 2-9 所示。

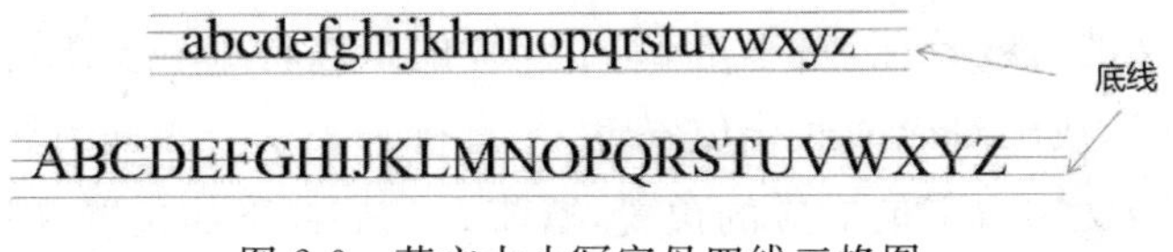

abcdefghijklmnopqrstuvwxyz　←底线
ABCDEFGHIJKLMNOPQRSTUVWXYZ

图 2-9　英文大小写字母四线三格图

对每一个碎片按行求和平均,将这些向量通过 k 均值聚类[7-8]分成 11 类后得到初分组结果(表 2-13)。

表 2-13 附件 4 碎片初分组结果

组别	碎片编号
第 1 组(19)	0 12 48 52 72 77 81 87 89 102 115 124 125 128 131 140 177 193 200
第 2 组(19)	1 31 38 50 53 63 85 97 120 123 129 138 139 153 159 160 175 187 203
第 3 组(19)	15 20 36 41 43 45 73 76 79 108 116 135 136 143 161 173 179 199 207
第 4 组(19)	10 18 22 35 42 55 57 71 74 82 83 88 105 114 145 155 165 183 202
第 5 组(19)	9 16 19 44 56 66 93 121 126 134 141 151 152 157 171 176 182 194 205
第 6 组(18)	7 21 33 49 54 61 62 112 118 119 133 142 162 168 169 189 192 197
第 7 组(20)	2 4 11 32 39 64 65 67 75 104 106 147 149 154 180 184 190 191 204 208
第 8 组(31)	3 5 13 24 25 27 29 37 40 58 59 69 86 92 95 98 107 110 111 117 127 130 132 144 150 163 166 167 181 186 206
第 9 组(31)	8 14 23 47 60 68 70 78 80 84 90 91 94 96 99 103 109 113 122 137 148 156 164 170 172 174 185 195 196 198 201
第 10 组(7)	6 17 26 28 100 101 146
第 11 组(7)	30 34 46 51 158 178 188

再利用英文的行线特征,对不是 19 个碎片的组进行进一步细分。将每张碎片从上往下扫描时,找出对应的底线位置,用像素行来表示[9]。同时将底线上面三线中间的部分设为文字像素值对应的位置,赋值为 0,底线下面位置以及两行文字间的

空白位置,赋值为 1,得到每一个英文碎片对应一个 180×1 的向量 $\boldsymbol{R}_i, i=1,2,\cdots,$ 209,如图 2-10 所示。

图 2-10　图片对应的底线

在计算每个碎片对应的上下两个底线位置时,第 i 个碎片上底线记为 Line_{i1},最下底线记为 Line_{i2},则可以根据两条底线的位置来进一步进行分组。同时根据对碎纸片的分析,相邻两条底线的长度为 63 个像素距离,所以当 $\text{Line}_{i1} > 64$ 时,意味着这个碎纸片的上面空出一行,没有文字,此时将该底线值按公式(2-8)进行调整。

$$\text{Line}_{ij} = \begin{cases} \text{Line}_{ij}, & \text{Line}_{ij} < 64 \\ \text{Line}_{ij} - 63, & 64 < \text{Line}_{ij} < 127, i=1,2,\cdots,209, j=1,2 \\ \text{Line}_{ij} - 2*63, & \text{Line}_{ij} \geqslant 127 \end{cases} \quad (2\text{-}10)$$

例如图 2-11,通过计算发现它的 $\text{Line}_{i1}=140$,说明它上面应该还有两行文字,可以将其上底线转化成 $\text{Line}_{i1}=140-126=14$,再进行分类计算。

通过计算对比,发现第 1、2 以及第 3 组的上底线吻合,因此分组成功,而第 4、5 组,第 6、7 组,第 8、11 组以及第 9、10 组行线的位置非常接近,此时将初分类的结果第 4、5 组,第 6、7 组,第 8、11 组以及第 9、10 组利用下底线进行组内微调,得到最终的分类结果。具体操作如下:①第 4 组与第 5 组中对应的上底线主要是 44 与 45 个像素行,因此我们进一步将 44 的放在第 4 组,45 的放在第 5 组,得到新的第 4 组与第 5 组。②第 6 组与第 7 组中对应的上底线主要是 12 与 14 个像素行,且对应的第 6 组上底线都是 14,差左侧第 1 列碎片,直接将第 7 组多出的左侧碎片且对应上底线为 14 的编号为 208

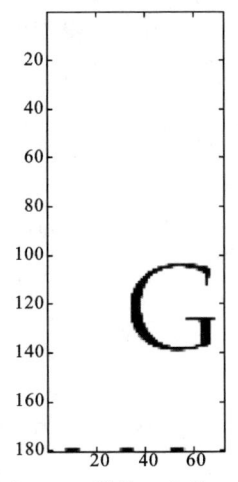

图 2-11　附件 4 中的 149 对应的碎片

的放入第 6 组。③第 9 组与第 10 组中对应的上底线主要是 23～26 个像素行,用上底线分组效果不佳,采用下底线进行补充,下底线主要是 28 与 31,将下底线为 31 的放在第 10 组,其余的放在第 9 组。④第 8 组与第 11 组中对应的上底线主要是 34 与 35 个像素行,下底线是 19 与 20 个像素行,同样采用上行线进行分组得到每 8 组 17 张,第 11 组 20 张,通过人工干预,将第 86 作为第 8 组的第 1 列,同时第 186 应该放在第 8 组。

1. 组内拼接

接下来采用与第一问相同的优化方法(旅行商问题),对每一组进行拼接,并且最左与最右两侧位置已经固定,我们得到拼接序列(表 2-14)与拼接图片(图 2-12)(只展示第一组)。

表 2-14 附件 4 中第一组拼接序列

81	77	128	200	131	52	125	140	193	87	89	48	72	12	177	124	0	102	115

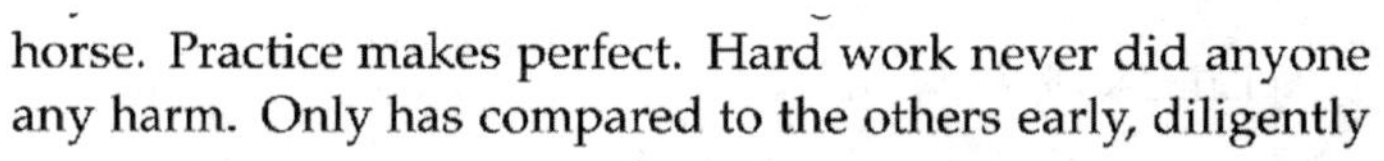

horse. Practice makes perfect. Hard work never did anyone any harm. Only has compared to the others early, diligently

图 2-12 附件 4 中第一组拼接图片

第二组得到的拼接图片如图 2-13 所示,可以很明显地看出这 3 个地方出现了错误,我们通过人工干预得到正确的结果。

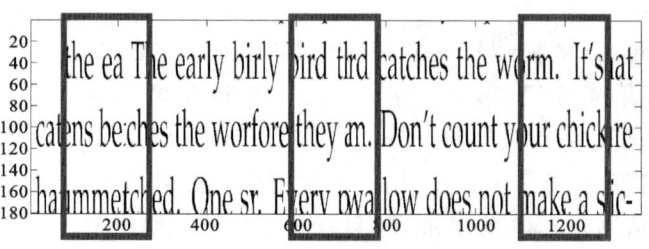

图 2-13 附件 4 中第二组拼接图片

最终 11 组中,采用优化算法可以直接复原的有第 1、3、6、8 组,2(3)、4(2)、5(2)、7(4)、9(2)、10(2)、11(2)括号中代表拼接时出现的错误碎片个数,从数据上看产生此种情况的原因是旅行商问题产生了小闭圈,此时可以通过人工干预成功拼接。

2. 组间拼接

前面已经确定每张碎片的上底线与下底线的位置，只要在拼接时保证行线间的距离一致，且两组碎片中一组碎片 a 的上底线与另一组碎片 b 的下底线的距离为 63 个像素行，则认为碎片 a 在碎片 b 的下面，同时也要考虑到一面纸的最上一组与最下一组的空白应该最多。可以直接拼接序列，如表 2-15 所示，图像如图 2-14 所示。

表 2-15　附件 4 英文碎片复原序列

191	75	11	154	190	184	2	104	180	64	106	4	149	32	204	65	39	67	147
201	148	170	196	198	94	113	164	78	103	91	80	101	26	100	6	17	28	146
86	51	107	29	40	158	186	98	24	117	150	5	59	58	92	30	37	46	127
19	194	93	141	88	121	126	105	155	114	176	182	151	22	57	202	71	165	82
159	139	1	129	63	138	153	53	38	123	120	175	85	50	160	187	97	203	31
20	41	108	116	136	73	36	207	135	15	76	43	199	45	173	79	161	179	143
208	21	7	49	61	119	33	142	168	62	169	54	192	133	118	189	162	197	112
70	84	60	14	68	174	137	195	8	47	172	156	96	23	99	122	90	185	109
132	181	95	69	167	163	166	188	111	144	206	3	130	34	13	110	25	27	178
171	42	66	205	10	157	74	145	83	134	55	18	56	35	16	9	183	152	44
81	77	128	200	131	52	125	140	193	87	89	48	72	12	177	124	0	102	115

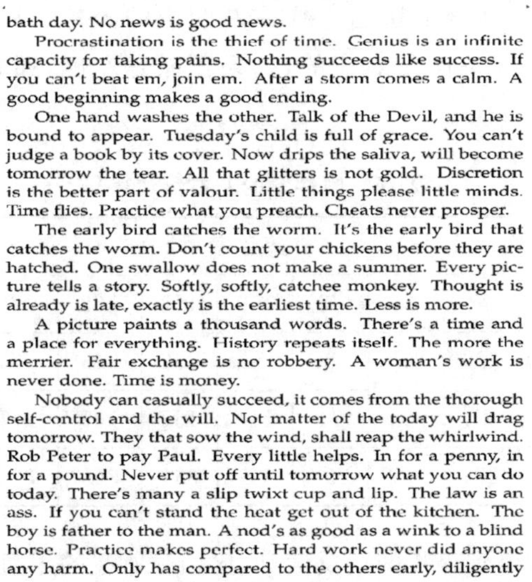

bath day. No news is good news.
　　Procrastination is the thief of time. Genius is an infinite capacity for taking pains. Nothing succeeds like success. If you can't beat em, join em. After a storm comes a calm. A good beginning makes a good ending.
　　One hand washes the other. Talk of the Devil, and he is bound to appear. Tuesday's child is full of grace. You can't judge a book by its cover. Now drips the saliva, will become tomorrow the tear. All that glitters is not gold. Discretion is the better part of valour. Little things please little minds. Time flies. Practice what you preach. Cheats never prosper.
　　The early bird catches the worm. It's the early bird that catches the worm. Don't count your chickens before they are hatched. One swallow does not make a summer. Every picture tells a story. Softly, softly, catchee monkey. Thought is already late, exactly is the earliest time. Less is more.
　　A picture paints a thousand words. There's a time and a place for everything. History repeats itself. The more the merrier. Fair exchange is no robbery. A woman's work is never done. Time is money.
　　Nobody can casually succeed, it comes from the thorough self-control and the will. Not matter of the today will drag tomorrow. They that sow the wind, shall reap the whirlwind. Rob Peter to pay Paul. Every little helps. In for a penny, in for a pound. Never put off until tomorrow what you can do today. There's many a slip twixt cup and lip. The law is an ass. If you can't stand the heat get out of the kitchen. The boy is father to the man. A nod's as good as a wink to a blind horse. Practice makes perfect. Hard work never did anyone any harm. Only has compared to the others early, diligently

图 2-14　附件 4 英文纵横切拼接图

对于问题二,由于碎片数增多,相对的每个碎片的信息就会减少,同时介于英文字符与中文字符的不同,仅用问题一的优化方法很难对问题二进行完整拼接,此时需要考虑中文字符与英文字符本身的特征,比如本问题中加入了行线的定义,以及字与字之间的宽度等信息。英文比中文多了一些不规则的格式,因此从分类的难度以及准确性来说,显然英文难度要高于中文,需要进行人工干预的碎片更多。

2.5 问题三的模型建立与求解

对于附件 5 双面纵横切的英文字符,我们仍然采用如问题二所用的方法,此时可以把双面看成两个单面。首先将最左与最右的图片选择出来,接着用四线三格的高度信息将正反面两个行高值相同的碎片分在同一组进行匹配,再运用单面既纵切又横切的碎片拼接方法先左右拼接再上下拼接,最后对少数异常碎片进行人工干预。

根据附件 5 给出的 $2\times 11\times 19$ 块碎片,每张碎纸片的像素为 180×72。在同一行的碎片,除了满足对每一个碎片,一定会有另一个碎片与之相连外,对于碎片的正反面 a、b 来说,一定存在另一块碎片的正反面 a、b 对应相连,虽然从方法上来说,由于有两面,用前面的方法需要将所有的碎片分成 22 类,但由于正反面是对应的,本质上只需要找到 11 类即可。

首先根据碎片左右边缘的留白选择左右两边的碎片,以 10 个像素列为阈值,选出的结果如下,由于正反面是对应的,如果正面是左侧,那么反面一定对应的是右侧(表 2-16)。

表 2-16 附件 5 的左右侧边序号

	碎片序号											
左	8	12	19	28	48	72	109	158	168	178	179	182	184
	199	201	212	229	273	287	293	332	346	374	400		
右	7	11	20	27	47	71	110	157	167	177	180	181	
	200	211	230	274	288	294	307	331	345	373	399		

在进行分组时,考虑到碎片的正反信息,比如 7 所在的正面类与 8 所在的反面类

应该是同一组,在聚类的过程中为了降低碎片的个数,将正反面的数据一起进行行和平均,再进行聚类处理,此处仍利用 k-均值聚类,得到初步的分组结果(表 2-17)。

表 2-17　附件 5 初步分组结果

	碎片序号
第 1 组	17　20　22　32　36　51　54　74　93　131　147　160　164　172　178　191　194　202　203
第 2 组	7　27　44　50　55　56　92　97　100　101　104　105　107　110　113　114　124　135　197
第 3 组	10　16　24　34　49　52　53　63　72　83　96　102　119　120　130　134　146　161　206
第 4 组	12　35　40　73　84　88　94　98　133　157　162　170　174　176　182　195　199　200　207
第 5 组	19　21　30　48　67　79　82　109　111　112　126　137　141　151　156　165　175　184　190
第 6 组	13　14　18　25　29　58　59　65　103　115　117　143　155　159　180　185　198　208　209
第 7 组	2　3　38　42　66　71　89　91　108　116　140　150　152　163　167　171　181　192　204
第 8 组	6　11　15　23　26　37　45　60　61　77　80　90　121　125　145　148　153　179　193
第 9 组	9　41　47　64　68　69　76　118　123　128　129　158　166　168　169　173　183　189　196
第 10 组	1　4　28　75　81　106　127　136　142　177　186　205
第 11 组	5　8　31　33　39　43　46　57　62　70　78　85　86　87　95　99　122　132　138　139　144　149　154　187　188　201

可以看出除了第 10 组与第 11 组,其他组的碎片个数都是 19,且刚好包含左右侧边,再利用问题二中的上下底线的方法将第 10 组与第 11 组进一步分类,通过计算,第 10 组所有的碎片上底行线都是 32 个像素行,而在第 11 组中,30a、38a、42b、45a、

56b、61b、84b、86b、94b、98a、121a、131b、137b、138a、143b、153a、186b、187b、200b 对应的碎片上底行线也是 30 个像素行，因此这 19 个碎片成为 1 类，对应的反面为第 2 类；同时第 10 组与第 11 组剩余的碎片组成新的第 10 组，接下来就是分别用上底行线将每一组分成两类。通过计算可得每组中两类对应的上底行线像素（表 2-18）。

表 2-18　每组内的上底行线

组别	1	2	3	4	5	6	7	8	9	10
两类上底行线	8,12	54,54	21,22	44,44	39,42	10,10	1,62	52,53	19,20	31,32

通过表 2-18 可以看出，除了第 2、4 与 6 组无法通过上底行线来进行区别，其他几类都可以区分开。

对于每组可分成两类的，直接采用与问题二相同的方法，在 19 个碎片中进行匹配（只需要拼接正确每组中的其中一类，另一类则可对应直接写结果，如图 2-15），在拼接过程中，可以对应的一组中的两类同时进行，当正面与反面的拼接出现不对应的情况时，可以用人工拼接来指导。而对于不可分的组则采用双面同时进行匹配的方法。此时 38 张碎片其实对应的是一横切的正反面数据，因此在匹配时，将组内分成两层去匹配，分别记为 A 与 B 层，由于 A 面的第一张碎片对应 B 面的最后一张碎片，A 面的第二张碎片对应 B 面的第 18 张碎片……，只有当两面都能匹配才能确定拼接，此处匹配采用公式(2-4)来进行计算。也就是当 A 层最左侧的碎片为 A_1，则 A_1 的反面为 B 层最右侧的碎片 B_{19}，在 A 层搜索下一张 A_2 时，不仅要求它的左侧信息与 A_1 的右侧信息匹配，同时要求它在 B 层对应的另一面的右侧信息与 B_{19} 的左侧信息匹配，且它在 B 层对应的另一面应该是 B_{18}，这样得到的拼接结果比单面拼接更为准确。拼接结果见图 2-15，对应的排序见表 2-19、表 2-20。

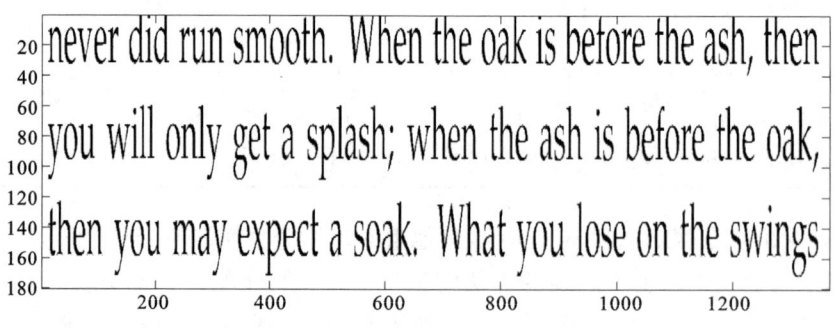

图 2-15　附件 5 第一类拼接结果

表 2-19　附件 5　正面英文复原序号

136a	047b	020b	164a	081a	189a	029b	018a	108b	066b	110b	174a	183a	150b	155b	140b	125b	111a	078a
005b	152b	147b	060a	059b	014b	079b	144b	120a	022b	124a	192b	025a	044b	178b	076b	036b	010a	089b
143a	200a	086a	187a	131a	056a	138b	045b	137a	061a	094a	098b	121b	038b	030b	042a	084a	153b	186a
083b	039a	097b	175b	072b	093b	132a	087b	198a	181a	034b	156a	206a	173a	194a	169a	161a	011a	199a
090b	203a	162a	002b	139a	070a	041b	170a	151a	001a	166a	115a	065a	191b	037a	180b	149a	107b	088a
013b	024b	057b	142b	208b	064a	102a	017a	012b	028a	154a	197b	158b	058b	207a	116a	179a	184a	114b
035b	159b	073a	193a	163b	130b	021a	202b	053a	177a	016a	019a	092a	190a	050b	201a	031b	171a	146b
172b	122a	182a	040b	127b	188b	068a	008a	117a	167b	075a	063a	067b	046b	168b	157b	128b	195b	165a
105b	204a	141b	135a	027b	080a	000a	185b	176b	126a	074a	032b	069b	004b	077b	148a	085a	007a	003b
009b	145b	082a	205b	015b	101b	118a	129a	062b	052b	071a	033a	119b	160a	095b	051a	048b	133b	023a
054a	196a	112b	103b	055a	100a	106a	091b	049a	026a	113b	134b	104b	006b	123b	109b	096b	043b	099b

表 2-20 附件 5 反面英文复原序号

136b	005a	143b	083b	090a	013a	035b	172a	105a	009b	054a
047a	152a	200b	039b	203b	024a	159a	122a	204b	145a	196b
020a	147a	086b	097a	162b	057a	073b	182b	141a	082b	112a
164b	060b	187b	175a	002a	142a	193b	040a	135b	205a	103a
081b	059a	131b	072b	139b	208a	163a	127a	027a	015b	055b
189b	014a	056b	093a	070b	064b	130a	188a	080b	101a	100b
029a	079a	138a	132b	041a	102b	021b	068b	000b	118b	106b
018b	144a	045b	087a	170b	017b	202a	008b	185a	129b	091a
108a	120b	137b	198b	151b	012a	053b	117b	176a	062a	049b
066a	022a	061b	181b	001b	028b	177b	167a	126b	052a	026b
110a	124b	094b	034a	166b	154b	016b	075b	074b	071b	113a
174b	192a	098a	156a	115b	197a	019b	063b	032a	033b	134a
183b	025b	121a	206b	065b	158a	092b	067a	069a	119b	104a
150a	044a	038a	173b	191a	058a	190b	046a	004a	160b	006a
155a	178a	030a	194b	180a	207b	050a	168a	077a	095a	123a
140a	076b	042b	169b	149b	116b	201a	157a	148b	051b	109a
125a	036b	084b	161a	011b	173b	031a	128a	085b	048a	096b
111b	010b	153a	011b	107a	184b	171a	195a	007b	133a	043a
078b	089a	186b	199b	088b	114a	146a	165b	003b	023b	099a

对于刚好能分成 19 个碎片的情况，直接用 TSP 得到的拼接结果如下（只展示了第一类 30a、38a、42b、45a、56b、61b、84b、86b、94b、98a、121a、131b、137b、138a、143b、153a、186b、187b、200b 的情况，此时对应的反面也拼接成功）。

当所有的碎片行拼接完成后，采用与问题二相同的方法，注意最上与最下边界的空白应该最多，首先选择出上下两个横条，再通过上底线与下底线的关系将横条进行拼接得到最后的双面复原图，得到的正反图片见图 2-16，由于此时正反的衔接给相关性提供了更多的信息，因此需要人工干预的相对较少。

相比问题二来说，虽然碎片数增加了，但碎片的大小没有改变，同时增加了正反面的先验信息，从而可得问题三的模型的精确度比问题二中模型的精确度高，人工干预也少一些。

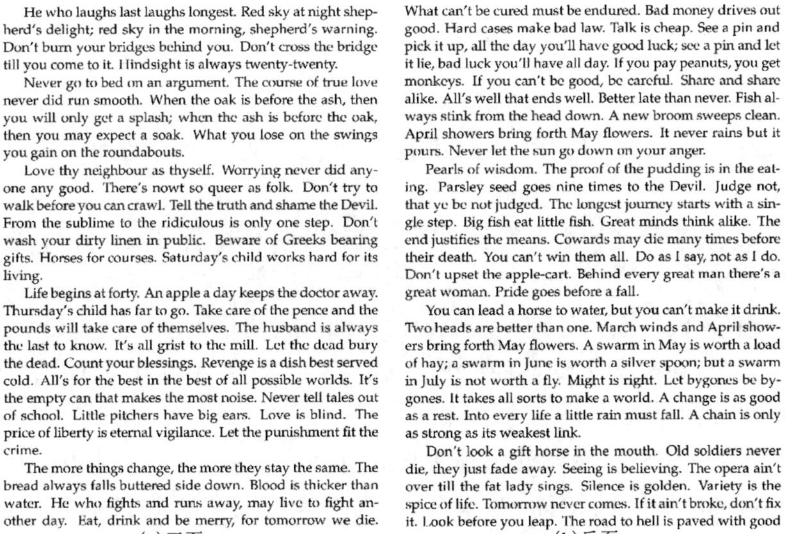
He who laughs last laughs longest. Red sky at night shepherd's delight; red sky in the morning, shepherd's warning. Don't burn your bridges behind you. Don't cross the bridge till you come to it. Hindsight is always twenty-twenty.

Never go to bed on an argument. The course of true love never did run smooth. When the oak is before the ash, then you will only get a splash; when the ash is before the oak, then you may expect a soak. What you lose on the swings you gain on the roundabouts.

Love thy neighbour as thyself. Worrying never did anyone any good. There's nowt so queer as folk. Don't try to walk before you can crawl. Tell the truth and shame the Devil. From the sublime to the ridiculous is only one step. Don't wash your dirty linen in public. Beware of Greeks bearing gifts. Horses for courses. Saturday's child works hard for its living.

Life begins at forty. An apple a day keeps the doctor away. Thursday's child has far to go. Take care of the pence and the pounds will take care of themselves. The husband is always the last to know. It's all grist to the mill. Let the dead bury the dead. Count your blessings. Revenge is a dish best served cold. All's for the best in the best of all possible worlds. It's the empty can that makes the most noise. Never tell tales out of school. Little pitchers have big ears. Love is blind. The price of liberty is eternal vigilance. Let the punishment fit the crime.

The more things change, the more they stay the same. The bread always falls buttered side down. Blood is thicker than water. He who fights and runs away, may live to fight another day. Eat, drink and be merry, for tomorrow we die.

(a)正面

What can't be cured must be endured. Bad money drives out good. Hard cases make bad law. Talk is cheap. See a pin and pick it up, all the day you'll have good luck; see a pin and let it lie, bad luck you'll have all day. If you pay peanuts, you get monkeys. If you can't be good, be careful. Share and share alike. All's well that ends well. Better late than never. Fish always stink from the head down. A new broom sweeps clean. April showers bring forth May flowers. It never rains but it pours. Never let the sun go down on your anger.

Pearls of wisdom. The proof of the pudding is in the eating. Parsley seed goes nine times to the Devil. Judge not, that ye be not judged. The longest journey starts with a single step. Big fish eat little fish. Great minds think alike. The end justifies the means. Cowards may die many times before their death. You can't win them all. Do as I say, not as I do. Don't upset the apple-cart. Behind every great man there's a great woman. Pride goes before a fall.

You can lead a horse to water, but you can't make it drink. Two heads are better than one. March winds and April showers bring forth May flowers. A swarm in May is worth a load of hay; a swarm in June is worth a silver spoon; but a swarm in July is not worth a fly. Might is right. Let bygones be bygones. It takes all sorts to make a world. A change is as good as a rest. Into every life a little rain must fall. A chain is only as strong as its weakest link.

Don't look a gift horse in the mouth. Old soldiers never die, they just fade away. Seeing is believing. The opera ain't over till the fat lady sings. Silence is golden. Variety is the spice of life. Tomorrow never comes. If it ain't broke, don't fix it. Look before you leap. The road to hell is paved with good

(b)反面

图 2-16　附件 5 英文复原图片

2.6　模型评价

2.6.1　模型的优点

本章建立的模型简单易懂，建立过程自然、流畅。并随着问题的深入，针对不同碎片类型与尺寸，结合中文与英文的特点，设计不同的算法实现碎片的复原，通过对结果进行分析，可知本章的模型精确度较高，可以合理地解决规则边缘碎纸片的拼接复原问题。

2.6.2 模型的缺点

由于在分类过程中对于高度差采用硬阈值，这个分类方式比较直接，但不够精确，仍需人工干预，以及找到更合理的约束条件来减少人工干预，得到更稳定和泛化性能好的方法。此外整个模型都是对于规则的裁切，没有考虑中英文混合以及不规则裁切等情况，同时也缺乏针对碎纸片的语义分析，人工干预量有待进一步减少。

主要参考文献

[1] 肖汉,郭晓沛. 切割纸片的拼接复原[J]. 青岛大学学报,2014,27(2):50-53.

[2] 赵旷逸. 基于文档文字特征的碎纸机碎片拼接算法[J]. 计算机应用,2014,34(S2):271-273.

[3] 朱福珍. 数字图像处理(Matlab)[M]. 北京:清华大学出版社,2023.

[4] 罗智中. 基于文字特征的文档碎纸片半自动化拼接[J]. 计算机工程与应用,2012,48(5):207-209.

[5] 司守奎,孙兆亮. 数学建模算法与应用[M]. 北京:国防工业出版社,2022.

[6] 李蕾,麻思达,潘博渊. 基于TSP规划模型的碎纸片拼接复原问题研究[J]. 数学建模及其应用,2014,3(2):12-17.

[7] 尹玉萍,刘万军,张冲,等. 基于动态聚类的文档碎纸片自动拼接算法[J]. 计算机工程与应用,2014,50(18):162-166.

[8] 刘铁. 基于数字图像的碎纸复原模型与算法——2013年全国大学生数学建模B题碎纸片的拼接复原问题[J]. 重庆理工大学学报,2015,29(3):83-88.

[9] 蔡志杰. 碎纸片拼接复原的数学模型与方法[J]. 高等数学研究,2016,19(4):107-110.

点 评

  整个论文结构合理,思路清晰,尽管模型所采用的方法都是现成的常用方法,但对问题考虑比较细致,分析全面透彻,对问题表述翔实清楚,论文分中英字符,单面-双面情况,完成度较高。

  但仍然存在几个问题:干预方式与干预时间节点不明确;虽然有全局优化的思想以及考虑到了中英文不同的文字特征,但里面有不少直观的思想,若纸片数量较多,算法时间会加长,且缺乏对模型的合理性检验,这不利于模型的推广。

第3章 嫦娥三号软着陆轨道设计与控制策略(2014A)

2014年全国大学生数学建模竞赛A题是根据我国2013年成功发射的嫦娥三号软着陆过程中的实际问题提出的,考虑在着陆过程中多次的调整姿态、速度等,保证在尽可能节约燃料的基础上成功着陆。这是一个运动与受力分析的最优控制问题,一般来讲,该问题的数学模型应是一个常微分方程的初值反问题,通过求解可得到满足条件的初值,进而确定嫦娥三号在着陆的各阶段的位置和运行速度随时间变化的关系。

嫦娥三号于2013年12月2日1时30分成功发射,12月6日抵达月球轨道。嫦娥三号在着陆准备轨道上的运行质量为2.4t,其安装在下部的主减速发动机能够产生1500~7500N的可调节推力,其比冲(即单位质量的推进剂产生的推力)为2940m/s,可以满足调整速度的控制要求。在四周安装有姿态调整发动机,在给定主减速发动机的推力方向后,能够自动通过多个发动机的脉冲组合实现各种姿态的调整控制。嫦娥三号的预定着陆点为19.51W、44.12N,海拔为-2641m(附件1)。

嫦娥三号在高速飞行的情况下,要保证准确地在月球预定区域内实现软着陆,关键问题是着陆轨道与控制策略的设计。其着陆轨道设计的基本要求:着陆准备轨道为近月点15km、远月点100km的椭圆形轨道;着陆轨道为从近月点至着陆点,其软着陆过程共分为主减速、快速调整、粗避障、精避障、缓速下降和自由落体6个阶段,要求满足每个阶段在关键点所处的状态,尽量减少软着陆过程的燃料消耗。

根据嫦娥三号的软着陆过程,要求建立数学模型解决下面3个问题:

(1)确定着陆准备轨道近月点和远月点的位置,以及嫦娥三号相应速度的大小与方向。

(2)确定嫦娥三号的着陆轨道和在6个阶段的最优控制策略。

(3)对设计的着陆轨道和控制策略作相应的误差分析和敏感性分析。

由于篇幅有限,附件的完整内容可扫描前言处的二维码获取。

3.1 问题分析及思路概述

嫦娥三号从实施近月制动到成功着陆主要经历了环月轨道—椭圆轨道—着陆轨道3个变轨过程,从环月轨道下降到着陆点的过程即软着陆过程,又包括主减速段、快速调整段、粗避障段、精避障段、缓速下降段和自由落体段6个阶段,如图3-1所示。

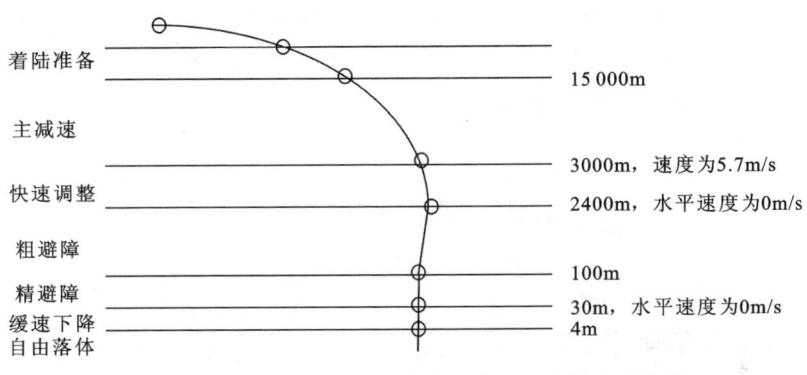

图 3-1 嫦娥三号着陆准备及软着陆的 6 个阶段示意图

问题一,要求确定嫦娥三号在着陆准备轨道近月点与远月点的位置及对应的速度,关于这两个点的位置,如果落月轨道与着陆准备轨道不在同一平面上,就需要发动机提供额外的横向推力来实现控制,从而导致燃料消耗增加,因此要求落月轨道与着陆准备轨道在同一平面上,即问题转化为二维的平面问题。首先就要建立合理的坐标系(可以考虑以月球中心或者椭圆模型中心为原点建立直角坐标系),根据嫦娥三号在太空中的受力分析以及能量守恒等物理性质,建立运动方程,并求出对应的近月点与远月点速度。题目表述中明确指出主减速阶段已基本到达目标上空,再加上该段末水平速度相比初始速度已非常小,快速调整阶段时间短,即对快速调整阶段与目标点上空之间的距离的影响非常小,相比主减速阶段弧长可以忽略,即认为主减速末段已经到达目标上空。由此,可结合弧长与转角反推近月点位置,同时,根据远月点与近月点的经纬度的对称性,可以直接求出远月点的位置。

问题二,要求确定嫦娥三号的着陆轨道和 6 个阶段的最优控制策略,这 6 个阶段都有具体的要求,而且上一阶段的最终状态是下一阶段的初始状态,由于整个阶段的受力与环境都是一致的,可以考虑把这 6 个阶段用相同的模型但不同的控制策略(主发动机的推力大小和方向不同等)以及不同的初始与最终状态来进行建模,同时要求尽量小的燃料消耗。因此考虑以燃料消耗最少为目标,以每个阶段的动力学模型为方程约束加上边界条件,再考虑相应的过程约束,包括可能的推力约束、高度约束以及质量变化约束等建立最优控制模型,采用不同的优化算法进行求解。

问题三,要求对所设计的着陆轨道和控制策略作相应的误差分析与敏感性分析,这个部分可以考虑对模型进行分析,可以对模型的算法产生的误差进行分析,也可以考虑对前面的部分假设作进一步研究,由于时间的限制,那么只需要选择其中的部分内容进行重点研究与讨论。

3.2 模型建立准备

3.2.1 模型假设

(1)由于嫦娥三号落地时间很短,仅有十几分钟,因此此处不考虑月球引力非球项、日月引力摄动和月球自转。

(2)嫦娥三号实施软着陆时距地球远,地球万有引力影响可忽略不计。

(3)由于月球扁率很小,可认为月球为球体,半径以平均半径为准,并且引力场分布均匀,在绕月飞行时把嫦娥三号看作质点,为简化模型,在嫦娥三号着陆过程中忽略月球球面的弧度。

(4)为了便于分析嫦娥三号运动的过程,可认为月球为质量均匀的球体,且嫦娥三号在整个运动过程中质量不变。

(5)假设飞行器变换姿态是瞬间完成的,变姿过程不消耗燃料。

(6)着陆准备轨道和落月轨道在同一个平面上,如果落月轨道与着陆准备轨道不在同一个平面上,就需要发动机提供额外的横向推力来实现控制,从而导致燃料消耗的增加。所以假设着陆准备轨道和落月轨道在同一个平面上,将问题转化为一个二维的平面问题。

(7)假设嫦娥三号获得的数字高程及所有数据是准确的。

3.2.2 基本符号说明

F 为嫦娥三号所受主推力,$G_月$ 为嫦娥三号所受月球的引力,a 为加速度,a_x 为水平加速度,a_y 为竖直加速度,G 为万有引力常数,θ 为主推动力的方向角,φ 为加速度方向,M_0 为初始的嫦娥三号质量,$m(t)$ 为 t 时刻嫦娥三号的质量,v_A 为嫦娥三号在近月点的速度,v_B 为嫦娥三号在远月点的速度,R 为月球平均半径。

3.3 问题一的模型建立与求解

首先通过研究嫦娥三号探测器软着陆的过程,了解其大致的飞行轨迹。根据开普勒第二定律以及机械能守恒定律,联立方程组求出近月点以及远月点的速度。由于嫦娥三号从近月点开始下落,且与着陆准备轨道在同一个平面上,因此,可根据牛顿第二定律建立平面月球二维动力学模型,计算出近地点的纬度,最终确定近地点与远地点的位置和运行方向。

3.3.1 确定近月点和远月点对应的速度

嫦娥三号围绕月球运动的椭圆轨迹上的近月点和远月点的连线经过月球的球心,若要尽可能地节约能源,则须着陆点落在卫星椭圆轨道的平面上,椭圆轨道的平面图如图 3-2 所示。

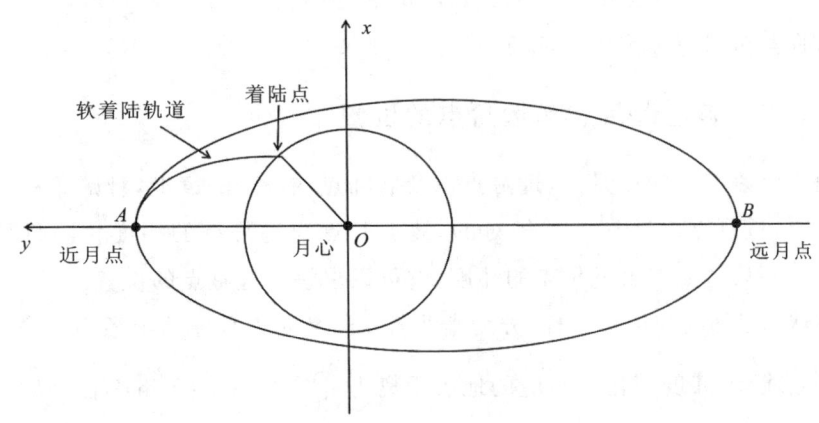

图 3-2 近月轨道平面示意图

建立如图 3-2 所示坐标系，嫦娥三号围绕月球的运动轨道为椭圆轨道，在由近月点 A 到远月点 B 的过程中，行星运动的总机械能等于其动能和引力势能之和，且在行星运动过程中，只受万有引力作用，根据机械能守恒定律得

$$\frac{1}{2}mv_A^2 - \frac{GMm}{R_A} = \frac{1}{2}mv_B^2 - \frac{GMm}{R_B} \tag{3-1}$$

其中，$m = 2.4 \times 10^3 \text{kg}$ 为嫦娥三号的质量，$M = 7.347\,7 \times 10^{22} \text{kg}$ 为月球质量，$G = 6.672 \times 10^{-11} \text{N} \times \text{m}^2 / \text{kg}^2$ 是万有引力常数，v_A 为嫦娥三号在近月点的速度，v_B 为嫦娥三号在远月点的速度，$R = 1\,737.013 \text{km}$ 是月球平均半径，$H_A = 15 \text{km}$ 为嫦娥三号近月点高度，$H_B = 100 \text{km}$ 为嫦娥三号远月点高度，$R_A = R + H_A$ 为近月点到月心的距离，$R_B = R + H_B$ 为远月点到月心的距离。则单位时间内嫦娥三号扫过的面积为

$$S_A = \frac{1}{2}R_A v_A, \quad S_B = \frac{1}{2}R_B v_B \tag{3-2}$$

根据开普勒第二定律得到

$$\frac{1}{2}v_A R_A = \frac{1}{2}v_B R_B \tag{3-3}$$

将相关参数代入式(3-1)与式(3-2)，可得近月点速度为

$$v_A = \sqrt{\frac{2(H_B + R)GM}{(H_A + R)(H_A + H_B + 2R)}} = 1\,692.5 \,(\text{m/s}) \tag{3-4}$$

方向为椭圆运行轨道短轴切线方向指向着陆点，远月点的速度为

$$v_B = \sqrt{\frac{2(H_A + R)GM}{(H_B + R)(H_A + H_B + 2R)}} = 1\,614.1 \,(\text{m/s}) \tag{3-5}$$

方向与近月点速度方向相反。

3.3.2 确定近月点和远月点的位置

由于嫦娥三号的近月点、远月点以及着陆点在一个经度上，且嫦娥三号在做近月运动时，近月点与远月点是相对的，故近月点与远月点的纬度相同只是方向不同[1-2]，下面只需要求出近月点的纬度，就可以求解出远月点的位置。

月球的经纬度和地球一样，分为南北各 $90°$，又因为月球的半径为 $1\,737.013 \text{km}$，则同一经线上，纬度变化 $1°$ 对应的地表距离为 $\frac{2\pi R}{360} = 30\,317 (\text{m})$，由问题二结论可

知,嫦娥三号大概飞行413s,水平方向的位移386 116.2m到达预定着陆点正上方,也即19.51W、44.12N处。假设软着陆轨道过月球自转轴的平面,整个轨道在同一经度上,则水平方向的位移经过的纬度大概有

$$\theta_1 = \frac{386\ 116.2}{30\ 317} = 12.736\ (°) \tag{3-6}$$

则反推嫦娥三号的近月点纬度为

$$\varphi = 44.12 - 12.736 = 31.384\ (\text{N}) \tag{3-7}$$

根据近月点与远月点经纬度对称原则,远月点在月球表面的投影点处的位置为(160.49E,31.384S)。

综上得,嫦娥三号近月点的坐标为(19.51W,31.384N),远月点的坐标为(160.49E,31.384S),在近月点的速度为1 692.5m/s,在远月点的速度为1 614.1m/s,方向均沿轨道切线方向。

3.4 问题二的模型建立与求解

根据附件1的描述,将嫦娥三号软着陆过程转化为6个阶段的最优控制策略,利用动力学微分方程,分别针对每个阶段建立消耗燃料最少为目标的优化模型。每一个阶段都有具体的要求,而且是连续递进的,上一个阶段的终止状态也是下一个阶段的初始状态[3-4]:

(1)主减速阶段的初始速度为1 692.5m/s,其方向与月球引力方向垂直,主减速阶段末端,要求嫦娥三号位于预定落点上空3000m处,速度减到57m/s。

(2)快速调整阶段以主减速阶段末端为初始状态,其末端要求嫦娥三号位于预定落点上空2400m处,水平速度调整为0m/s,将主减速发动机推力调整到竖直向上的状态。

(3)粗避障阶段以快速调整阶段末端为初始状态,其末端要求嫦娥三号悬停在预定落点上方100m处。

(4)精避障阶段以粗避障阶段末端为初始状态,其末端要求嫦娥三号悬停在预定落点上方30m处,水平速度调整为0m/s。

(5)缓速下降阶段以精避障阶段末端为初始状态,其末端要求嫦娥三号悬停在

预定落点上方 4m 处。

(6)自由落体阶段要求在预定落点上方 4m 处发动机关机,嫦娥三号自由下落到月面。

根据问题的要求,必须将软着陆过程分为 6 个连续的阶段进行分析研究,依次给出中阶段的运动轨道和控制策略(主发动机的推力大小和方向等),不同的控制策略将有不同的运行轨道,并产生不同的燃料消耗。

在平面坐标系下,可以考虑将月球和卫星看作两个物体,分别按 6 个阶段建立模型,求解给出 6 个阶段的控制策略。

3.4.1 主减速阶段模型

嫦娥三号在着陆准备轨道上绕月球做椭圆运动,当其刚好运行到近月点时,进入着陆轨迹,此时也是主减速阶段的开始,此时的初始速度为问题一计算的 1 692.5m/s,由于主减速阶段的主要目的是使得探测器减速,而当主减速发动机的大小达到最大时,探测器的减速过快,因此在主减速阶段考虑发动机的推力 F 为一恒力,大小始终保持最大 7500N,确定 F 的方向即可。将二维月心坐标系转化为极坐标系,极坐标系下嫦娥三号的受力分析如图 3-3 所示。

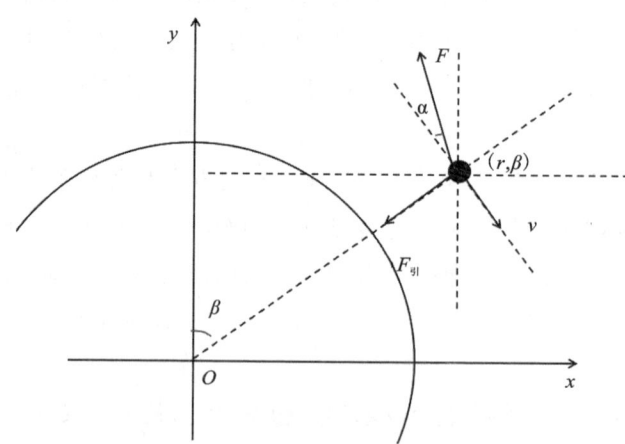

图 3-3 嫦娥三号受力分析示意图

由文献[5]可知,嫦娥三号的微分动力学方程如下:

$$\begin{cases} \dot{r} = v \\ \dot{v} = \dfrac{F}{m}\sin\alpha - \dfrac{G_{月}}{r^2} + r\omega^2 \\ \dot{\theta} = \omega \\ \dot{\omega} = -\dfrac{1}{r}\left(\dfrac{F}{m}\cos\alpha + 2v\omega\right) \\ \dot{m} = -\dfrac{F}{v_e} \end{cases} \quad (3\text{-}8)$$

其中,发动机推力方向与向径 r 垂线夹角为 α,v 为嫦娥三号沿向径 r 方向上的速度,β 为向径 r 与向上竖直方向的夹角,ω 为绕月角速度,m 为嫦娥三号的质量,$\dot{m}$ 为单位时间燃料消耗的千克数,$v_e=2940\text{m/s}$ 为发动机比冲,设月球的引力常数为 $G_{月}=1.63\text{m/s}^2$。

主减速段主要通过全推力制动,在短时间内将水平速度快速减少至 57m/s,所带燃料的大部分也将消耗于这个阶段,要求在轨道主减速段终点状态满足下一阶段的初始要求,并满足燃料消耗最小。因此主减速阶段可以转化为以燃料消耗最小为目标,以嫦娥三号在主减速过程的初始条件和末端条件为约束的优化问题为

$$\min J = -\int_0^{t_1} \dot{m}\,\mathrm{d}t = m(0) - m(t_1) \quad (3\text{-}9)$$

由于在这个阶段,推力大小为常量,此时燃料消耗 J 只与时间 t_1 有关,问题转化为优化时间 t_1,即 $\min t_1$

s.t. 初始条件 $\begin{cases} r(0) = 1\,737\,013 + 15\,000 - 2640 = 1\,749\,373, v(0) = 1\,692.5 \\ \beta(0) = 0, \omega(0) = \dfrac{v(0)}{r(0)}, m(0) = 2400 \end{cases}$

末端条件 $\begin{cases} r(t_1) = 1\,737\,013 - 2640 + 3000 = 1\,737\,373 \\ \sqrt{(v(t_1))^2 + (w(t_1)*r(t_1))^2} = 57 \end{cases}$

发动机的姿态一般不会频繁变化,因此 $\alpha(t)$ 是一个光滑的连续函数,为了简单起见,不妨设该角度随时间的变化是一个三次多项式:

$$\alpha(t) = a_3 t^3 + a_2 t^2 + a_1 t + a_0 \quad (3\text{-}10)$$

这样就将问题转化为一个优化问题,直接求解微分约束是一个无穷维优化问题,很难求出精确解,此处根据嫦娥三号降落所处状态,知大致时间在 400s 左右,

因此将时间在[0,450]步长 0.1 进行离散化,再利用四阶龙格-库塔(Runge-Kutta)差分迭代方法[6-7]进行求解,最终得到控制参数为

$$P* = [a_3, a_2, a_1, a_0]$$
$$= [-1.264\ 7 \times 10^{-8}, 9.652\ 8 \times 10^{-6}, -1.107\ 3 \times 10^{-3}, 0.105\ 4]$$
(3-11)

最优时间为 413.1s,即当嫦娥三号以最大推力 7500N 飞行 413.1s 后,到达预定着陆点上方 3000m 处,此时主减速阶段末端速度大小为 57.249 9m/s,且水平速度为 48.545 4m/s,竖直速度为 30.346 3m/s。当前质量为

$$m = m_0 - \frac{F}{v_e} \times t = 2400 - \frac{7500}{2940} \times 413.1 = 1\ 346.173 (\text{kg}) \quad (3\text{-}12)$$

在这个控制策略下,主发动机的推力方向、运行轨迹、运行速度以及高度的变化曲线如图 3-4 所示。

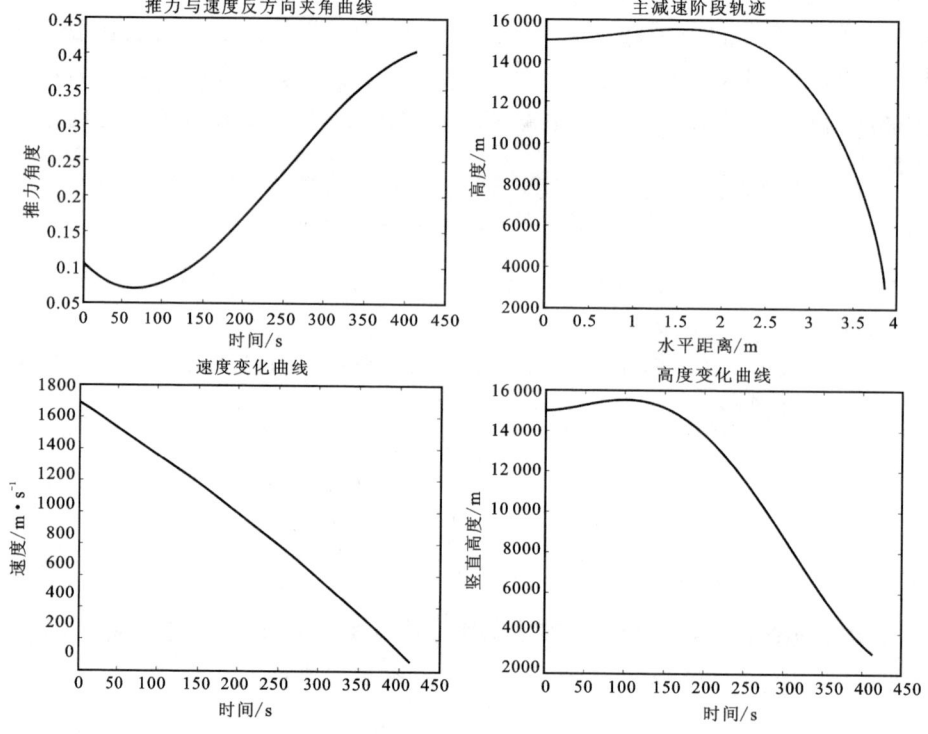

图 3-4　主减速阶段相关变量变化曲线图

3.4.2 快速调整阶段模型

快速调整阶段$[t_1,t_2]$的初始状态为主减速阶段的末端状态,而该阶段的末端位置要求在预定落点上空 2400m 处,水平速度调整为 0,且将主减速发动机推力方法调整到竖直向上的状态。此过程是连接主减速阶段和粗避障阶段的重要阶段,在该阶段主要完成探测器的姿态调整,以便进入粗避障阶段。由于该过程只有 600m,运行时间短,所以燃料消耗量的优化不是主要的,主要考虑给出一个可行的控制策略,为了计算方便,发动机推力方向控制与主减速阶段相同,仅改变推力的大小($1500\text{N}<F<7500\text{N}$),让嫦娥三号经过这个推力的作用,在离月球表面 2400m 的高度时,水平速度减小为 0,此时问题变为

$$\min z = \int_{t_1}^{t_2} \frac{F_{\text{推}}}{v_e} \mathrm{d}t \tag{3-13}$$

$$\text{s. t. 初始条件} \begin{cases} r(t_1) = 1\,737\,373(\text{m}), v(t_1) = 57(\text{m/s}) \\ \omega(t_1) = \dfrac{v(t_1)}{r(t_1)}, m(t_1) = 1\,346.173(\text{kg}) \end{cases} \tag{3-14}$$

$$\text{末端条件} \begin{cases} r(t_2) = 1\,737\,373 - 600 = 1\,736\,773(\text{m}) \\ v_{\text{水}}(t_2) = 0(\text{m/s}) \end{cases} \tag{3-15}$$

采用与主减速阶段同样的方法进行求解,可以得到主发动机最佳的推力大小为 5 049.14N,该阶段耗时 12.5s,快速调整阶段末端水平速度减为 0m/s,竖直方向速度为 61.897 4m/s,此时距月球表面的高度为 2 400.339 1m,当前质量为

$$m(t_2) = m(t_1) - \frac{F}{v_e} \times t = 1\,346.173 - \frac{5\,049.14}{2940} \times 12.5 = 1\,324.705\,6(\text{kg})$$

在这个控制策略下,运行轨迹、运行的水平速度以及高度的变化曲线图如图 3-5 所示。

3.4.3 粗避障阶段的控制策略

粗避障阶段$[t_2,t_3]$的主要作用是在较大的着陆范围内,剔除具有明显着陆危险的大陨石坑,防止精避障阶段由于距离太近而出现无法避开的障碍,且尽量减少平移距离,有利于节约燃料。此过程主要包含两个方面的工作:①确定最佳的着陆位置;②确定主发动机的控制策略,将嫦娥三号移动到最佳位置。

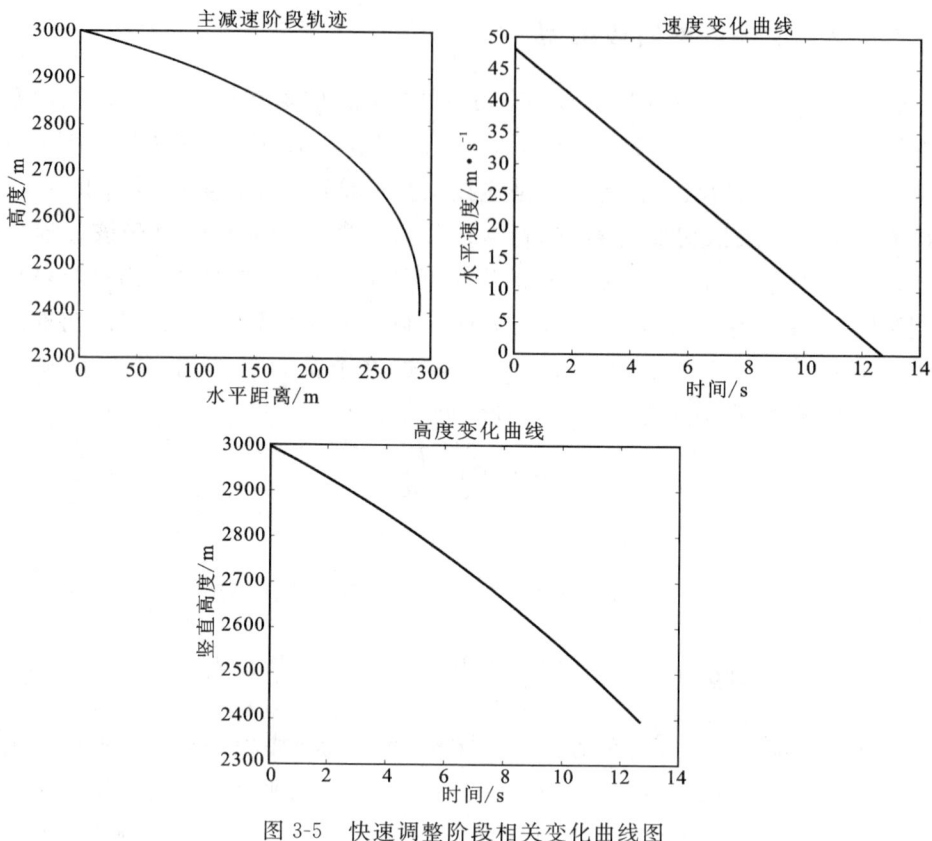

图 3-5　快速调整阶段相关变化曲线图

1. 粗避障着陆点确定

首先确定着陆位置,对附件 3 的数字高程图进行读取后,选择合适的指标,选择平坦区域做为粗避障阶段的着陆位置。

从图 3-6 中可以看出,像素值比较高的地方(环形山)与像素值比较低的地方(陨石坑)都不适合作为着陆点,同时相邻像素值变化大的地方(在一个区域内方差大)不平坦,也不适合作为着陆点。同时也需要考虑最后落点与初始定位的着陆点不应偏离太远,因此平坦区域应该尽可能选择中间区域。平坦程度用梯度 $\frac{\partial z}{\partial x}$、$\frac{\partial z}{\partial y}$ 来表示,又通过文献[8]可知,嫦娥三号尺寸:直径不大于 4m,高度不大于 4m,将高程图用 10m×10m 的单元块划分成 230×230 个小图片,将梯度变化(方差)小的这

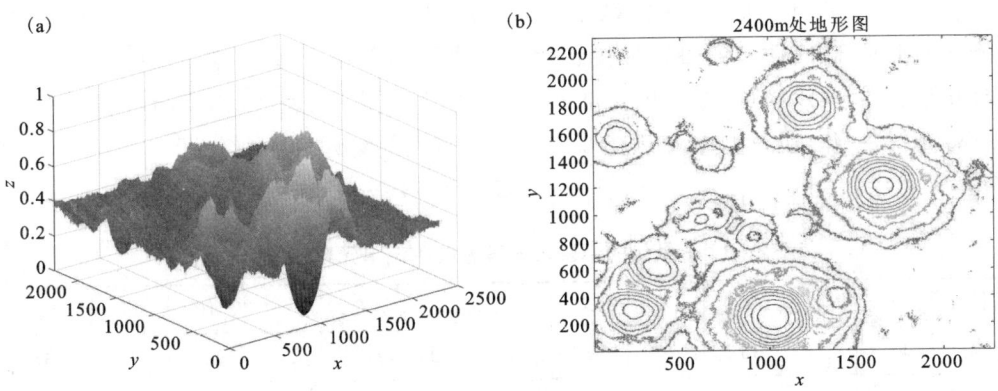

图 3-6 附件 3 立体高程图(a)及对应的等高线图(b)

些区域块选择出来。具体的步骤为

(1)计算梯度 $\frac{\partial z}{\partial x}$、$\frac{\partial z}{\partial y}$，此处采用差分代替偏导的计算，$\Delta x = \Delta y = 1$，得

$$\begin{cases} \frac{\partial z}{\partial x} = z(x,y) - z(x-1,y) \\ \frac{\partial z}{\partial y} = z(x,y) - z(x,y-1) \\ x = 2,\cdots,2300, y = 2,\cdots,2300 \end{cases} \quad (3-16)$$

计算每一块的 $ff = \sum \sqrt{\left(\frac{\partial z}{\partial x}\right)^2 + \left(\frac{\partial z}{\partial y}\right)^2}$，$ff$ 越小说明这一块区域越属于平地区域。

(2)进一步分别计算每一块对应的方差 d，方差可以衡量每一块的坡度大小。从中心往外选择方差较小对应的区域，同时观察此处的像素值是否过大(大于200)或者过小(小于50)，这种过大和过小的区域排除。经过选择后得到前 12 个方差较小，且离预定着陆点(第(115,115)这个块)比较近的块，其方差见下表 3-1，x 与 y 表示每一块所在的位置。

表 3-1 12 个最优的粗避障阶段着陆平地单元格

x	119	120	112	115	123	131	121	122	116	125	105	122
y	113	111	117	113	107	106	111	102	106	103	110	100
d	0.308 2	0.333 3	0.333 3	0.359 2	0.370 1	0.385 5	0.387 5	0.388 3	0.393 0	0.393 9	0.396 4	0.397 0

(3) 确定着陆区域,由于嫦娥三号粗避障的竖直距离都是 2300m,因此只需要考虑水平距离,将燃料的目标最优转化为水平距离最小,同时下落的地方也安全,即方差要小,所以将这 12 个单元格进一步进行加权排序(表 3-2),初始着陆点水平距离 D(归一化)以及方差 d 进行 6∶4 加权,得到最终评价标准:

$$f = 0.5D + 0.5d \tag{3-17}$$

表 3-2　12 个最优的粗避障阶段着陆平地单元格(加权排序)

排名	1	2	3	4	5	6	7	8	9	10	11	12
x	119	115	112	120	121	116	123	105	122	125	122	131
y	113	113	117	111	111	106	107	110	102	103	100	106
d	0.178 1	0.179 6	0.180 2	0.222 2	0.265 8	0.313 6	0.371 2	0.379 9	0.515 5	0.557 3	0.603 9	0.692 7

根据单元格最终排名,确定嫦娥三号在粗避障阶段的落月点所在块为(119,113),对应的中心坐标为(1185,1125),见图 3-7,即需要在原预定点(1150,1150)基础上向东南方向移动距离为 $\sqrt{(1185-1150)^2+(1125-1150)^2} \approx 43.01$(m)。

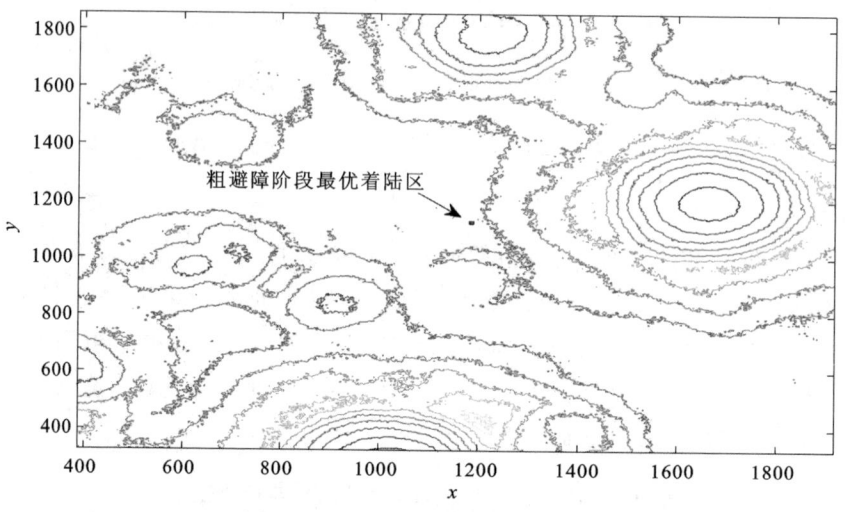

图 3-7　粗避障阶段的最优着陆区

该区域数值较平缓,且距离图像中心比较近,可以兼顾到探测器平移距离和优化指标。

2. 粗避障阶段控制策略

粗避障阶段的起始状态水平速度为 0m/s,高度 2400m,终止状态悬停,速度为 (0m/s,0m/s),高度 100m,水平位移为 43m,下降高度为 2300m。此时着陆器距离月面比较近,此时的下降初始速度方向基本与当地水平面垂直且下降的初始速度方向基本一致。为了简化计算,假设嫦娥三号推力为常值推力 F,并且将主减速发动机推力方向分解成水平方向与竖直方向。水平方向上,前半段让水平方向加速运行到 43m 的一半 21.5m,再将方向沿竖直方向对称,让探测器在水平方向减速为 0;竖直方向让探测器的竖直速度减为 0。受力情况如图 3-8 所示。

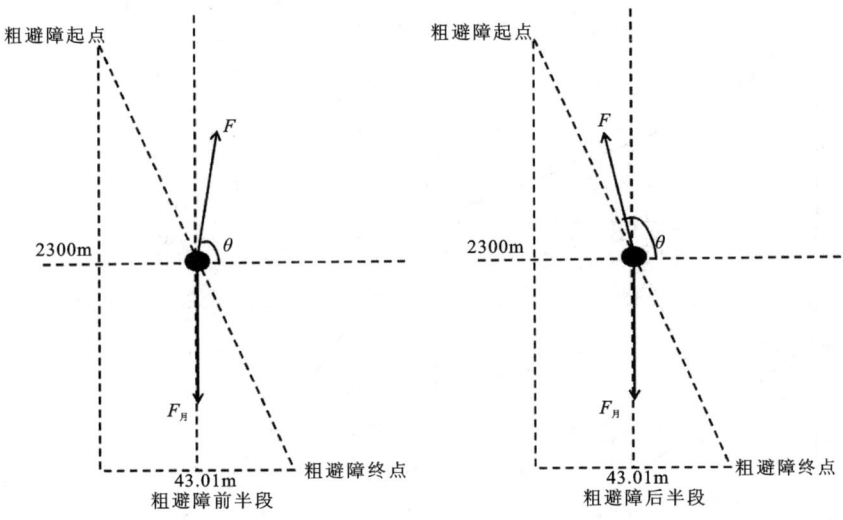

图 3-8 粗避障阶段受力分析示意图

为了保证粗避障末端速度为 0m/s,且燃料消耗最小,须满足:

$$\min z = \int_{t_2}^{t_3} \frac{F}{v_e} \mathrm{d}t \tag{3-18}$$

$$\text{s.t.} \begin{cases} \left(-\frac{F\sin\theta}{m(t_2)} + G_{月}\right)(t_3 - t_2) + v_y(t_2) = 0 \\ v_y(t_2)(t_3 - t_2) + \frac{1}{2}\left(-\frac{F\sin\theta}{m(t_2)} + G_{月}\right)(t_3 - t_2)^2 = 2300 \\ \frac{1}{2}\left(\frac{F\cos\theta}{m(t_2)}\right)\left(\frac{t_3 - t_2}{2}\right)^2 = 21.5 \end{cases} \tag{3-19}$$

$$1500\mathrm{N} < F < 7500\mathrm{N}$$

其中 $v_y(t_2) = 61.897\,4(\text{m/s})$，$m(t_2) = 1\,324.705\,6(\text{kg})$，$G_\text{月} = 1.63\text{m/s}^2$。

直接采用非线性规划的优化方法可以求得：粗避障时间约为 74.3s，推力大小为 3 262.863 3N，在前一半时间角度为水平向右上，角度为 $\dfrac{1.558\,2 \times 180}{\pi} \approx 89.3°$，后一半时间向左上与前面推力的方向对称，角度为 $180° - 89.3° = 90.7°$，剩余质量约为 $m(t_3) = 1\,242.227\,8(\text{kg})$。在这个控制策略下，运行轨迹、运行的水平和竖直速度以及高度的变化曲线如图3-9所示。

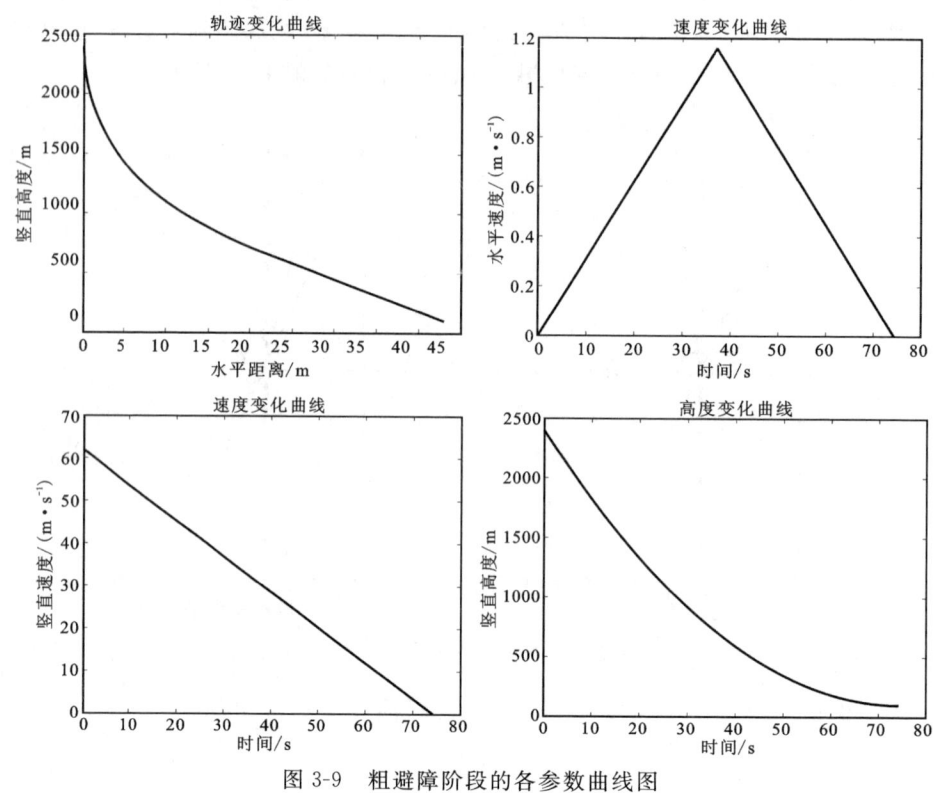

图 3-9　粗避障阶段的各参数曲线图

3.4.4　精避障阶段模型

精避障阶段 $[t_3, t_4]$ 的区间是距离月面 100～30m，要求嫦娥三号悬停在100m处对着陆点附近区域进行拍照，分析三维高程图，见图3-10，主要是在粗避障阶段确定的着陆区域内进行精确的障碍检测，识别并剔除危及安全的小尺度障碍，从而确保落点安全，并且实现在着陆点上方30m处水平方向速度为0。

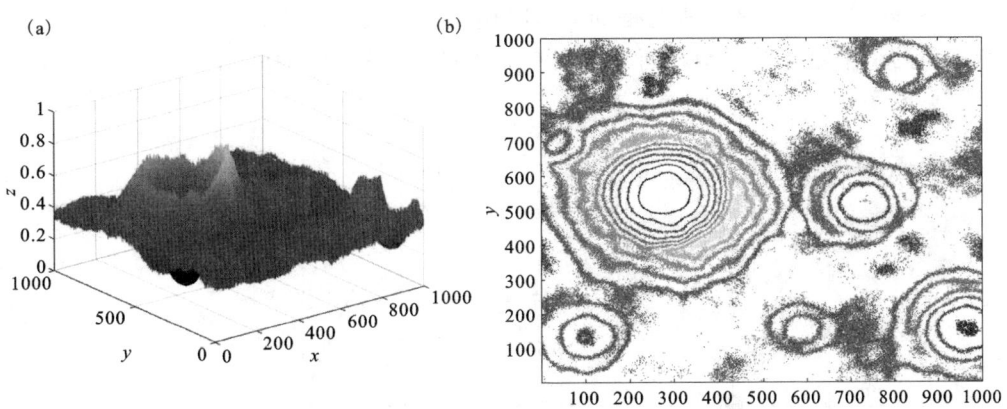

图 3-10 距月面为 100m 时的数字高程图(a)与等高线图(b)

对于精避障过程与粗避障过程处理方法基本相同,只不过高程图更精细,用 50×50 尺度将图分成 400 块,选择 ff 与方差都比较小的块为 $(11,6)$,对应的块中心坐标为 $(525,275)$,见图 3-11,此时需要向东南方向水平移动 $\sqrt{(50-52.5)^2+(50-27.5)^2}\approx 22.64\mathrm{m}$。

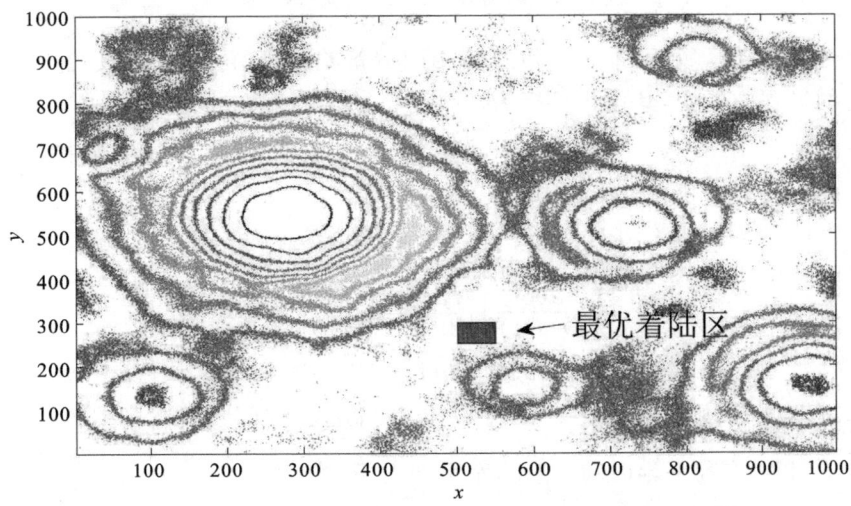

图 3-11 精避障阶段的最优着陆区

观察图像可知,选定的区域符合平坦和坡度较小,且与预定落点(图片中心)水平距离较小,嫦娥三号在该区域的着陆可行性较高,模型准确度高。

精避障阶段的控制策略与粗避障阶段的控制策略相同,区别在于精避障时初始状态处于悬停,此时的速度是 0m/s,初始质量 $m(t_3) = 1\,242.227\,8(\text{kg})$,同时精避障的整个距离是从距月面 $100\sim30\text{m}$,水平位移是 22.64m,此时的受力分析示意图见图 3-12。

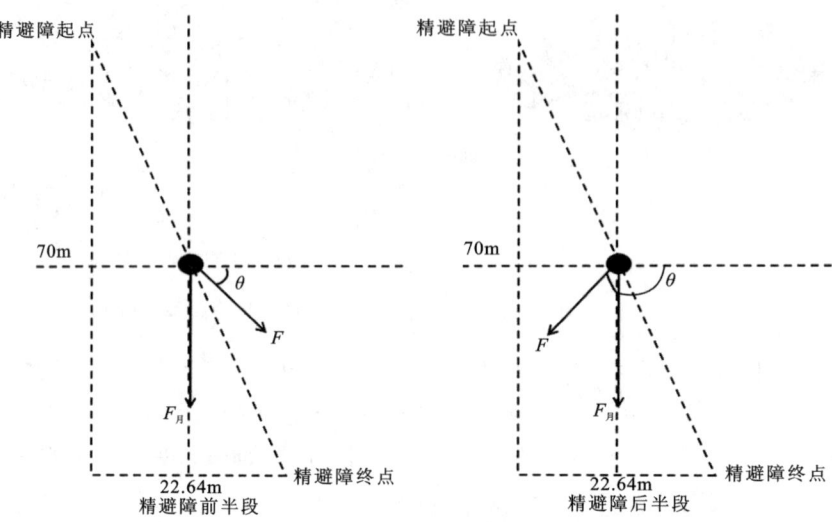

图 3-12 精避障阶段受力分析示意图

在选择着陆区域后,采用与粗避障相同的策略,由于运行时间较短,假设质量在运行的过程中不变,其优化目标为

$$\min z = \int_{t_3}^{t_4} \frac{F}{v_e} \mathrm{d}t \tag{3-20}$$

$$\text{s. t.} \begin{cases} \dfrac{1}{2}\left(-\dfrac{F\sin\theta}{m(t_3)} + G_{月}\right)(t_4 - t_3)^2 = 70 \\ \dfrac{1}{2}\left(\dfrac{F\cos\theta}{m(t_3)}\right)\left(\dfrac{t_4 - t_3}{2}\right)^2 = 11.32 \end{cases} \tag{3-21}$$

$$1500\text{N} < F < 7500\text{N}$$

采用非线性规划的优化方法可以求得精避障时间约为 5.5s,推力大小为 5 245.197 3N,在前一半时间角度为水平向右下,角度为 $\dfrac{0.785\,4 \times 180}{\pi} \approx 45°$,后一半时间向左下与前面推力的方向对称,角度为 135°,剩余质量约为 $m(t_4) = 1\,232.402\,2(\text{kg})$,在精避障阶段末端的水平速度为 0m/s,竖直向下的速度为 12.185 4m/s。在这个控制策略下,运行轨迹、运行的水平和竖直速度以及高度的变化曲线如图 3-13 所示。

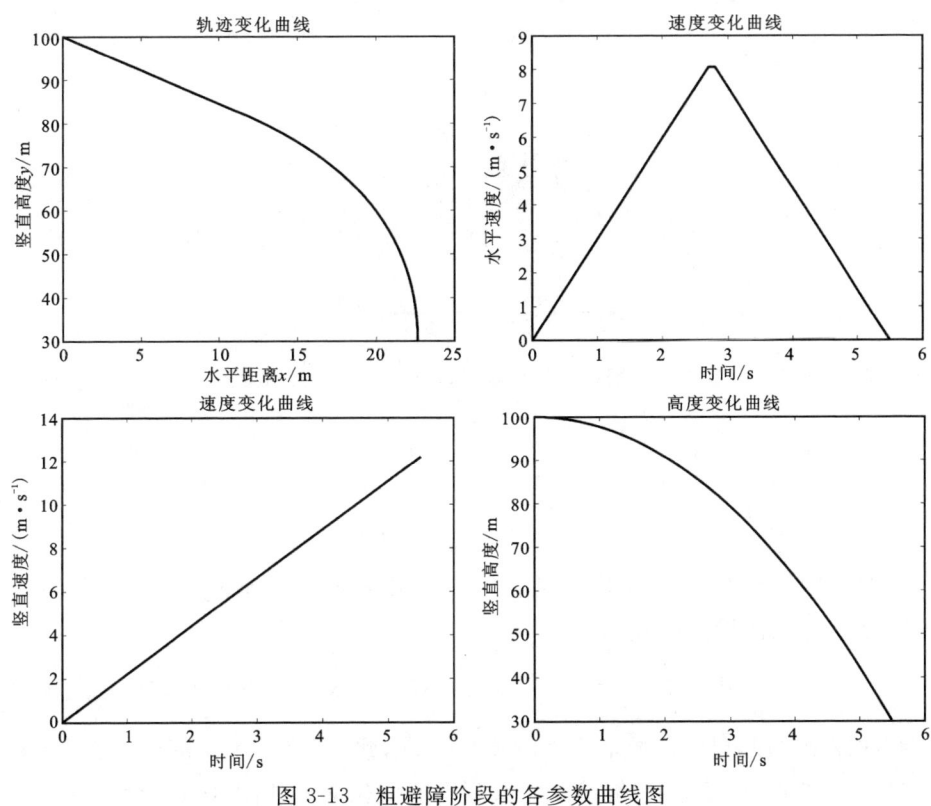

图 3-13 粗避障阶段的各参数曲线图

3.4.5 缓速下降阶段策略

缓速下降阶段 $[t_4,t_5]$ 是嫦娥三号软着陆最后调整阶段,主要任务控制着陆器从距月面 30m 处降至距离月面 4m 处时速度变为 0m/s,实现在距离月面 4m 处相对月面静止,之后关闭发动机,使嫦娥三号自由落体到精确的落月点。此状态初始阶段是精避障的末端状态,距月面 30m,速度为垂直月面向下 12.185 4m/s,质量为 1 232.402 2kg,发动机推力方向垂直月面向上,末端状态距离月面 4m,速度为 0m/s,为了保障安全性与平稳性,显然这个过程是一个匀减速运动,因此推力 F 垂直向上为一常量,受力分析示意图见图 3-14。

由于此阶段时间较短,质量的减少量小,假设此过程质量不变,可得如下运动方程:

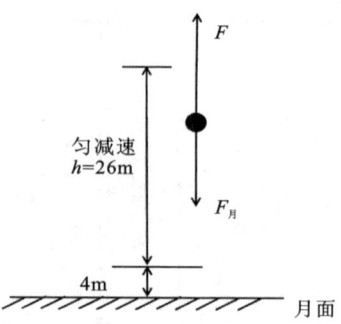

图 3-14 缓速下降阶段嫦娥三号受力分析示意图

$$\begin{cases} v(t_4) + (1.63 - \dfrac{F}{m(t_4)})(t_5 - t_4) = 0 \\ h = v(t_4)(t_5 - t_4) + \dfrac{1}{2}(1.63 - \dfrac{F}{m(t_4)})(t_5 - t_4)^2 = 30 - 4 = 26 \end{cases} \quad (3\text{-}22)$$

方程直接求解得,整个阶段耗时 $\Delta t \approx 4.2674(\mathrm{s})$,推力垂直月面向上,大小为 5 527.9N。此时的燃料损耗为

$$\Delta m = \int_{t_4}^{t_5} \dfrac{F}{v_e} \mathrm{d}t = \dfrac{F}{v_e} \times 4.2674 = 8.0237(\mathrm{kg}) \quad (3\text{-}23)$$

在此控制阶段,最终的质量为 1 224.377 5kg,此时在距月面 4m 处速度为 0m/s,整个过程的水平速度为 0m/s,速度以及高度的变化曲线如图 3-15 所示。

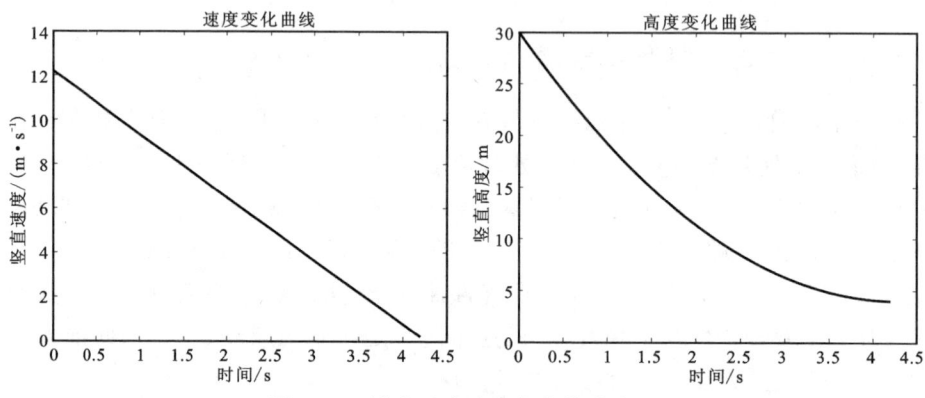

图 3-15 缓速下降阶段各参数曲线图

3.4.6 自由下降阶段控制策略

自由下降阶段的起始状态为距月面高度 4m,主发动机推力为 0,垂直自由落体运动,此时可得对应的自由落体时间为

$$t = \sqrt{2h/G_{月}} = \sqrt{2\times 4/1.63} = 2.2154\text{s} \tag{3-24}$$

落月点时速度为

$$v = G_{月} \cdot t = 1.63 \times 2.2154 = 3.6111\text{m/s} \tag{3-25}$$

3.5 问题三的模型建立与求解

嫦娥三号在实际软着陆的控制过程中存在着一些控制误差,包括着陆准备阶段轨道参数的误差、发动机推力大小和方向扰动的控制误差以及模型简化假设和近似求解过程中产生的误差的影响等。而敏感性分析包括变量的选择、参数的选取、约束条件和函数的简化、月面的观测等都存在一定的偏差。探索这些偏差对轨道设计和控制策略的影响程度如何,就需要作相应的敏感性分析。

因为整个嫦娥三号运行过程中,主减速段用时最长且消耗燃料最多,此处考虑在主减速段主发动机最大推力的误差影响,此处将主发动机的最大推力分别换成[7000N,7100N,7200N,7300N,7400N,7500N],在不同推力下,速度以及轨迹的变化如图 3-16 所示,其中实线是当推力为 7500N 时的结果。

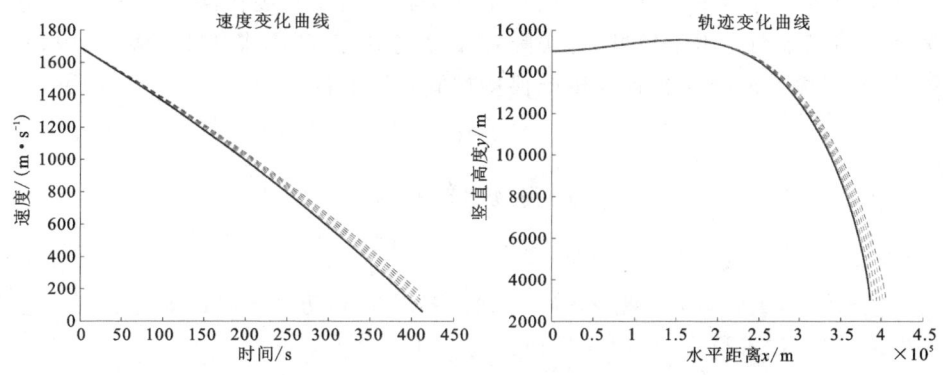

图 3-16 主发动机最大推力进行改变时的参数曲线图

由图 3-16 可知，主发动机的推力越大，嫦娥三号的速度减小的越快，同时飞行的距离也相对较小，当最大推力误差不太大时，对其运行轨迹以及速度的影响不大，随着误差的增加，此处最大的差距为 500N，此时的末端速度差距大约为 200m/s，因此发动机的推力误差对模型的影响是稳定的。

3.6 模型评价

3.6.1 模型的优点

在着陆轨迹尚未确定的情况下，建立合理的二维受力分析以及运行轨迹图简化问题，整个内容用到动量定理以及机械能守恒定理，整个过程具有普适性。在仿真实验过程中，在合理假设条件下，以耗能最小为优化目标，采用差分近似微分减小计算量。整个过程以动力学为基础，模型的机制明确、方法合理。

3.6.2 模型的缺点

整个嫦娥运行轨迹单独分成了 6 个阶段，通过不同的方法合理选择参数，对每个阶段都给出了最优的结果。但实际上这是一个联动的过程，应该同时考虑这 6 个状态联立，给出完整的全局模型，从而再进行全局优化才更合理，此处获得的每个阶段的局部最优策略不一定是全局最优方案。

在整个运行过程中，假设出发点与主减速着陆运动轨迹在同一个平面内，建立的是软着陆二维动力力学模型，但实际登月过程中，存在月球自转以及各种摄动因素的影响，嫦娥三号降落过程并不能保持在同一平面内。

主要参考文献

[1] 张洪华,关轶峰,黄翔宇,等.嫦娥三号着陆器动力下降的制导导航与控制[J].中国科学:技术科学,2014,44(4):377-384.

[2] 张洪华,梁俊,黄翔宇,等.嫦娥三号自主避障软着陆控制技术[J].中国科学:技术科学,2014,44(6):559-568.

[3] 韩中庚,杜剑平.嫦娥三号软着陆轨道设计与控制策略问题评析[J].数学

建模及其应用,2014,3(4),31-38.

[4] 杜剑平,韩中庚. 嫦娥三号软着陆轨道设计与控制策略的优化模型[J]. 数学建模及其应用,2014,3(4),39-53.

[5] 张建辉,张峰. 月球软着陆轨道优化方法比较研究[J]. 工程数学学报,2012,29(3):355-365.

[6] 韩中庚. 数学建模方法及其应用[M]. 北京:高等教育出版社,2009.

[7] 司守奎,孙兆亮. 数学建模算法与应用[M]. 北京:国防工业出版社,2022.

[8] 孙泽洲,张廷新,张熇,等. 嫦娥三号探测器的技术设计与成就[J]. 中国科学:技术科学,2014,44(4):331-343.

点 评

该篇论文整体上完成得较好,首先假设嫦娥三号沿着椭圆轨道绕月运行,直接利用受力分析及能量守恒,算出近月点与远月点的速度,再依据问题二的结果反推近月点与远月点的速度。对于嫦娥三号的轨道及控制策略,将整个运动过程分成6个阶段,对每个阶段建立受力分析图,考虑以燃料消耗最少为目标,以每个阶段的动力学模型为方程约束加上边界条件,再考虑相应的过程约束,包括可能的推力约束、高度约束以及质量变化约束等建立最优控制模型,采用四阶Runge-Kutta差分迭代方法进行求解,并作出相应的状态轨迹。在粗避障与精避障阶段,将图像转为灰度矩阵,将图像进行分块,利用梯度与每块的方差来反映块的平坦性,再采用与前面类似的控制模型,选择出平坦区域以及计算阶段末端的状态。

该篇论文的优点是对整个动力学方程及约束条件提炼得比较到位,结果也比较准确,但对于这个模型的差分迭代方法进行求解的过程写得比较简单,对于模型的误差分析与敏感性分析阐述不多,可以进一步对各个阶段的误差及敏感性进行分析。

第 4 章　系泊系统的设计(2016A)①

近浅海观测网的传输节点由浮标系统、系泊系统和水声通信系统组成(图 4-1)。某型传输节点的浮标系统可简化为底面直径 2m、高 2m 的圆柱体,浮标的质量为 1000kg。系泊系统由钢管、钢桶、重物球、电焊锚链和特制的抗拖移锚组成。锚的质量为 600kg,锚链选用无档普通链环,近浅海观测网的常用型号及其参数在表 4-1(电子档附加)列出。钢管共 4 节,每节长度 1m,直径为 50mm,每节钢管的质量为 10kg。要求锚链末端与锚的链接处的切线方向与海床的夹角不超过 16°,否则锚会被拖行,致使节点移位丢失。水声通讯系统安装在一个长 1m、外径 30cm 的密封圆柱形钢桶内,设备和钢桶总质量为 100kg。钢桶上接第 4 节钢管,下接电焊锚链。钢桶竖直时,水声通讯设备的工作效果最佳。若钢桶倾斜,则影响设备的工作效果。钢桶的倾斜角度(钢桶与竖直线的夹角)超过 5°时,设备的工作效果较差。为了控制钢桶的倾斜角度,钢桶与电焊锚链链接处可悬挂重物球。

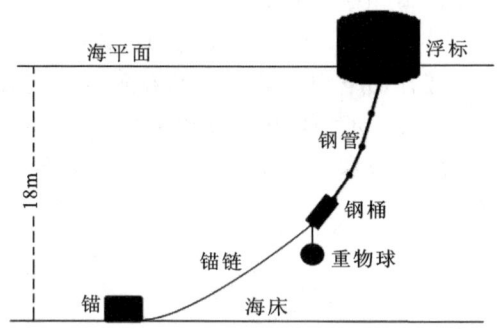

图 4-1　传输节点示意图
(仅为结构模块示意图,未考虑尺寸比例)

---

① 本章由 2016 年获得全国大学生数学建模竞赛二等奖的获奖论文改写而成,建模竞赛小组成员是王瑞雪、陈炫岩、王冰,指导老师为王元媛。

表 4-1 锚链型号和参数表

型号	长度(mm)	单位长度的质量(kg/m)
Ⅰ	78	3.2
Ⅱ	105	7
Ⅲ	120	12.5
Ⅳ	150	19.5
Ⅴ	180	28.12

表注:长度是指每节链环的长度。

系泊系统的设计问题就是确定锚链的型号、长度和重物球的质量,使得浮标的吃水深度和游动区域及钢桶的倾斜角度尽可能小。

问题一:某型传输节点选用Ⅱ型电焊锚链22.05m,重物球的质量为1200kg。现将该型传输节点布放在水深18m、海床平坦、海水密度为$1.025\times10^3\,\mathrm{kg/m^3}$的海域。若海水静止,分别计算海面风速为12m/s和24m/s时钢桶和各节钢管的倾斜角度、锚链形状、浮标的吃水深度及游动区域。

问题二:在问题一的假设下,计算海面风速为36m/s时钢桶和各节钢管的倾斜角度、锚链形状及浮标的游动区域。请调节重物球的质量,使得钢桶的倾斜角度不超过5°,锚链在锚点与海床的夹角不超过16°。

问题三:由于潮汐等因素的影响,布放海域的实测水深介于16~20m之间。布放点的海水速度最大可达到1.5m/s、风速最大可达到36m/s。请给出考虑风力、水流力和水深情况下的系泊系统设计,分析不同情况下钢桶和钢管的倾斜角度、锚链形状、浮标的吃水深度及游动区域。

说明:近海风荷载可通过近似公式$F=0.625\times Sv^2\,(\mathrm{N})$计算,其中$S$为物体在风向法平面的投影面积($\mathrm{m^2}$),$v$为风速($\mathrm{m/s}$)。近海水流力可通过近似公式$F=374\times Sv^2\,(\mathrm{N})$计算,其中$S$为物体在水流速度法平面的投影面积($\mathrm{m^2}$),$v$为水流速度($\mathrm{m/s}$)。

4.1 问题分析及思路概述

问题一,题目给出假设,对于外界因素,仅考虑风力,不考虑海水流力、水深和海底地形的变化,这相当于在海水完全静止的状态下求解问题。若把系泊系统看作一个整体,则这个整体受到的水平方向的外力仅为风力和海床对锚的摩擦力。现给出某种传输节点的设计,电焊锚链选用Ⅱ型,总长22.05 m,重物球的质量确定为1200kg,要求分别计算在12m/s和24m/s的海面风速情况下,各节钢管和钢桶的倾斜角度、锚链形状(是否有卧底部分)、浮标的吃水深度和游动区域。根据题意,在两种风速下,浮标和系泊系统均达到静力平衡状态,即合外力为0,且仅有风力的情况下,该问题为平面问题。先进行边界状态分析,再分别从矢量力学和分析力学的角度各建立两个模型,得出结果并进行对比。矢量力学主要运用力矩分析,将该系统分解为浮标、钢管、钢桶及重物球、锚链、锚5个部分,分别分析各部分平衡状态下的受力情况,列出未知数与方程,并用LINGO编程求解。分析力学中,主要利用虚功原理,用能量和功的分析代替力与力矩的分析,从宏观上对该问题进行分析,列出未知数与方程,并用LINGO编程求解。最终将两种方法的结果进行对比并分析。

  问题二,前半部分可沿用问题一中所建立的模型,计算出在36 m/s的海面风速下,各节钢管和钢桶的倾斜角度、锚链形状、浮标的吃水深度和游动区域。后半部分对重物球的质量进行调节,使得钢桶的倾斜角度不超过5°,起锚角不超过16°。先计算重物球质量的下限和上限,再建立一个关于钢桶倾斜角度和浮标吃水深度的评价体系,对重物球质量调节范围内的数值进行评价分析,找出重物球的最佳质量。

  问题三,相比于问题一,外力仅增加了海水流力,假设海水流力方向在水平面上,且大小在不同深度均相等,则其与风力合成后,仍可看作平面问题求解。风力、水流力、风力与水流力的夹角和水深变为均有一定的变化范围的不定值,需要在不同的情况下,设计系泊系统的锚链型号、锚链长度和重物球的质量,使得钢桶的倾斜角度不得超过5°、起锚角不得超过16°的情况下,钢桶的倾斜角度、浮标的吃水深度和游动区域尽可能达到最小。该问题实际上为目标规划问题,目标是重物球质量、锚链长度和浮标的游动区域半径尽可能小,约束条件为受力分析列出的各等式以及钢桶倾角小于5°,起锚角小于16°两个条件。采用非线性目标规划,并利用LINGO进行编程与求解,先计算在最极端的情况下,不同型号锚链得出的最优解,再改变条件得出几个不同情况下的最优解。

4.2 模型建立准备

4.2.1 基本假设

(1) 假设锚链与重力球的体积可忽略,即只考虑其重力,不考虑锚链与重力球所受浮力与海水流力,不考虑重物球与钢桶之间钢链的质量及体积。
(2) 假设锚链拉伸过程中总长度不变。
(3) 假设浮标与钢管、各钢管之间、钢管与钢桶、钢桶与重物球、钢桶与电焊锚链、锚链与锚的链接处光滑,不产生任何摩擦力。
(4) 假设钢管两端密封。
(5) 假设浮标一直处于竖直状态,不会因为风力或海水流力而发生倾斜。
(6) 假设忽略海底黏滞力,则海水速度在不同水深处均一致。
(7) 假设海水中无乱流与紊流,则海水在某一时刻的运动方向在各处均一致。
(8) 假设海水流动方向均处于水平方向上。

4.2.2 基本符号说明

ρ_{water} 为海水密度,等于 $1.025 \times 10^3 \text{kg/m}^3$;$g$ 为重力加速度 9.8N/kg;m_{bouy}、m_{tube}、m_{bucket}、m_{ball} 分别为浮标质量、钢管质量、钢桶及设备质量及重物球质量,其中浮标质量为 1000kg,每根钢管质量为 10kg,钢桶和设备总质量为 100kg;H_{water} 表示海水深度;h_{bouy}、h、l_0 分别表示浮标高度、钢桶高度、钢管长度,其中浮标高度为 2m,钢桶长度为 1m,每根钢管长度为 1m;d_{bouy} 表示浮标直径,等于 2m;L_{chain} 表示锚链长度,长度为 22.05m;σ 表示锚链密度,根据锚链类型不同而密度不同;V_{float}、V_{tube}、V_{bucket} 分别为浮标位于水下部分的体积、钢管体积及钢桶体积。

其余部分符号的含义在使用时具体给出。

4.3 问题一的模型建立与求解

在外力仅考虑海面风力与锚的摩擦力的情况下,风速固定而风向不同时,浮标和系泊系统可以看作一个以锚为圆心,以锚到浮标的水平投影距离为半径做圆周运动的系统。而当风向也固定时,浮标和系泊系统可以看作在同一竖直平面内,则该问题简化为平面问题[1]。

4.3.1 边界状态分析

若把浮标和系泊系统看作一个整体,则这个整体受到的外力仅为风力和海床对锚的摩擦力,且在水平方向上和竖直方向上的合外力均为 0。

(1)无风时,浮标和系泊系统的状态如图 4-2 所示。

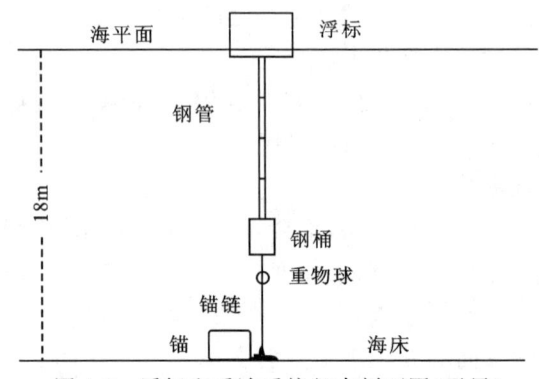

图 4-2 浮标和系泊系统竖直剖面图(无风)

则可列出以下方程:

$$\begin{cases} G_{\text{total-0}} = [m_{\text{bouy}} + 4m_{\text{tube}} + m_{\text{bucket}} + m_{\text{ball}} + (H_{\text{water}} - h - 4l_0 - x_{\text{draught-0}}) \cdot \sigma] \cdot g \\ F_{\text{total-float-0}} = (V_{\text{float}} + 4V_{\text{tube}} + V_{\text{bucket}})\rho_{\text{water}}g \\ G_{\text{total-0}} = F_{\text{total-float-0}} \end{cases}$$

(4-1)

其中 $G_{\text{total-0}}$ 与 $F_{\text{total-float-0}}$ 分别为在无风、海水静止的初始状态下浮标和系泊系统所受重力及浮力,$x_{\text{draught-0}}$ 表示浮标在初始状态下的吃水深度。问题一中重力球 m_{ball} 为 1200kg,海水深度 H_{water} 为 18m,锚链采用Ⅱ型电焊锚链,密度 σ 为 7kg/m。

解得无风时的吃水深度为 $x_{\text{draught-0}} = 0.728\text{m}$。

(2)有风时,若锚链被全部拉起,且起锚角恰好为 0°,则浮标和系泊系统的状态如图 4-3 所示。

于是有如下方程:

$$\begin{cases} G_{\text{total}} = [m_{\text{bouy}} + 4m_{\text{tube}} + m_{\text{bucket}} + m_{\text{ball}} + L_{\text{chain}} \cdot \sigma] \cdot g \\ F_{\text{total-float}} = (V_{\text{float}} + 4V_{\text{tube}} + V_{\text{bucket}})\rho_{\text{water}}g \\ G_{\text{total}} = F_{\text{total-float}} \end{cases}$$

(4-2)

其中 G_{total} 与 $F_{\text{total-float}}$ 分别为此状态(有风、锚链被全部拉起、起锚角为 $0°$)下浮标和系泊系统所受重力及浮力。

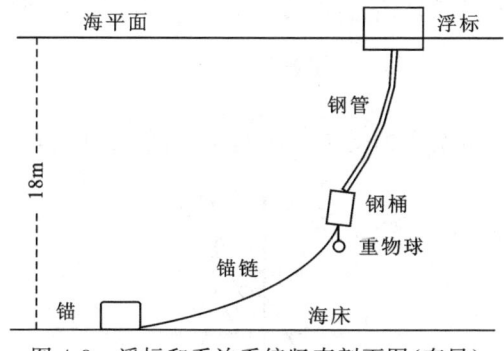

图 4-3　浮标和系泊系统竖直剖面图(有风)

解得临界状态下的吃水深度为 $x_{\text{draught-critical}} = 0.750\text{m}$。

4.3.2　方法一：力矩分析模型

4.3.2.1　模型的建立

从矢量力学的角度分别对浮标、钢管、钢桶及重物球、锚链、锚 5 个部分进行受力分析[2]，并列出方程。

1. 浮标

浮标的受力情况如图 4-4 所示。

浮标共受到 4 个力的作用，分别为重力 $m_{\text{bouy}}g$、浮力 F_{float}、风力 F_{wind} 和第一节钢管对浮标的拉力 F_1，其中 $m_{\text{bouy}}g$ 沿竖直方向向下，F_{float} 沿竖直方向向上，F_{wind} 沿水平方向向右，F_1 斜向左下方，与竖直方向的夹角为 α_1。4 个力的作用点均可视为质心。

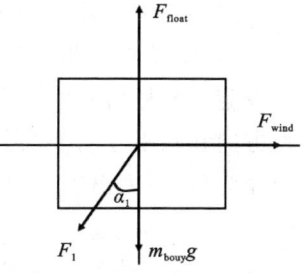

图 4-4　浮标受力分析图

浮标处于静力平衡状态，由质心运动定理可知，质心不动，则合外力为 0。将 F_1 分解为竖直方向和水平方向上的分力，设竖直向下为正，竖直向上为负，水平向右为正，水平向左为负，可列出以下方程：

$$\begin{cases} m_{\text{bouy}}g + F_1\cos\alpha_1 - F_{\text{float}} = 0 & \text{竖直方向} \\ F_{\text{wind}} - F_1\sin\alpha_1 = 0 & \text{水平方向} \\ F_{\text{wind}} = 0.625 \times d_{\text{bouy}}(h_{\text{bouy}} - x_{\text{draught}})v^2 & \text{近海风载荷} \end{cases} \quad (4\text{-}3)$$

2. 钢管

钢管共有 4 节，每节钢管的受力情况基本相同（图 4-5）。

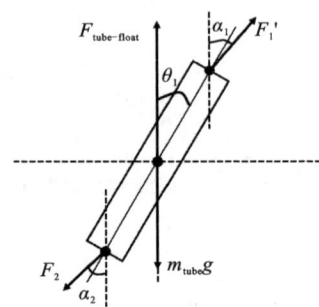

图 4-5 第一节钢管受力分析图

现以第一节钢管为例讨论钢管的受力以及力矩。第一节钢管共受到 4 个力的作用，分别为钢管重力 $m_{\text{tube}}g$、钢管浮力 $F_{\text{tube-float}}$、浮标对第一节钢管的拉力 F_1' 和第二节钢管对第一节钢管的拉力 F_2。其中 $m_{\text{tube}}g$ 沿竖直方向向下，$F_{\text{tube-float}}$ 沿竖直方向向上，这两个力的作用点均位于质心；F_1' 斜向右上方，与竖直方向的夹角为 α_1，作用点为钢管的上端点；F_2 斜向左下方，与竖直方向的夹角为 α_2，作用点为钢管的下端点。由牛顿第三定律可知，F_1 与 F_1' 为一对作用力与反作用力，大小相等且方向相反。

第一节钢管处于静力平衡状态，其质心既不平动也不转动。

(1) 由质心运动定理可知，物体的质心不动，则合外力为 0（无论各个力的作用点在何处），则可将 4 个力的作用点均视为质心来分析。将 F_1' 和 F_2 分别分解为竖直方向和水平方向上的分力，设竖直向下为正，竖直向上为负，水平向右为正，水平向左为负，可列出以下方程：

$$\begin{cases} m_{\text{tube}}g + F_2\cos\alpha_2 - F_{\text{tube-float}} - F_1'\cos\alpha_1 = 0 & \text{竖直方向} \\ F_1'\sin\alpha_1 - F_2\sin\alpha_2 = 0 & \text{水平方向} \end{cases} \quad (4\text{-}4)$$

(2) 由转动定理可知，物体不转动，则相对于物体的任一转点而言，其合外力矩为 0。钢管可视为一根杆，转点可取质心或两个端点，为方便后文计算，现选取质心为转点（已验证选取两个端点为转点的方程合并后等价于选取质心为转点的方

程)。设顺时针转动趋势的力矩为正,逆时针转动趋势的力矩为负,可列出以下方程:

$$F_1'\sin\alpha_1 \cdot \frac{1}{2}l_0\cos\theta_1 + F_2\sin\alpha_2 \cdot \frac{1}{2}l_0\cos\theta_1 - F_1'\cos\alpha_1 \cdot \frac{1}{2}l_0\sin\theta_1 - F_2\cos\alpha_2 \cdot \frac{1}{2}l_0\sin\theta_1 = 0 \tag{4-5}$$

化简可得

$$F_1\sin(\alpha_1 - \theta_1) = F_2\sin(\theta_1 - \alpha_2) \tag{4-6}$$

以下3节钢管的受力情况与第一节钢管相同,仅拉力的大小和方向以及钢管倾斜角度不同,在此不再赘述。方程分别为

$$\begin{cases} m_{\text{tube}}g + F_{i+1}\cos\alpha_{i+1} - F_{\text{tube-float}} - F_i'\cos\alpha_i = 0 \\ F_i'\sin\alpha_i - F_{i+1}\sin\alpha_{i+1} = 0 \\ F_i\sin(\alpha_i - \theta_i) = F_{i+1}\sin(\theta_i - \alpha_{i+1}) \end{cases}, (i=2,3,4) \tag{4-7}$$

3. 钢桶

钢桶的受力情况如图4-6所示。

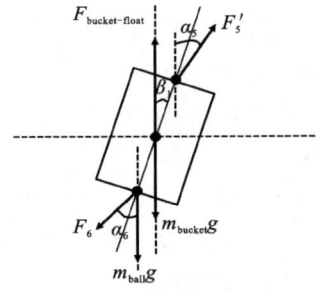

图4-6 钢桶受力分析图

钢桶共受到5个力的作用,分别为重力 $m_{\text{bucket}}g$、钢桶浮力 $F_{\text{bucket-float}}$、重物球对钢桶的拉力 $m_{\text{ball}}g$、第四节钢管对钢桶的拉力 F_5' 和电焊锚链对钢桶的拉力 F_6。其中 $m_{\text{bucket}}g$ 沿竖直方向向下, $F_{\text{bucket-float}}$ 沿竖直方向向上,这两个力的作用点均位于质心; F_5' 斜向右上方,与竖直方向的夹角为 α_5 ,作用点为钢管的上端点; $m_{\text{ball}}g$ 沿竖直方向向下; F_6 斜向左下方,与竖直方向的夹角为 α_6 ,作用点为钢管的下端点。

钢桶处于静力平衡状态,其质心既不平动也不转动。

(1)由质心运动定理可知,物体的质心不动,则合外力为0(无论各个力的作用

点在何处),则可将 5 个力的作用点均视为质心来分析(图 4-6)。将 F_5' 和 F_6 分别分解为竖直方向和水平方向上的分力,设竖直向下为正,竖直向上为负,水平向右为正,水平向左为负,可列出以下方程:

$$\begin{cases} m_{bucket}g + m_{ball}g + F_6\cos\alpha_6 - \rho_{water}gV_{bucket} - F_5'\cos\alpha_5 = 0 & \text{竖直方向} \\ F_5'\sin\alpha_5 - F_6\sin\alpha_6 = 0 & \text{水平方向} \end{cases} \quad (4-8)$$

(2)由转动定理可知,物体不发生转动,则相对于物体的任一转点而言,其合外力矩为 0。钢桶的力矩分析与钢管相似,选取质心为转点。设顺时针转动趋势的力矩为正,逆时针转动趋势的力矩为负,可列出以下方程:

$$F_6\sin\alpha_6 \cdot \frac{1}{2}h\cos\beta_1 + F_5'\sin\alpha_5 \cdot \frac{1}{2}h\cos\beta_1 - (m_{ball}g + F_6\cos\alpha_6) \cdot \frac{1}{2}h\sin\beta_1 -$$

$$F_5'\cos\alpha_5 \cdot \frac{1}{2}h\sin\beta_1 = 0$$

(4-9)

4. 锚链

锚链的受力情况如图 4-7 所示。

电焊锚链共受到 3 个力的作用,分别为重力 $m_{chain}g$、钢桶对锚链的拉力 F_6' 和锚对锚链的拉力 F_{pull}。其中 $m_{chain}g$ 沿竖直方向向下,作用点均位于锚链的质心;F_6' 斜向右上方,与竖直方向的夹角为 α_6,作用点为锚链的右端点;F_{pull} 斜向左下方,与水平方向的夹角为 β_2,作用点为锚链的左端点。

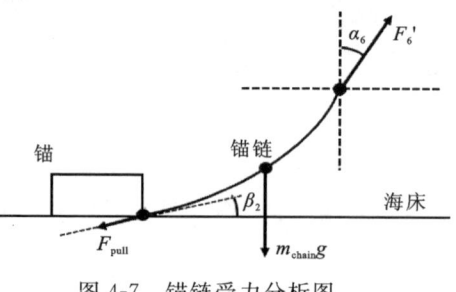

图 4-7 锚链受力分析图

锚链处于静力平衡状态,由质心运动定理可知,物体的质心不动,则合外力为 0(无论各个力的作用点在何处),则可将 3 个力的作用点均视为质心来分析。将 F_6' 和 F_{pull} 分别分解为竖直方向和水平方向上的分力,设竖直向下为正,竖直向上为负,水平向右为正,水平向左为负,可列出以下方程:

$$\begin{cases} m_{chain}g + F_{pull}\sin\beta_2 - F_6'\cos\alpha_6 = 0 & \text{竖直方向} \\ F_6'\cos\alpha_6 - F_{pull}\cos\beta_2 = 0 & \text{水平方向} \end{cases} \quad (4-10)$$

锚链的长度、水平投影和竖直投影等可看作一般的悬链线[3-4]来求解,可列出如下方程:

(1) 当起锚角 β_2 大于 $0°$ 时，为一般情况，悬链线方程、悬链线右端张力分别为

$$\begin{cases} y = \dfrac{F_{\text{pull}}\cos\beta_2}{\sigma g} \cdot \text{ch}\left[\dfrac{x\sigma g}{F_{\text{pull}}\cos\beta_2} + \ln(\tan\beta_2 + \sec\beta_2)\right] - \dfrac{F_{\text{wind}}}{\sigma g}\sec\beta_2 \\ F_6' = F_{\text{pull}}\cos\beta_2 \cdot \text{ch}\left[\dfrac{x\sigma g}{F_{\text{pull}}\cos\beta_2} + \ln(\tan\beta_2 + \sec\beta_2)\right] \end{cases} \quad (4\text{-}11)$$

其中 y 表示锚链在竖直方向的投影；x 表示锚泊点至锚链点的水平距离。

(2) 当起锚角 β_2 等于 $0°$ 时，方程可分别简化为

$$\begin{cases} y = \dfrac{F_{\text{pull}}}{\sigma g} \cdot \text{ch}\left(\dfrac{x\sigma g}{F_{\text{pull}}}\right) - \dfrac{F_{\text{wind}}}{\sigma g} \\ F_6' = F_{\text{pull}} \cdot \text{ch}\left(\dfrac{x\sigma g}{F_{\text{pull}}}\right) \end{cases} \quad (4\text{-}12)$$

此外，浮标吃水深度和钢管、钢桶、锚链在竖直方向上的投影之和满足关系

$$H_{\text{water-0}} = x_{\text{draught}} + l_{\text{tube}}(\cos\theta_1 + \cos\theta_2 + \cos\theta_3 + \cos\theta_4) + h_{\text{bucket}}\cos\beta_1 + y \quad (4\text{-}13)$$

其中 θ_1、θ_2、θ_3、θ_4 分别为 4 根钢管与竖直方向的夹角。

钢管、钢桶和锚链在水平方向上的投影之和为

$$X = (L - L_{\text{chain}}) + x + h_{\text{bucket}}\sin\beta_1 + l_{\text{tube}}(\sin\theta_1 + \sin\theta_2 + \sin\theta_3 + \sin\theta_4) \quad (4\text{-}14)$$

5. 锚

锚的受力情况简化后如图 4-8 所示。

锚共受到 4 个力的作用，分别为重力 $m_{\text{anchor}}g$、地面对锚的支持力 F、锚链对锚的拉力 F_{pull}' 和地面对锚的静摩擦力 f。其中 $m_{\text{anchor}}g$ 沿竖直方向向下，F 竖直向上，两个力的作用点均位于锚的质心；F_{pull}' 斜向右上方，与水平方向的夹角为 β_2，作用点为锚与锚链的链接处；f 水平向左，作用点为锚的底面。由于锚在条件满足的情况下一直处于静止状态，因此只画出 F_{pull}' 和 f，并将其作用点看作质心。

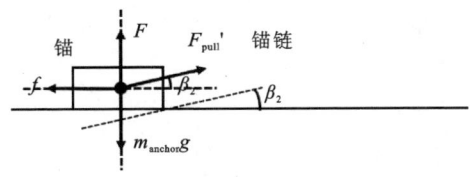

图 4-8 锚链受力分析简化图

4.3.2.2 模型的求解

1. 计算起锚角 β_2 恰好为 $0°$，即锚链恰好被全部拉起时的临界风速 v_{critical}

由于锚链的计算方程有两种（方程(4-11)、方程(4-12)），因此需先判断起锚角恰好为 $0°$ 时的临界风速，再判断风速分别为 12m/s 和 24m/s 时属于何种情况，并

选择对应的悬链线方程进行计算。

根据题目所给的数据,假设风速为 v,利用 LINGO 进行方程的编写,联立方程 (4-3)~方程(4-14),解得 $v_{\text{critical}} = 25.54 \text{m/s}$。因此当风速为 12 m/s 和 24 m/s 时,悬链线方程均选用方程(4-12)。

2. $v=12\text{m/s}$ 时得到结果如表 4-2(θ_i 表示第 i 节钢管的倾斜角度)

表 4-2　风速为 12m/s 时系泊系统状态

风速/(m·s^{-1})	θ_1/(°)	θ_2/(°)	θ_3/(°)	θ_4/(°)	钢桶倾斜角/(°)	起锚角/(°)	锚链被拉起长度/m	吃水深度/m	游动区域半径/m
12	0.977	0.983	0.988	0.995	1.008	0	15.23	0.735	14.302

根据计算结果可知,钢桶的倾斜角度较小,此时水声通信设备的工作状态良好。锚链被拉起 15.23m,剩余 6.82m 缠绕在锚附近(图 4-9)。浮标的吃水深度为 0.735m,游动区域为以锚为中心、以 14.302m 为半径的圆周。

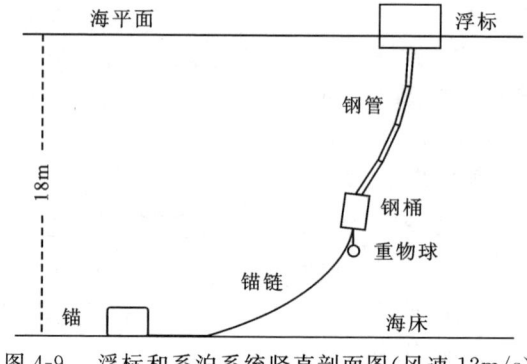

图 4-9　浮标和系泊系统竖直剖面图(风速 12m/s)

3. $v=24\text{m/s}$ 时得到结果如表 4-3 所示(θ_i 表示第 i 节钢管的倾斜角度)

表 4-3　系泊系统状态风速为 24m/s 时

风速/(m·s^{-1})	θ_1/(°)	θ_2/(°)	θ_3/(°)	θ_4/(°)	钢桶倾斜角/(°)	起锚角/(°)	锚链被拉起长度/m	吃水深度/m	游动区域半径/m
24	3.736	3.757	3.779	3.800	3.850	0	21.730	0.749	17.427

根据计算结果可知,钢桶的倾斜角度较接近上限,此时水声通信设备的工作状态一般。锚链被拉起 21.73m,剩余 0.32m 缠绕在锚附近,其浮标和系泊系统竖直剖面图与图 4-8 类似。浮标的吃水深度为 0.749m,游动区域为以锚为中心、以 17.427m 为半径的圆周。

4.3.3 方法二:虚功分析模型

4.3.3.1 模型的建立

1. 浮标

浮标与系泊系统所受外力除锚与海底的摩擦力外,就只考虑近海风荷载。

$$F_{\text{wind}} = 0.625 \times d_{\text{bouy}} (h_{\text{bouy}} - x_{\text{draught-0}} - x_0) v^2 = 228.96 - 180 x_0 \quad (4\text{-}15)$$

其中 x_0 为浮标额外下沉的高度。

额外增加的浮力也可以用含 x_0 的表达式表示

$$F_{\text{float-extra}} = \pi x_0 \rho_{\text{water}} g = 31\,557.3 x_0 \quad (4\text{-}16)$$

锚链额外的重力为

$$F_{\text{gravity-extra}} = x_1 \sigma g = 68.6 x_1 \quad (4\text{-}17)$$

其中 x_1 为锚链额外被提起的长度。

由于浮标处于静力平衡状态,因此,联立式(4-16)和式(4-17)得

$$x_0 = 2.174 \times 10^{-3} x_1 \quad (4\text{-}18)$$

2. 锚链

锚链可看作悬链线求解,悬链线方程与悬链线每一点的拉力方程分别为

$$\begin{cases} y_0 = \dfrac{F_{\text{wind}}}{\sigma g} \times \text{ch}\left(\dfrac{x \sigma g}{F_{\text{wind}}}\right) - \dfrac{F_{\text{wind}}}{\sigma g} \\ F_{\text{virtual-pull}} = F_{\text{wind}} \times \text{ch}\left(\dfrac{x \sigma g}{F_{\text{wind}}}\right) \end{cases} \quad (4\text{-}19)$$

解得

$y_0 = \dfrac{F_{\text{virtual-pull}} - F_{\text{wind}}}{\sigma g}$,其中 y_0 为广义坐标系下锚链在竖直方向上的投影。

又因为锚链右端的拉力为水平风力和悬链线重力的反作用力的合力,且二力正交(图 4-10 所示),满足勾股定理。

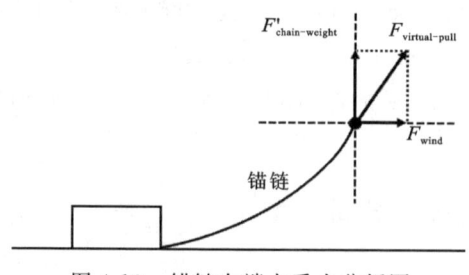

图 4-10 锚链右端点受力分析图

因此有关系式 $F_{\text{virtual-pull}} = \sqrt{(F'_{\text{chain-weight}})^2 + (F_{\text{wind}})^2}$

链子的质量为初始质量加上被额外提起的质量：

$F_{\text{chain-weight}} = (H_{\text{water}} - x_{\text{draught-0}} - 4l_0 - h_{\text{bucket}} + x_1)\sigma g = 841.86 + 68.6x_1$

此处，由于各个钢管和桶的倾角较小，取总倾角为 5°，总长度为 5m（各节钢管与钢桶长均为 1m）进行估计，得 $5 - 5\cos 5° = 0.019\,02$，因此有理由认为，当 θ 角很小的情况下，可近似认为 $\cos\theta \approx 1$。因此得等式：

$$y_0 = \frac{F_{\text{pull}} - F_{\text{wind}}}{\sigma g} = H_{\text{water}} - x_{\text{draught}} - 4l_0 - h_{\text{bucket}} - x_0 \tag{4-20}$$

联立等式(4-15)、(4-17)、(4-18)与(4-20)可得 $x_1 = 2.956$m。

3. 钢管与钢桶

以第一根钢管的上端点为坐标原点建立坐标系（图 4-11），对 4 根钢管和钢桶进行研究，取各个钢管和钢桶的中点，分别记为 A、B、C、D、E。取钢桶的左端点，记为 F 点。各个角度如图 4-11 所示。由于 4 根钢管完全相同，因此记 T_1 为每一根钢管所受重力和浮力的合力，T_2 为钢桶所受重力和浮力的合力，T_1、T_2 的方向均竖直向下。F_{ball} 为重物球对钢桶的拉力，竖直向下，F_{chain} 为悬链的重力产生的拉力。

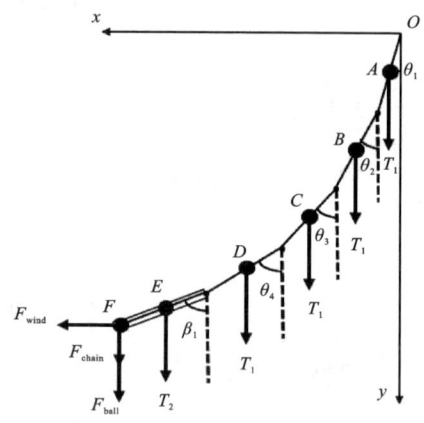

图 4-11 广义坐标系下的受力分析图

根据受力平衡,可得以下公式:

$$\begin{cases} T_1 = m_{\text{tube}}g - V_{\text{tube}}\rho_{\text{water}}g \\ T_2 = m_{\text{bucket}}g - V_{\text{bucket}}\rho_{\text{water}}g \\ F_{\text{ball}} = m_{\text{ball}}g \end{cases} \qquad (4\text{-}21)$$

将 F_{ball} 与 F_{chain} 合并为 T_4,即 $T_4 = F_{\text{chain}} + F_{\text{ball}}$。

根据建立的坐标系和所设的角度,可以写出各点的笛卡尔坐标。结果如下:

$$\begin{cases} y_A = \dfrac{1}{2}\cos\theta_1 \\[4pt] y_B = \cos\theta_1 + \dfrac{1}{2}\cos\theta_2 \\[4pt] y_C = \cos\theta_1 + \cos\theta_2 + \dfrac{1}{2}\cos\theta_3 \\[4pt] y_D = \cos\theta_1 + \cos\theta_2 + \cos\theta_3 + \dfrac{1}{2}\cos\theta_4 \\[4pt] y_E = \cos\theta_1 + \cos\theta_2 + \cos\theta_3 + \cos\theta_4 + \dfrac{1}{2}\cos\beta_1 \\[4pt] x_F = \sin\theta_1 + \sin\theta_2 + \sin\theta_3 + \sin\theta_4 + \sin\beta_1 \\[4pt] y_F = \cos\theta_1 + \cos\theta_2\cos\theta_3 + \cos\theta_4 + \cos\beta_1 \end{cases} \qquad (4\text{-}22)$$

根据自由度 $s=5$,将上述卡氏坐标转换成参数为 θ_1、θ_2、θ_3、θ_4、β_1 的广义坐标,结果如下:

$$\begin{cases} \delta y_A = -\dfrac{1}{2}\sin\theta_1 \cdot \delta\theta_1 \\[4pt] \delta y_B = -\sin\theta_1 \cdot \delta\theta_1 - \dfrac{1}{2}\sin\theta_2 \cdot \delta\theta_2 \\[4pt] \delta y_C = -\sin\theta_1 \cdot \delta\theta_1 - \sin\theta_2 \cdot \delta\theta_2 - \dfrac{1}{2}\sin\theta_3 \cdot \delta\theta_3 \\[4pt] \delta y_D = -\sin\theta_1 \cdot \delta\theta_1 - \sin\theta_2 \cdot \delta\theta_2 - \sin\theta_3 \cdot \delta\theta_3 - \dfrac{1}{2}\sin\theta_4 \cdot \delta\theta_4 \\[4pt] \delta y_E = -\sin\theta_1 \cdot \delta\theta_1 - \sin\theta_2 \cdot \delta\theta_2 - \sin\theta_3 \cdot \delta\theta_3 - \sin\theta_4 \cdot \delta\theta_4 - \dfrac{1}{2}\sin\beta_1 \cdot \delta\beta_1 \\[4pt] \delta x_F = \cos\theta_1 \cdot \delta\theta_1 + \cos\theta_2 \cdot \delta\theta_2 + \cos\theta_3 \cdot \delta\theta_3 + \cos\theta_4 \cdot \delta\theta_4 + \cos\beta_1 \cdot \delta\beta_1 \\[4pt] \delta y_F = -\sin\theta_1 \cdot \delta\theta_1 - \sin\theta_2 \cdot \delta\theta_2 - \sin\theta_3 \cdot \delta\theta_3 - \sin\theta_4 \cdot \delta\theta_4 - \sin\beta_1 \cdot \delta\beta_1 \end{cases} \qquad (4\text{-}23)$$

由虚功原理[5-6]，力学系统的诸主动力在任意虚位移中所做的元功之和等于 0。因此有

$$T_1 \cdot \delta y_A + T_1 \cdot \delta y_B + T_1 \cdot \delta y_C + T_1 \cdot \delta y_D + T_2 \cdot \delta y_E + T_4 \cdot \delta y_F + F_{\text{wind}} \cdot \delta x_F = 0$$

上式中每项均等于 0，即

$$\begin{cases} \sin\theta_1 \cdot \delta\theta_1 \left(-\dfrac{1}{2}T_1 - T_1 - T_1 - T_1 - T_2 - T_4\right) + \cos\theta_1 \cdot \delta\theta_1 \cdot F_{\text{wind}} = 0 \\ \sin\theta_2 \cdot \delta\theta_2 \left(-\dfrac{1}{2}T_1 - T_1 - T_1 - T_2 - T_4\right) + \cos\theta_2 \cdot \delta\theta_2 \cdot F_{\text{wind}} = 0 \\ \sin\theta_3 \cdot \delta\theta_3 \left(-\dfrac{1}{2}T_1 - T_1 - T_2 - T_4\right) + \cos\theta_3 \cdot \delta\theta_3 \cdot F_{\text{wind}} = 0 \\ \sin\theta_4 \cdot \delta\theta_4 \left(-\dfrac{1}{2}T_1 - T_2 - T_4\right) + \cos\theta_4 \cdot \delta\theta_4 \cdot F_{\text{wind}} = 0 \\ \sin\beta_1 \cdot \delta\beta_1 \left(-\dfrac{1}{2}T_2 - T_4\right) + \cos\beta_1 \cdot \delta\beta_1 \cdot F_{\text{wind}} = 0 \end{cases}$$

(4-24)

因为 $\delta\theta_1$、$\delta\theta_2$、$\delta\theta_3$、$\delta\theta_4$、$\delta\beta_1$ 不为 0，可以解出各个角度正切值，进而求解出角度。以方程 $\sin\beta_1 \cdot \delta\beta_1 \left(-\dfrac{1}{2}T_2 - T_4\right) + \cos\beta_1 \cdot \delta\beta_1 \cdot F_{\text{wind}} = 0$ 为例，因此 $\tan\beta_1 = \dfrac{F_{\text{wind}}}{\dfrac{1}{2}T_2 + T_4}$，解得 $\beta_1 = 1.008°$。

4.3.3.2 模型的求解

根据上述虚功模型，得到结果如表 4-4 所示（θ_i 表示第 i 节钢管的倾斜角度）。该结果与力矩分析法得到的结果非常相近。

表 4-4 由虚功模型所得系泊系统状态

风速/(m·s^{-1})	θ_1/(°)	θ_2/(°)	θ_3/(°)	θ_4/(°)	钢桶倾斜角/(°)	起锚角/(°)	锚链被拉起长度/m	吃水深度/m	游动区域半径/m
12	0.978	0.983	0.989	0.995	1.008	0	15.230	0.734	14.300
24	3.737	3.758	3.780	3.802	3.851	0	21.720	0.749	17.431

4.4 问题二的模型建立与求解

4.4.1 风速为 36m/s 时的求解

该问题的前半部分延续问题一的解法,风速增加为 36m/s 时,起锚角 β_2 大于 $0°$,悬链线方程选用方程(4-11)。代入题目所给数据,得到结果如表 4-5 所示(θ_i 表示第 i 节钢管的倾斜角度)。

表 4-5 风速为 36m/s 时系泊系统状态

风速/$(m \cdot s^{-1})$	$\theta_1/(°)$	$\theta_2/(°)$	$\theta_3/(°)$	$\theta_4/(°)$	钢桶倾斜角/(°)	起锚角/(°)	锚链被拉起长度/m	吃水深度/m	游动区域半径/m
36	7.844	7.890	7.930	7.976	8.021	17.916	22.050	0.770	18.715

根据计算结果可知,钢桶的倾斜角度超过 $5°$,此时水声通讯设备的工作状态很差。锚链完全被拉起,起锚角大于 $16°$,浮标拖动着系泊系统向海风的方向移动。浮标的吃水深度为 $0.770m$,游动区域为以锚为中心、以 $18.715m$ 为半径的圆周。

4.4.2 调节重物球的建模与求解

风速为 36m/s 时,钢桶的倾斜角度和起锚角均大于规定的上限,此时锚开始移动,这个观测点设置失败,需要修改系泊系统的设计,因此需要通过调节重物球的质量,使钢桶的倾斜角度不超过 $5°$,起锚角不超过 $16°$,且使浮标的吃水深度和游动区域尽可能达到最小。

1. 计算边界值

(1)重物球的最小质量。设定钢桶的倾斜角度 β_1 恰好为 $5°$,此时起锚角 β_2 小于 $16°$,将重物球质量设为未知数 m_{ball},其余数据不变,计算得到结果如表 4-6 所示(θ_i 表示第 i 节钢管的倾斜角度)。

表 4-6　重物球质量未知且钢桶倾斜角度临界时系泊系统状态

风速/(m·s^{-1})	θ_1/(°)	θ_2/(°)	θ_3/(°)	θ_4/(°)	钢桶倾斜角/(°)	起锚角/(°)	锚链被拉起长度/m	吃水深度/m	游动区域半径/m
36	4.900	4.917	4.937	4.956	1786	14.324	22.050	0.944	18.487

根据计算结果可知,重物球的最小质量为1786kg,钢桶的倾斜角度恰好为5°,此时水声通信设备的工作状态一般。锚链完全被拉起,但起锚角小于16°,因此系统不会发生移动。浮标的吃水深度为0.944m,游动区域为以锚为中心、以18.487m为半径的圆周。

(2)重物球的最大质量。当浮标恰好全部沉入水中且保持静止状态时,计算得重物球的最大质量为5304kg。因此,重物球质量的可调节范围为[1786kg,5304kg]。

2. 计算最优值

当钢桶的倾斜角度 β_1 恰好为5°时,水声通信设备的工作效果较差,因此需建立一个评价体系,找出重物球的最佳质量。

从重物球的最小质量1786kg开始,逐步增加重物球的质量,设置步长为50kg,上限为2900kg,计算重物球为不同的质量时,钢桶的倾斜角度和浮标的吃水深度。流程图如图4-12所示。

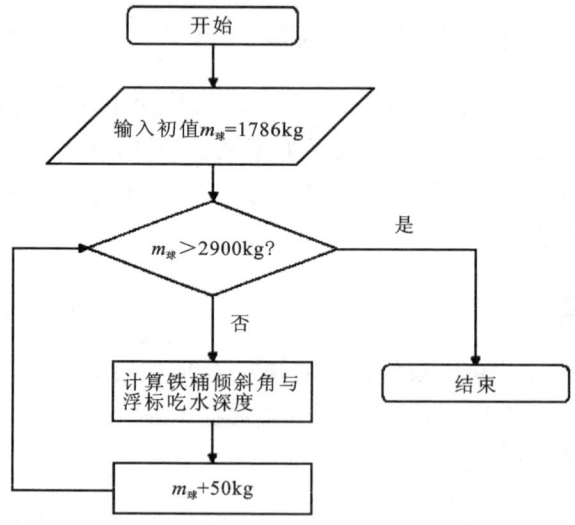

图 4-12　重物球最佳质量评价体系流程图

分别得到不同重物球质量下,钢桶倾斜角度和浮标的吃水深度两个系列的数据,现对数据分别进行分析,找出重物球质量等量增加时,钢桶倾斜角度减小量和浮标吃水深度增加量各自的变化趋势。在 Excel 软件内用极差变换的方法分别将两个系列的数据标准化,并分别绘制散点图,添加拟合的趋势线(图 4-13)。

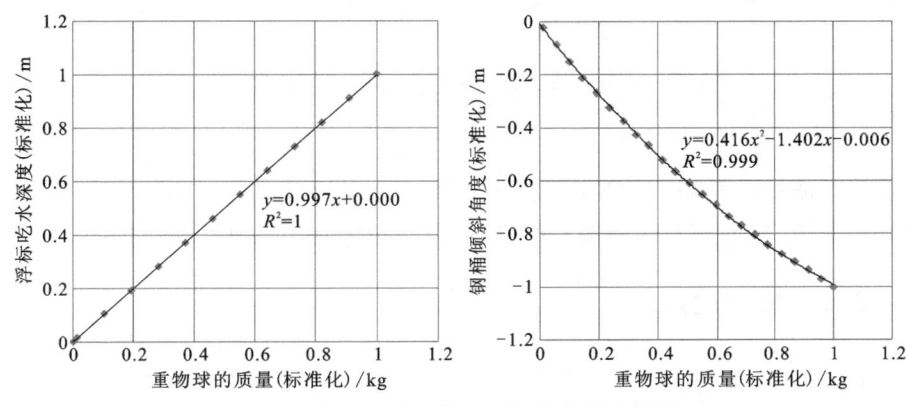

图 4-13 重物球最佳质量评价体系分析图

由图 4-13 得,钢桶倾斜角度的变化为抛物线,可用二次函数进行拟合。找出该趋势线的切线斜率为 -1 的点,其对应的重物球质量为 2324kg,当质量继续增加时,趋势线的切线斜率向 0 变化,可以认为此时重物球的质量增加对钢桶倾角减小的贡献效果不大。选择 2324kg 为重物球的最佳质量较为合理。

而浮标吃水深度的变化为直线,用一次函数进行拟合。可以认为重物球质量增加时,其对浮标吃水深度增加的贡献效果一直相同,无法判断重物球的最佳质量。

根据以上分析,认为重物球的最佳质量为 2324kg。

代入 $m_{\text{ball}} = 2324\text{kg}$ 和题目所给数据计算,得到结果如表 4-7 所示(θ_i 表示第 i 节钢管的倾斜角度)。

表 4-7 重物球质量为 2324kg 时系泊系统状态

风速/ (m·s^{-1})	θ_1/(°)	θ_2/(°)	θ_3/(°)	θ_4/(°)	钢桶倾斜 角/(°)	起锚 角/(°)	锚链被拉 起长度/m	吃水深 度/m	游动区域 半径/m
36	3.302	3.312	3.322	3.333	3.356	10.05	22.05	1.106	18.307

根据计算结果可知,重物球的最佳质量为 2324kg 时,钢桶的倾斜角度为 3.356°,此时水声通讯设备的工作状态一般,但没有必要再增加重物球的质量。锚链完全被拉起,但起锚角小于 16°,因此系统不会发生移动。浮标的吃水深度为 1.106m,游动区域为以锚为中心、以 18.307m 为半径的圆周。

4.5 问题三的模型建立与求解

假设忽略海底黏滞力与乱流、紊流时,海水在某一时刻的运动方向和速度大小在各处均一致,则问题三的模型与问题一类似,仅增加一个外力 F_{water}。

4.5.1 模型的建立

4.5.1.1 受力分析

与问题一中的模型相类似,现从矢量力学角度对整体进行分解分析,分别对浮标、钢管、钢桶及重物球、锚链、锚 5 个部分进行受力分析并列出方程。与问题一中的模型相比,该模型整体多受到了海水流力 F_{water} 影响,与风力 F_{wind} 均处于水平面上,但与风力存在一定的夹角(图 4-14),根据力的合成方法,有以下公式

$$F_{\text{total}} = \sqrt{F_{\text{water}}^2 + F_{\text{wind}}^2 - 2F_{\text{water}} \cdot F_{\text{wind}} \cdot \cos(\pi - \gamma)} \tag{4-25}$$

其中 F_{total} 为所受海水流力及风力的合成;γ 为风力与水流力的夹角。

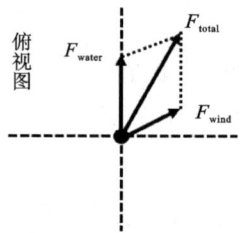

图 4-14 水流力与风力合成示意图

因此当浮标和系泊系统达到静力平衡时,同样可看作是对竖直平面内的问题进行求解,列出如下方程:

1. 浮标

$$\begin{cases} m_{\text{bouy}}g + F_1\cos\alpha_1 - F_{\text{float}} = 0 & \text{竖直方向} \\ F_{\text{wind}} + F_{\text{wind-water}} - F_1\sin\alpha_1 = 0 & \text{水平方向} \end{cases} \quad (4\text{-}26)$$

2. 钢管

$$\begin{cases} m_{\text{tube}}g + F_{i+1}\cos\alpha_{i+1} - F_{\text{tube-float}} - F_i'\cos\alpha_i = 0 \\ F_i'\sin\alpha_i + F_{\text{tube-water}} - F_{i+1}\sin\alpha_{i+1} = 0 \\ F_i\sin(\alpha_i - \theta_i) = F_{i+1}\sin(\theta_i - \alpha_{i+1}) \end{cases} \quad (i=1,2,3,4) \quad (4\text{-}27)$$

3. 钢桶

$$\begin{cases} m_{\text{bucket}}g + m_{\text{ball}}g + F_6\cos\alpha_6 - \rho_{\text{water}}gV_{\text{bucket}} - F_5'\cos\alpha_5 = 0 \\ F_5'\sin\alpha_5 + F_{\text{bucket-water}} - F_6\sin\alpha_6 = 0 \\ F_6\sin\alpha_6\cos\beta_1 + F_5'\sin\alpha_5\cos\beta_1 - (m_{\text{ball}}g + F_6\cos\alpha_6)\sin\beta_1 - F_5'\cos\alpha_5 \cdot \sin\beta_1 = 0 \end{cases} \quad (4\text{-}28)$$

4. 锚链

$$\begin{cases} m_{\text{chain}}g + F_{\text{pull}}\sin\beta_2 - F_6'\cos\alpha_6 = 0 & \text{竖直方向} \\ F_6'\cos\alpha_6 - F_{\text{pull}}\cos\beta_2 = 0 & \text{水平方向} \end{cases} \quad (4\text{-}29)$$

当起锚角 β_2 大于 $0°$ 时，为一般情况，悬链线方程、悬链线右端张力分别为

$$\begin{cases} y = \dfrac{F_{\text{pull}}\cos\beta_2}{\sigma g} \cdot \text{ch}\left[\dfrac{x\sigma g}{F_{\text{pull}}\cos\beta_2} + \ln(\tan\beta_2 + \sec\beta_2)\right] - \dfrac{F_{\text{wind}}}{\sigma g}\sec\beta_2 \\ F_6' = F_{\text{pull}}\cos\beta_2 \cdot \text{ch}\left[\dfrac{x\sigma g}{F_{\text{pull}}\cos\beta_2} + \ln(\tan\beta_2 + \sec\beta_2)\right] \end{cases} \quad (4\text{-}30)$$

当起锚角 β_2 等于 $0°$ 时，方程可分别简化为

$$\begin{cases} y = \dfrac{F_{\text{pull}}}{\sigma g} \cdot \text{ch}\left(\dfrac{x\sigma g}{F_{\text{pull}}}\right) - \dfrac{F_{\text{wind}}}{\sigma g} \\ F_6' = F_{\text{pull}} \cdot \text{ch}\left(\dfrac{x\sigma g}{F_{\text{pull}}}\right) \end{cases} \quad (4\text{-}31)$$

此外，浮标吃水深度和钢管、钢桶、锚链在竖直方向上的投影之和满足关系

$$H_{\text{water-0}} = x_{\text{draught}} + l_{\text{tube}}(\cos\theta_1 + \cos\theta_2 + \cos\theta_3 + \cos\theta_4) + h_{\text{bucket}}\cos\beta_1 + y \quad (4\text{-}32)$$

钢管、钢桶和锚链在水平方向上的投影之和为

$$X = (L - L_{\text{chain}}) + x + h_{\text{bucket}}\sin\beta_1 + l_{\text{tube}}(\sin\theta_1 + \sin\theta_2 + \sin\theta_3 + \sin\theta_4) \quad (4\text{-}33)$$

4.5.1.2 条件分析

根据题意,风力 F_{wind}、水流力 F_{water}、风力与水流力的夹角 γ 和水深 H_{water} 均有一定的变化范围,需要在不同的情况下,设计系泊系统的锚链型号、锚链长度和重物球的质量,使得钢桶的倾斜角度、浮标的吃水深度和游动区域尽可能达到最小。

由于条件变化过多,现在仅考虑极端情况下(风速、水流速均达到最大且同向)的系泊系统设计,只要设计在该情况下满足钢桶倾斜角度不超过 5°且起锚角不超过 16°的要求,则在其他任一情况下均满足这两个要求。

4.5.1.3 模型建立

在此运用非线性目标规划的方法,目标是使得重物球质量 m_{ball}、锚链长度 L 和浮标的游动区域半径 X 尽可能小,为简化模型,可将 3 个目标分别赋予权重,则可将 3 个目标函数合并为一个目标函数。根据层次分析法的理论结果,对重物球质量 m_{ball}、锚链长度 L 和游动区域半径 X 的权重分别赋值为 0.5、0.3 和 0.2。

该非线性目标规划的约束条件除上述方程以外,还有钢桶倾斜角度 β_1 不超过 5°和起锚角 β_2 不超过 16°。因此联立方程(4-26)~方程(4-33)可建立如下模型:

$$\min z = 0.5 m_{\text{ball}} + 0.3 L + 0.2 X$$

$$\text{s.t.} \begin{cases} \beta_1 < 5 \\ \beta_2 < 16 \\ m_{\text{bouy}} g + F_1 \cos\alpha_1 - F_{\text{float}} = 0 \\ F_{\text{wind}} + F_{\text{bouy-water}} - F_1 \sin\alpha_1 = 0 \\ \vdots \\ H_{\text{water-0}} = x_{\text{draught}} + l_{\text{tube}}(\cos\theta_1 + \cos\theta_2 + \cos\theta_3 + \cos\theta_4) + h_{\text{bucket}}\cos\beta_1 + y \end{cases}$$

(4-34)

约束条件中的等式即为受力分析中的等式,在此部分省略。

4.5.2 模型的求解

取风速 $v = 36\text{m/s}$,海水速度 $v = 1.5\text{m/s}$,此时为最恶劣的情况,若能满足此时的情况,可以保证浮标不被全部拉入水中,不跑锚。以及在此时得到可行解,能保证在其他"非最恶劣"情况下的可行性。

考虑到悬链的成本,悬链线的长度尽可能小,同样,钢球的重量也在满足要求的前提下越小越好,根据题目要求,活动范围也要尽量小。我们分配权重为球重 0.5,链长 0.3,活动范围 0.2。得到结果如表 4-8 所示(θ_i 表示第 i 节钢管的倾斜角度)。

表 4-8　水深 20m 时使用不同型号的锚链的系泊系统状态

锚链型号	I	II	III	IV	V
链长/m	34.131	28.436	24.507	21.879	20.029
重物球质量/kg	4011	3921	3814	3693	3557
起锚角/(°)	0.279	0.279	0.279	0.279	0.279
钢桶倾角/(°)	0.087	0.087	0.087	0.087	0.087
浮标吃水深度/m	1.642	1.642	1.642	1.642	1.642
θ_1/(°)	0.080	0.080	0.080	0.080	0.080
θ_2/(°)	0.081	0.081	0.081	0.081	0.081
θ_3/(°)	0.082	0.082	0.082	0.082	0.082
θ_4/(°)	0.083	0.083	0.083	0.083	0.083
游动区域半径/m	31.733	25.303	20.595	17.227	14.680

接下来对不同型号的悬链在不同高度水域表现情况进行分析,考察链长、球重和移动范围的变化,如表 4-9 所示。

表 4-9　不同水深情况下使用不同型号的锚链的系泊系统状态

锚链型号	水深/m	链长/m	重物球质量/kg	游动区域半径/m
I	20	34.131	4011	31.733
	19	32.091	4017	29.955
	18	30.003	4024	28.122
	17	27.860	4031	26.227
	16	25.658	4038	24.265

续表 4-9

锚链型号	水深/m	链长/m	重物球质量/kg	游动区域半径/m
Ⅱ	20	28.436	3921	25.303
	19	26.823	3932	24.037
	18	25.171	3944	22.722
	17	23.475	3956	21.353
	16	21.729	3968	19.755
Ⅲ	20	24.507	3814	20.595
	19	23.133	3831	19.653
	18	21.730	3848	18.669
	17	20.294	3866	17.639
	16	18.820	3885	16.556
Ⅳ	20	21.879	3693	17.227
	19	20.640	3718	16.495
	18	19.379	3742	15.727
	17	18.094	3767	14.919
	16	16.779	3793	14.066
Ⅴ	20	20.029	3557	14.680
	19	18.871	3589	14.095
	18	17.696	3622	13.480
	17	16.504	3656	12.830
	16	15.289	3690	12.140

不难看出，在外界条件一定的情况下，有如下关系：①链长和水深正相关；②球重与链长负相关；③活动范围与链长正相关。这样就建立了各个参数与水深的关系。同理，采用控制变量的方法，可以得到同一深度下，水速和各个参数也有如下关系：①水速和链长正相关；②水速和球重正相关；③水速与活动范围正相关。

所以，在水较深的情况下，为了保证较小的活动范围，选用较重的悬链比较好，反之亦然。下面是在水深 20m、风速为 36m/s 的情况下，不同的水速中，Ⅴ型与Ⅳ型两种重链的表现如表 4-10 所示。

表 4-10　不同水速下使用 V 型及 Ⅳ 型锚链的系泊系统状态

锚链型号	水速/(m·s⁻¹)	链长/m	重物球质量/kg	游动区域半径/m
V	0.5	17.889	1505	10.489
	1	18.248	1743	11.215
	1.5	18.88	2229	12.459
Ⅳ	0.5	19.171	1634	12.615
	1	19.637	1874	13.431
	1.5	20.450	2361	14.814

类似地,在水速较慢的情况下,考虑到经济实惠,不需要使用太重的链子,就可以限制在较小的活动范围内,反之亦然。下面是在 0.5m/s 水速下,不同深度的水中,Ⅰ 型和 Ⅱ 型的两种轻链的表现,如表 4-11 所示。特别地,由于风速与水速的类似效应,在不同风速下的选择需要参考水速。

表 4-11　水速为 0.5m/s 时,使用 Ⅰ 型及 Ⅱ 型锚链的系泊系统状态

锚链型号	水深/m	链长/m	重物球质量/kg	游动区域半径/m
Ⅰ	16	23.133	1934	21.159
	18	26.552	1923	23.932
	20	29.805	1912	26.496
Ⅱ	16	19.004	1875	16.322
	18	21.746	1855	18.197
	20	24.378	1837	19.908

4.6　模型评价

4.6.1　模型结果分析

在求解第一问题的过程中发现,在 12m/s 和 24m/s 两种风速中,起锚角都为 0,也就是说,在这些情形下都没有跑锚的危险。这一问题让我们得到了起锚角非零的临界值。在获得这一结果的过程中,从矢量力学和分析力学两个方向,殊途同归。在解决这一问题中,通过规划模型,求得了产生起锚角的临界风速为 24.54m/s,与虚功方法的结果一致,印证了两个方法的正确性。

在求解第二问题的过程中,在 36m/s 的风速中,在风速超过临界值 24.54m/s 后,起锚角和钢桶倾角超过 16°与 5°,因此需调整重物球的质量。为解决起锚角及钢桶倾角超出的问题,我们通过不断二分法改变重物球的质量,慢慢找到临界的质量,临界质量大于第一问题给出的 1200kg,符合实际,因为风速增加,水平拉力增加,必然导致倾角变大,所以重物球就会更重。

在求解第三问题的过程中,可变条件增多,需要控制变量观察各个参数之间的关系,在可行解中选择不同情况下的最优解。结果显示,水速和链长、球重和活动范围正相关。相应的可以得到,链长和水深正相关,球重与链长负相关,活动范围与链长正相关。所以,在控制相应变量的前提下,可以得到各个型号悬链的使用情况,根据表现来选择配置最优的情形。

4.6.2 模型检验

(1)稳定性检验。在这个问题中,我们分别从分析力学角度和矢量力学(牛顿力学)角度给出了两种完全不同的解决方案。

对于矢量力学建立的模型,运用了静力平衡和杠杆平衡两个条件,并通过微积分的方法严格推导了悬链线方程,从物理学角度严格地保证了公式的正确性,运用 LINGO 软件求解方程组,解出各个参数的值,从大量的实验数据中可以看到,当某一条件按照一定的趋势改变时,其他参数也按照合理的趋势变化。比如,当重力球质量增加时,其他条件不变,则钢管和钢桶的倾斜角度变小,浮标的吃水深度增加,锚链的起锚角减小,如表 4-12 所示(θ_i 表示第 i 节钢管的倾斜角度)。

表 4-12 重力球质量增加时系泊系统状态比对表

重物球质量/kg	钢桶倾角/(°)	起锚角/(°)	θ_1/(°)	θ_2/(°)	θ_3/(°)	θ_4/(°)	浮标吃水深度/m
3200	0.016 3	0.327 8	0.078 95	0.089 27	0.099 62	0.011 00	1.625
3300	0.015	0.313 0	0.071 10	0.081 16	0.091 26	0.010 13	1.657
3400	0.014 22	0.297 6	0.006 375	0.007 357	0.008 342	0.009 33	1.688
3500	0.013 26	0.281 5	0.005 686	0.006 646	0.007 609	0.008 574	1.718
3600	0.012 36	0.264 7	0.005 040	0.005 978	0.006 92	0.007 86	1.748
3700	0.011 51	0.247 1	0.004 432	0.005 351	0.006 273	0.007 197	1.777
3800	0.010 72	0.228 78	0.003 9	0.004 761	0.005 664	0.006 570	1.805
3900	0.009 98	0.209 5	0.003 322	0.004 205	0.005 091	0.005 979	1.833

针对其他不同型号的锚链、不同深度的水深等条件，在实际检验中，模型都有着良好的稳定性，极少发生不合理和突变现象。

对于虚功、虚位移的方法，也是通过大量的实验数据，在各种条件变换时，虽然参数发生了改变，但是结果仍然是吻合的。

(2) 正确性检验。采用了两种方法解决这个问题，两种方法在原理上是不同的。一种方法是分析力学中的虚功、虚位移原理，在双面定常约束的情况下，主动力对作用点的虚位移所做的功为零，由此列出 4 节钢管和钢桶铰链连接的虚功方程，解得各个角度，进而得到钢管钢桶乃至悬链线的姿态；而另一种方法是矢量力学，主要依据静力平衡和杠杆平衡原理，对整个系统分段列出等式方程，"分而治之"，最终通过 LINGO 软件求解方程组，得到各个倾斜角、吃水深度等参数，有强大的理论支持，并且，解方程组的方法也是十分可靠的。而最终在表现结果上，两种方法得到的数值十分接近，甚至完全相同，所以，我们有理由相信两种模型都是正确的。

4.6.3 模型分析及改进方向

1. 问题分析及改进

在对此问题分析时，我们默认浮标始终是竖直的，即在钢管、风力、浮力等力的作用下，不考虑浮标的倾斜，在实际中浮标不可能保持竖直状态，浮标的倾斜直接导致受风面积的变化和拉力角度的变化，会影响部分结果，所以，如果能够将这个点考虑进去，模型会更加完善；在第三问的分析中直接采用了极值的方法，考虑最差的情况下，如果系统满足条件，则在其他情况下也满足条件，但是我们不能确定在其他条件下是否存在特殊情况，或者是突变情况，所以，这样考虑是欠佳的，应该多考虑几种情况。

2. 模型的改进

我们采用了两种方法，第一种是虚位移和虚功的方法，用到了一定的估算，在钢管和钢桶倾斜角度较小的时候，$\cos(\beta) = 1$，所以，这里存在一定的计算误差，如果模型能够将这一点考虑在内，势必会增加计算的精度，但是也会增加计算机的计算量，甚至不能解出正确的解；第二种是静力平衡和杠杆平衡方法，我们默认钢管或者钢桶的质心为支点，简化了模型，但不排除会对计算结果产生影响。对于第二问和第三问,采用的是多目标规划的方式,并将多目标规划转化为单目标规划进行求解,但是,不同目标之间的权重设置不一定是好的,对于各个指标而言,它们对系统的影响也不同,所以权重必然会有差异,至于到底哪个指标的权重大一些、大多少,需要建立综合评价系统。我们考虑利用层次分析法,确定各个目标的权重,并在实验中处理好数据,从数据中寻找一些规律。

3. 算法的改进

利用 LINGO 软件求解目标规划过程中,尤其是做静力平衡和杠杆平衡模型的时候,会发生很多次没有可行解的情况,或者陷入死循环解不出来,因此,可将方程用 LINGO 软件去求解,必然会有很大的工作量,所以我们考虑在编程过程中,是否可以存储一些中间变量,使一些方程先行解开,可能会提高计算的速度和准确度。

主要参考文献

[1] 郭飞,盛岩峰,何红辉,等. 浅海环境观测专用浮标和潜标锚泊系统的研究[J]. 海洋技术,2000,19(2):7-12.

[2] 张三慧. 大学物理学[M]. 3 版. 北京:清华出版社,2009.

[3] 王丹,刘家新. 一般状态下悬链线方程的应用[J]. 船海工程,2007,36(3):26-28.

[4] 程铁信,吴浩刚,杨树耕,等. 海上单点系泊锚链调整软件的开发[J]. 中国海上油气(工程),2000,12(1):65-68+6.

[5] 吴少平. 虚功原理及其应用[J]. 高等函授学报(自然科学版),2000,13(5):24-26.

[6] 周靖. 虚功原理中的广义坐标与坐标系的选择[J]. 淮阴师范学院学报(自然科学版),2006,5(2):131-134.

点 评

该竞赛题给出了 3 个具体问题,分别为在海水静止的情况下讨论不同风速下系泊系统各部分的状态;风速提升造成设备工作效果变差后,如何通过调整重物球质量来稳定系泊系统改善设备工作状态;在考虑海水最大流速不超过 1.5m/s 的条件下,讨论各种情况下系泊系统的状态。

这道题的目标是在给定条件下确定系统的锚链型号、长度等,使得浮标不能没入水中,设备不被拖移且水声设备的倾斜角度尽可能小(保证水声设备工作效果)。它的重点在于考察学生理解、简化实际问题以及利用力学知识建立模型并求解的能力。建立模型的方法有 3 种:①将锚链、钢桶、钢管均看作绳索,整个系泊系统看作悬挂重物的 3 段悬链线来建模;②将锚链简化成悬链线,钢桶和钢管分别作为刚体来处理,利用力和力矩的平衡条件建立模型;③将锚链的末结环链、钢桶、钢管都看成刚体,利用力和力矩的平衡条件建立递推模型。

本篇建模论文的最大优点是思路明确,受力分析清晰明了,在将锚链简化成的悬链线、钢桶和钢管分别作为刚体来处理后,用力矩平衡与虚功两种方法分别建立了模型,通过两种不同方法对同一个问题建模求解得相似结果,使得问题答案更加具有可靠性。参赛队在论文表达上意思明确,与受力分析相关的问题上均用受力图进一步做出解释,利用表格将不同锚链类型情况下系泊系统的状态表述清晰。在建立力和力矩的受力平衡方程后,参赛队并没有在列出方程组后就将求解问题交给计算机通过遍历的方式搜索答案,而是尽可能的先化简方程组,从而极大地提高了计算机求解方程组的效率。

当然论文也存在一些问题,比如在考虑重物球时忽略了重物球和钢桶间的链条重量、重力球本身的浮力,以及并未考虑对浮标的状态始终默认为竖直状态等,如果这些问题得到改进,这篇论文会更加完善。

第5章 CT系统参数标定及成像(2017A)

CT(Computed Tomography)可以在不破坏样品的情况下，利用样品对射线能量的吸收特性对生物组织和工程材料的样品进行断层成像，由此获取样品内部的结构信息。典型的二维CT系统如图5-1所示，平行入射的X射线垂直于探测器平面，每个探测器单元可以看成一个接收点，且等距排列。X射线的发射器和探测器相对位置固定不变，整个发射—接收系统绕某固定的旋转中心逆时针旋转180次。对每一个X射线方向，在具有512个等距单元的探测器上测量经位置固定不动的二维待检测介质吸收衰减后的射线能量，并经过增益等处理后得到180组接收信息。

CT系统安装时往往存在误差，从而影响成像质量，因此需要对安装好的CT系统进行参数标定，即借助于已知结构的样品(称为模板)标定CT系统的参数，并据此对未知结构的样品进行成像。

请建立相应的数学模型和算法，解决以下问题。

问题一：在正方形托盘上放置由两个均匀固体介质组成的标定模板，模板的几何信息如图5-2所示，相应的数据文件见附件1，其中每一点的数值反映了该点的吸收强度，这里称为"吸收率"。对应于该模板的接收信息见附件2。请根据这一模板及其接收信息，确定CT系统旋转中心在正方形托盘中的位置、探测器单元之间的距离以及该CT系统使用的X射线的180个方向。

问题二：附件3是利用上述CT系统得到的某未知介质的接收信息。利用问题一中得到的标定参数，确定该未知介质在正方形托盘中的位置、几何形状和吸收率等信息。另外，请具体给出图5-3所给的10个位置处的吸收率，相应的数据文件见附件4。

问题三：附件5是利用上述CT系统得到的另一个未知介质的接收信息。利用问题一中得到的标定参数，给出该未知介质的相关信息。另外，请具体给出图5-3

所给的 10 个位置处的吸收率。

问题四：分析问题一中参数标定的精度和稳定性。在此基础上自行设计新模板并建立对应的标定模型，以改进标定精度和稳定性，并说明理由。

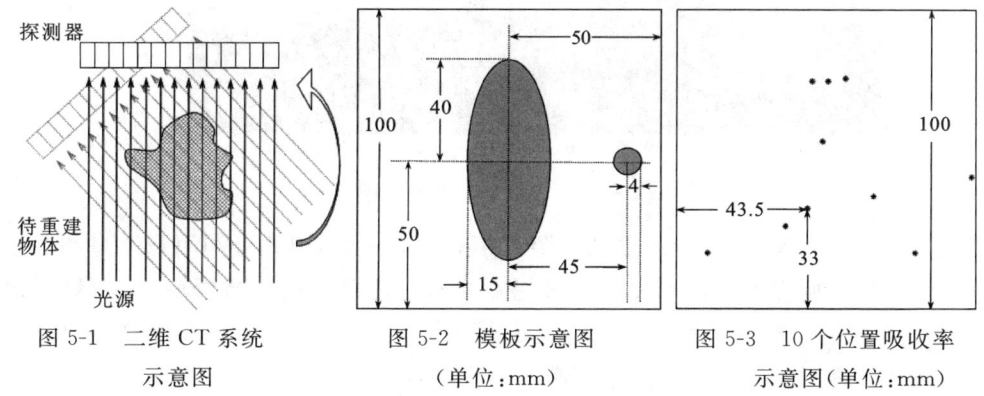

图 5-1　二维 CT 系统示意图　　　　图 5-2　模板示意图（单位：mm）　　　　图 5-3　10 个位置吸收率示意图（单位：mm）

由于篇幅有限，附件的完整内容可扫描前言处的二维码获取。

5.1　问题分析及思路概述

X 射线在经过物质时，其能量会因待检测物质的吸收而衰减，因此可通过接收强度推测检测物质的厚度。问题一要求根据附件 1 的接收强度推断 CT 成像系统的相关信息。附件 1 给出了非常丰富的数据，要充分利用这些数据所提供的信息。本题常见的简单处理是将接收强度最强、最弱的时刻分别确定为椭圆的短半轴、长半轴垂直于 CT 射线的时刻，并假设整个发射—接收系统等角度旋转。这种处理方式过于简单，没有充分利用附件中的数据，因而得到的结果并不可靠。

图 5-4 是附件 2 的数据显示图，从该图中可以看到 CT 系统对附件 1 模板的接收信息强度。该图明显可以分成两部分，其中较细的一部分宽度几乎不变，推断应为通过圆的射线的接收信息强度。从附件 1 可知，该模板的接收率为常数 1。结合 CT 系统扫描的原理[1-3]，可推断附件中的接收信息 I 与射线通过介质的长度 l 线性相关，设其增益系数为 μ，则有 $I = \mu l$。

问题一需要标定该 CT 系统的参数，包括确定 CT 系统旋转中心在正方形托盘中的位置、探测器单元之间的距离以及该 CT 系统使用的 X 射线的 180 个方向。一组间距相等的平行线通过圆或椭圆的长度变化显然与该间距直接相关。注意到

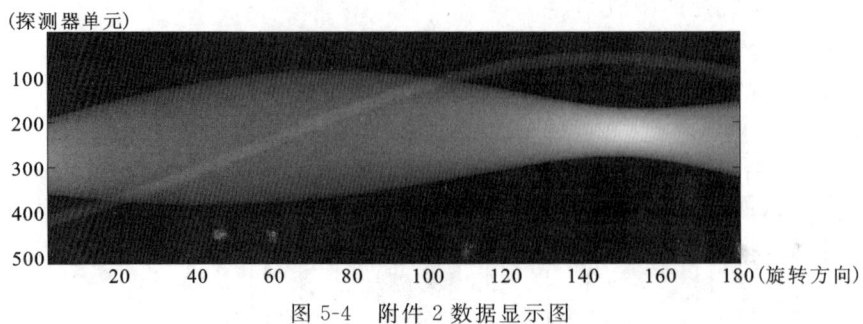

图 5-4 附件 2 数据显示图

圆具有中心对称性,平等线通过圆的距离相对容易求取,因此可利用只通过圆的射线的接收信息确定探测器单元间距及增益系数。注意到附件数据较多,可结合最小二乘法确定最优值。在 CT 系统旋转过程中,椭圆中心与圆心在探测器单元所在直线上投影点坐标之间的间距不断发生变化,因此对每个射线方向,可以求出两中心投影坐标之间的距离,利用其与真实物理距离 d_{sc} 之间的比值计算出旋转角度。在已知旋转角度时,可借助旋转中心在每个旋转角度下在探测器单元所在直线上的投影点确定旋转中心的坐标。

问题二需要根据附件 3 中未知介质的接收信息,重建出介质的相关信息。该问题可以借助 Matlab 的 Iradon 命令完成,该命令基于滤波反投影算法[4,5]。使用 Iradon 命令需要提供各扫描方向的角度。另外由于旋转中心与托盘中心不重合,Iradon 得到的图像与模板会有一个偏移,需要较正。

问题三与问题二类似,从附件 5 数据可以发现未穿过几何介质的射线的接收信息不为 0,存在众多小于 0.3 的数据,推断该附件数据存在一定的噪声,需要进行适当的处理以提高重建介质信息的精度。

问题四要求设计新的标定模板以提高原系统的精确度与稳定性。可以根据前几问求解过程中出现的难点有针对性地调整原标定模板的设计以得到新模板。

5.2 模型建立准备

5.2.1 基本假设

(1)假设在射线经过介质时不考虑衍射、干涉等现象。

(2) 假设不考虑单束 X 射线的宽度。

(3) 假设所给标定模板是标准椭圆和圆，不存在偏差。

(4) 假设附件 3 和附件 5 所给数据与附件 2 数据是在完全相同条件下测得。

5.2.2 基本符号说明

I^* 为附件中接收信息；μ 为 CT 系统对接收信息的增益；d 为探测器单元之间的间距；d_{sc} 为椭圆与圆心之间的物理距离。

其余部分符号的含义在使用时具体给出。

5.3 问题一的模型建立与求解

首先建立坐标系。该坐标系的建立有两种方案。方案一以椭圆中心为原点，以椭圆短半轴所在直线为 x 轴，以椭圆中心到圆中心的方向为 x 轴正方向，本章称之为椭圆坐标系，如图 5-5 所示。方案二以探测器所在直线为 x 轴，最左端第 1 个探测器单元为原点，射线方向为 y 轴负半轴方向建立坐标系，本章称之为探测器坐标系，如图 5-6 所示。

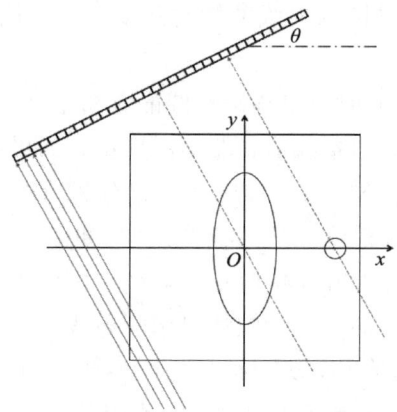

图 5-5 以椭圆中心为原点建立坐标系示意图

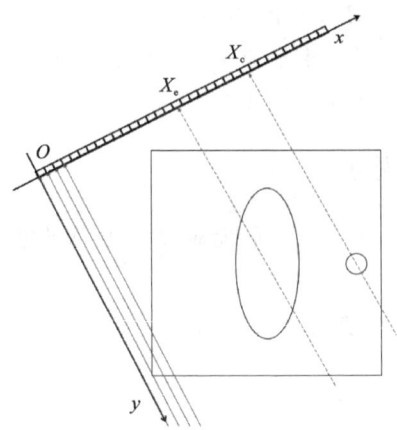

图 5-6 以探测器所在直线为 x 轴建立坐标系示意图

X_e、X_c 分别为椭圆、小圆几何中心在 x 轴上的投影

本章将以椭圆坐标系为参考坐标系,待求的 CT 系统参数,如旋转中心 (x_c,y_c)、X 射线的方向角度 θ 等,均以椭圆坐标系表示。

5.3.1 利用抛物线拟合求系统的增益 μ 及探测器单元间距离 d

经以上分析可知,接收信息与射线在介质中的传播距离(即射线与几何介质相交两交点间的长度)有关。由于圆具有中心对称性,一组平行线被圆所截距离较易求得,因此可以通过只经过圆的射线的增益强度分析来确定系统增益 μ 和探测器单元间距离 d。

首先找出不存在射线同时经过椭圆和圆的方向角度。对于附件 2 中的 180 个方向数据进行分析,找出其中接收信息非零的数据。如果存在两段连续非零数据,则该方向不存在射线同时经过椭圆和圆。经过分析,前 13 个方向及第 108~178 个方向(从 0 开始计数),X 射线只通过椭圆或圆,如图 5-7 所示。图 5-8 显示了第 12 个方向和第 108 个方向的射线接收信息,从图中可以清楚地看到,接收信息有两个连续非零段,长度较小的一段为只通过圆的射线的接收信息。

首先可以利用通过圆的射线数目估计探测器单元间距离 d。假设经过圆的射线数量最多为 $n_{\max}$,则 $n_{\max}$ 条射线之间的间距小于等于 $2r$;假设经过圆的射线数量最少为 $n_{\min}$,则 $n_{\min}+2$ 条射线之间的间距大于等于 $2r$,因此可得

$$\frac{2r}{n_{\min}+1} \leqslant d \leqslant \frac{2r}{n_{\max}-1} \tag{5-1}$$

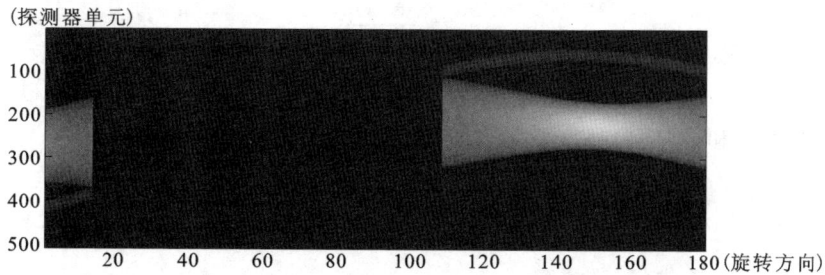

图 5-7 180 个射线方向中射线只通过圆或椭圆的射线方向示意图

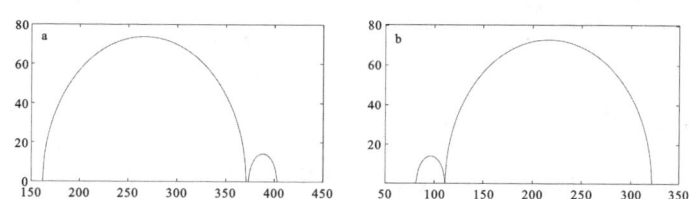

图 5-8 第 12 个方向的接收信息(a)和第 108 个方向的接收信息(b)

x 坐标为探测器单元编号；y 坐标为接收信息强度

通过对附件 2 数据分析可知，穿过小圆的 X 射线数量范围为 28~29 条，因此有

$$d \in \left[\frac{2r}{n_{\min}+1}, \frac{2r}{n_{\max}-1}\right] \approx [0.275\,8, 0.285\,8] \tag{5-2}$$

下面推导接收信息强度与射线坐标之间的关系。由于圆具有中心对称性，因此无论在哪个坐标系下圆的方程都比较简单。然而如果用椭圆坐标系，需要求一组斜平行线(射线)被圆所截长度，因此此处用探测器坐标系相对更简单。

设圆方程为

$$(x - X_c)^2 + (y - Y_c)^2 = r^2 \tag{5-3}$$

其中(X_c, Y_c)为小圆圆心坐标。

在探测器坐标系中，第 i 条射线为 $x = x_i = id(i=0,1,\cdots,179)$，将 x_i 作为已知值代入上式圆的方程，设方程的解为 y_1、y_2，则射线 x_i 在圆介质中的传播距离为 $l_i = |y_1 - y_2|$，因此对接收信息 I_i^* 有

$$I_i^* = \mu l_i = \mu |y_1 - y_2| \tag{5-4}$$

作变量代换

$$\begin{cases} Y = \dfrac{y - Y_c}{d} \\ X_c = \overline{X}_c d \end{cases} \tag{5-5}$$

则式(5-3)和式(5-4)分别变为

$$(id - \overline{X}_c d)^2 + (Yd)^2 = r^2 \tag{5-6}$$

$$I_i^* = \mu d \mid Y_1 - Y_2 \mid \tag{5-7}$$

其中 Y_1、Y_2 是式(5-6)的解。

由以上两式可得

$$\frac{I_i^*}{\mu d} = 2\sqrt{\frac{r^2}{d^2} - (i - \overline{X}_c)^2} \tag{5-8}$$

进一步整理可得

$$I_i^{*2} = -4\mu^2 d^2 \left(i^2 - 2\overline{X}_c i + \overline{X}_c^2 - \frac{r^2}{d^2} \right) \tag{5-9}$$

上式表明接收信息的平方 I_i^{*2} 是射线编号 i 的一元二次函数。假设对通过圆的射线编号 i 和接收信息强度平方利用最小二乘法进行抛物线拟合，得到如下结果：

$$I_i^{*2} = P_1 i^2 + P_2 i + P_3 \tag{5-10}$$

其中 P_1、P_2、P_3 为拟合系数。

则根据式(5-9)有

$$\begin{cases} P_1 \approx -4\mu^2 d^2 \\ P_2 \approx -4\mu^2 d^2 (-2\overline{X}_c) \\ P_3 \approx -4\mu^2 d^2 \left(\overline{X}_c^2 - \dfrac{r^2}{d^2} \right) \end{cases} \tag{5-11}$$

因此可得

$$\begin{cases} \overline{X}_c = -\dfrac{P_2}{2P_1} \\ d = \dfrac{r}{\sqrt{\overline{X}_c^2 - P_3/P_1}} \\ \mu = \dfrac{1}{d}\sqrt{-\dfrac{P_1}{4}} \end{cases} \tag{5-12}$$

由式(5-12)可知，对前13个方向和后72个方向(108～179)(共85个方向),

都可计算出一组增益 μ 和探测器单元间距离 d。另外可以得到圆心在 x 轴上投影与原点之间的距离,即图 5-6 中 x_c 到原点 O 的距离:

$$X_c = \overline{X}_c d \tag{5-13}$$

整个计算过程如下。

(1)分析前 13 个方向和后 72 个方向(共 85 个方向)接收信息中的非零信息段,找出所有通过圆的射线编号 i 及对应接收信息强度 I_i^*;

(2)对射线编号 i 和 I_i^{*2} 利用最小二乘法作抛物线拟合,可用 Matlab 的 polyfit 函数实现;

(3)对每个方向利用式(5-12)计算 μ 和 d。

(4)85 组数据求出的 μ 和探测器单元间距离 d 的平均值作为增益和探测器单元距离的最终结果。

按照以上过程进行计算,表 5-1 展示了 85 组数据中求出的 μ 和 d 的最小值、最大值、平均值及相对极差,其中相对极差定义为

$$\eta = \frac{\phi_{\max} - \phi_{\min}}{\phi_{\text{mean}}} \tag{5-14}$$

其中 ϕ 为 μ 或 d。相对极差反映了计算结果的相对变化范围,可作为反映计算精度的指标。

表 5-1　185 个方向得到的增益和探测器单元距离的最小值、最大值、平均值与相对极差

	最小值	最大值	平均值	相对极差
增益 μ	1.772 451 1	1.772 456 4	1.772 454	3.00e-6
探测器单元间距离 d	0.276 753 8	0.276 754 4	0.276 754	2.23e-6

从表 5-1 可以看出,85 组数据求出的数据变化范围非常小,最大值和最小值在小数的前 5 位均一样,相对极差达到 10^{-6},这充分表明了计算方法的精度。基于以上结果,采用表 5-1 中的平均值作为最终结果,即系统增益为 $\mu = 1.772\ 454$,探测器单元间距离 $d = 0.276\ 754$。

5.3.2　利用椭圆和圆中心的投影距离求旋转方向

当 CT 系统旋转时,椭圆中心与圆心在探测器方向的投影距离随角度发生变化,即图 5-5 中 X_c 和 X_e 之间的距离 $|X_c - X_e|$,下文称之为投影距离。在 5.3.1

节中可利用式(5-12)和式(5-13)计算出垂直探测器方向过圆心的直线与第 0 条射线之间的距离。如果能计算出垂直探测器方向过椭圆中心的直线与第 0 条射线之间的距离 X_e，就能得到投影距离 $|X_c - X_e|$。从而进一步通过投影距离与两中心真实距离的比值求得旋转角落。

由于直线被非标准方程的椭圆所截取距离难以计算，因此此处利用椭圆坐标系推导。在椭圆坐标系中，椭圆方程为

$$\frac{x^2}{a^2} + \frac{y^2}{b^2} = 1 \tag{5-15}$$

如图 5-5 所示，当射线方向不与 x 轴平行时，假设第 i 条射线与 x 轴交点为 $(x_i, 0)$，则有

$$x_0 = -\frac{X_e}{\cos\theta} \tag{5-16}$$

$$x_i = x_0 + \frac{id}{\cos\theta} = \frac{id - X_e}{\cos\theta} \tag{5-17}$$

射线方向与 x 轴正半轴夹角可表示为 $\theta + \frac{\pi}{2}$，因此第 i 条射线的方程可表示为

$$\begin{cases} x = x_i + pt \\ y = qt \end{cases} \tag{5-18}$$

其中 $p = -\sin\theta, q = \cos\theta$。

将上式代入椭圆标准方程，并根据根与系数的关系，可求出射线经过椭圆的长度为

$$l = \frac{2}{\frac{p^2}{a^2} + \frac{q^2}{b^2}} \sqrt{-\frac{q^2}{a^2 b^2} x_i^2 + \frac{p^2}{a^2} + \frac{q^2}{b^2}} \tag{5-19}$$

代入 $I_i^* = \mu l$，并进一步整理，可得

$$I_i^* = A(id - X_e)^2 - Ab^2 p^2 - Aa^2 q^2 \tag{5-20}$$

其中 $A = -\frac{1}{a^2 b^2} \left[\frac{2\mu}{\frac{p^2}{a^2} + \frac{q^2}{b^2}} \right]^2$。

由式(5-20)可以发现，对于只经过椭圆的射线，接收信息的平方 I_i^{*2} 同样是射线编号 i 的一元二次函数。假设对通过圆的射线编号 i 和接收信息强度的平方利用最小二乘法进行抛物线拟合，得到如下结果：

$$I_i^{*2} = P_1 i^2 + P_2 i + P_3 \tag{5-21}$$

则根据式(5-20)可得

$$X_e = -\frac{P_2}{2P_1} d \tag{5-22}$$

由式(5-13)和式(5-22)可得到椭圆与圆中心的投影距离$|X_c - X_e|$,该距离与两中心之间的物理距离d_{ec}之间显然存在以下关系:

$$|X_c - X_e| = d_{ec} \cos\theta \tag{5-23}$$

因此旋转角度为

$$\theta = \arccos \frac{|X_c - X_e|}{d_{ec}} \tag{5-24}$$

求旋转方向的计算过程如下。

(1)分析前13个方向和后72个方向(共85个方向)接收信息中的非零信息段,找出所有通过椭圆的射线编号i及对应接收信息I_i^*;

(2)对射线编号i和接收信息I_i^{*2}利用最小二乘法作抛物线拟合,可用Matlab的Polyfit函数实现;

(3)对每个方向利用式(5-22)计算X_e;

(4)利用5.3.1节中得到的X_c和式(5-24)计算旋转角度。

按照以上流程,可得到前13个方向和后72个方向的旋转角度,结果如表5-2和表5-3所示,其中前5个旋转角度为29.646 3、30.999 9、31.555 3、32.644 7、33.677 0,后5个旋转角度为204.646 2、205.646 3、206.646 2、207.646 3、208.635 8。其余旋转角度由于椭圆接收信息和圆接收信息没能完全分离,用此模型计算效果较差,因此在计算旋转中心后再计算其余旋转角度。

表 5-2 前 13 个旋转角度

方向编号	0	1	2	3	4	5	6
旋转角/(°)	29.646 3	30.999 9	31.555 3	32.644 7	33.677 0	34.646 3	35.646 3
方向编号	7	8	9	10	11	12	
旋转角/(°)	36.646 3	37.646 2	38.646 3	39.646 3	40.646 3	41.646 3	

表 5-3 后 72 个旋转角度

方向编号	108	109	110	111	112	113	114	115
旋转角/(°)	137.646 2	138.646 3	139.646 3	140.646 3	141.646 3	142.646 2	143.646 2	144.646 3
方向编号	116	117	118	119	120	121	122	123
旋转角/(°)	145.646 3	146.646 3	147.646 2	148.646 3	149.646 3	150.646 3	151.646 3	152.646 3
方向编号	124	125	126	127	128	129	130	131
旋转角/(°)	153.646 2	154.646 3	155.646 3	156.646 3	157.646 3	158.646 3	159.646 3	160.646 3
方向编号	132	133	134	135	136	137	138	139
旋转角/(°)	161.646 2	162.646 3	163.646 3	164.646 3	165.646 3	166.646 3	167.646 2	168.646 3
方向编号	140	141	142	143	144	145	146	147
旋转角/(°)	169.646 3	170.646 3	171.646 2	172.646 3	173.646 3	174.646 2	175.646 2	176.646 3
方向编号	148	149	150	151	152	153	154	155
旋转角/(°)	177.646 2	178.646 1	179.646 4	180.646 2	181.646 3	182.646 3	183.646 3	184.646 2
方向编号	156	157	158	159	160	161	162	163
旋转角/(°)	185.646 3	186.646 2	187.646 3	188.646 3	189.646 3	190.646 3	191.646 2	192.646 3
方向编号	164	165	166	167	168	169	170	171
旋转角/(°)	193.646 2	194.646 3	195.646 3	196.646 3	197.646 3	198.646 3	199.646 3	200.646 3
方向编号	172	173	174	175	176	177	178	179
旋转角/(°)	201.646 2	202.646 2	203.646 3	204.646 2	205.646 3	206.646 2	207.646 3	208.635 8

5.3.3 多元线性最小二乘法确定旋转中心

下面通过旋转中心、椭圆中心在探测器单元所在直线上的投影确定旋转中心坐标。如图 5-9 所示,在椭圆坐标系下,记第 0 条射线与 x 轴交于点 A,平行射线方向过旋转中心的直线交 x 轴于点 B,显然成立

$$\overrightarrow{AO} = \overrightarrow{AB} + \overrightarrow{BO} \tag{5-25}$$

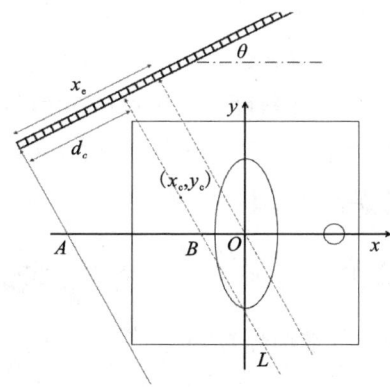

图 5-9 旋转中心、椭圆中心在探测器单元所在直线上的投影示意图

x_e、d_c 为平行线之间距离;$(x_c、y_c)$ 为椭圆中心坐标

考虑这几个向量在探测器所在直线方向上的投影向量。记以第 0 个探测单元为起点,沿探测器单元方向上的单位向量为 **e**,则显然有

$$\text{Proj}_e \vec{AO} = \text{Proj}_e \vec{AB} + \text{Proj}_e \vec{BO} \tag{5-26}$$

其中 $\vec{AO}$ 在 **e** 上的投影向量即为 $x_e \mathbf{e}$ 向量。设过旋转中心 (x_c, y_c) 平行于射线方向的直线 L 与第 0 条射线所在直线之间的距离为 d_c。该距离实际上就是旋转角度为 0 时,旋转中心与第 0 个探测器单元之间的水平距离。由于旋转中心在直线 L 上,在旋转过程中直线 L 与第 0 条射线之间的距离保持不变,因此 $\text{Proj}_e \vec{AB} = d_c \mathbf{e}$。

直线 L 的方程可以表示为

$$\begin{cases} x = x_c - t\sin\theta \\ y = y_c + t\cos\theta \end{cases} \tag{5-27}$$

则可求得

$$\vec{BO} = \left(\frac{y_c \sin\theta}{\cos\theta} - x_c, 0 \right) \tag{5-28}$$

因此有

$$\text{Proj}_e \vec{BO} = (-y_c \sin\theta - x_c \cos\theta) \mathbf{e} \tag{5-29}$$

综上可得

$$x_e = d_c - x_c \cos\theta - y_c \sin\theta \tag{5-30}$$

上式表示,x_e 可看作是 $\cos\theta$、$\sin\theta$ 的二元线性函数。注意,为推导方便,上式中

略去了下标 j，完整形式应为

$$x_{ej} = d_c - x_c\cos\theta_j - y_c\sin\theta_j \tag{5-31}$$

其中 θ_j 为已求出的 85 个旋转角度，x_{ej} 为每个角度对应求出的 x_e。

下面使用多元线性最小二乘法[6-8]确定旋转中心 (x_c, y_c) 及 d_c。根据最小二乘准则，可得多元线性拟合的误差平方和为

$$Q = \sum_{j=1}^{m}[x_{ej} - (d_c - x_c\cos\theta_j - y_c\sin\theta_j)]^2 \tag{5-32}$$

上式两边分别对 d_c、x_c、y_c 求偏导数，并令 $\frac{\partial Q}{\partial d_c} = 0, \frac{\partial Q}{\partial x_c} = 0, \frac{\partial Q}{\partial y_c} = 0$，可得

$$\begin{cases} \dfrac{\partial Q}{\partial d_c} = -2\sum_{j=1}^{m}[x_{ej} - (d_c - x_c\cos\theta_j - y_c\sin\theta_j)] = 0 \\ \dfrac{\partial Q}{\partial x_c} = 2\sum_{j=1}^{m}[x_{ej} - (d_c - x_c\cos\theta_j - y_c\sin\theta_j)]\cos\theta_j = 0 \\ \dfrac{\partial Q}{\partial y_c} = 2\sum_{j=1}^{m}[x_{ej} - (d_c - x_c\cos\theta_j - y_c\sin\theta_j)]\sin\theta_j = 0 \end{cases} \tag{5-33}$$

进一步整理得到正规方程组

$$\begin{cases} md_c - x_c\sum_{j=1}^{m}\cos\theta_j - y_c\sum_{j=1}^{m}\sin\theta_j = \sum_{j=1}^{m}x_{ej} \\ d_c\sum_{j=1}^{m}\cos\theta_j - x_c\sum_{j=1}^{m}\cos^2\theta_j - y_c\sum_{j=1}^{m}\sin\theta_j\cos\theta_j = \sum_{j=1}^{m}x_{ej}\cos\theta_j \\ d_c\sum_{j=1}^{m}\sin\theta_j - x_c\sum_{j=1}^{m}\sin\theta_j\cos\theta_j - y_c\sum_{j=1}^{m}\sin^2\theta_j = \sum_{j=1}^{m}x_{ej}\sin\theta_j \end{cases} \tag{5-34}$$

求解上述三元线性方程组，即得 d_c、x_c、y_c。

将 5.3.2 节所求得的 85 个旋转角度及对应的 x_e 代入上述方程组，求得 $d_c = 70.987\,4$，$x_c = -9.266\,28$，$y_c = 6.272\,857$，即旋转中心位于 $(-9.266\,28, 6.272\,857)$。

为检验该最小二乘法的拟合效果，在图 (5-10) 中我们列出了每一组数据的 x_e 及 $d_c - x_c\cos\theta_j + y_c\sin\theta_j$，结果表明两者吻合很好。

5.3.4 利用投影长度求解剩余射线方向旋转角度

在确定旋转中心过程中，我们推导得到了投影长度 X_e 与旋转角度之间的关系式，见式 (5-31)。由该式可得

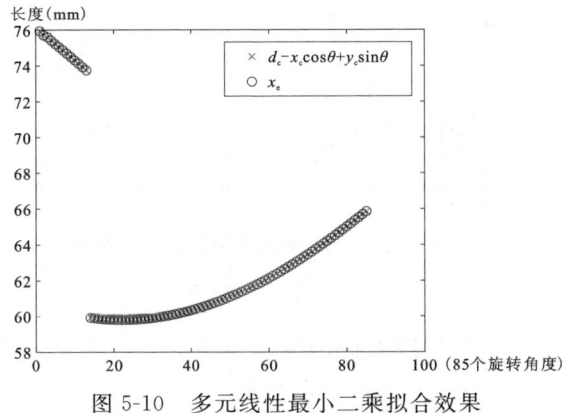

图 5-10 多元线性最小二乘拟合效果

$$d_c - X_{ej} = x_c\cos\theta_j + y_c\sin\theta_j = \sqrt{x_c^2 + y_c^2}\cos\left(\theta_j - \arctan\frac{y_c}{x_c}\right) \quad (5\text{-}35)$$

根据之前已确定的旋转角度,分析未确定的旋转角度,可以得到

$$\theta_j = \pi - \arccos\frac{d_c - X_{ej}}{\sqrt{x_c^2 + y_c^2}} + \arctan\frac{y_c}{x_c} \quad (5\text{-}36)$$

因此,只需要求出每个射线方向上椭圆中心在探测器单元所在方向的投影 X_{ej},即可求出剩余旋转角度。

对于剩余射线方向,由于有射线同时经过椭圆和圆,不能直接通过抛物线拟合求得 X_{ej}。需要在所有的 512 条射线中,找出只经过椭圆的射线,再利用这些射线的编号和接收信息进行拟合。因此,需要在接收信息中排除经过圆的射线。

为达到此目的,可以找出圆心在探测器单元上的投影位置,即图 5-6 中的 X_c,再除去投影位置附近的射线。圆心在探测器单元上的投影为

$$X_{cj} = X_{ej} + d_{sc}\cos\theta_j = d_c - (x_c\cos\theta_j + y_c\sin\theta_j) + d_{sc}\cos\theta_j \quad (5\text{-}37)$$

上式中 θ_j 在计算时是未知的。根据已确定的角度可以发现,探测器的旋转角度大概为 1°,因此可以用简单线性插值得到 θ_j 的近似值,进而利用式(5-37)求得 X_{cj} 的近似值。在实际计算中,我们去除了 $[X_{cj}]$($[\ ]$ 表示取整函数)左右各 20 条射线。图 5-11 显示了去除的圆心附近射线以及剩下的射线接收信息。

在去除经过圆的射线后,剩余的射线只经过椭圆介质。对剩余的非零接收信息和对应射线编号进行抛物线拟合,用式(5-22)可求得 X_{ej},再用式(5-36)计算出对应的角度。

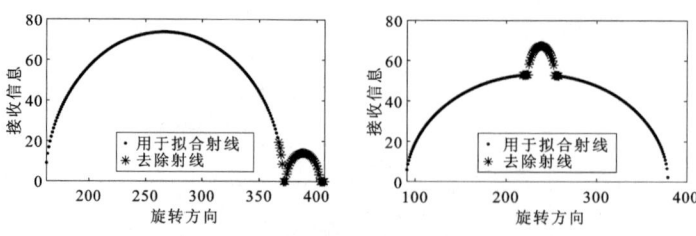

图 5-11 去除的射线和剩余拟合用的射线

（左：第 13 方向；右：第 60 方向）

表 5-4 是第 13~107 个射线方向的旋转角度。另外图 5-12 展示了所有 180 个射线方向的旋转角度。从图中可以看到，旋转角度大致按 1°递进，且无异常情况。

表 5-4 第 13~107 个射线方向的旋转角度

方向编号	13	14	15	16	17	18	19	20	21
旋转角/(°)	42.646	43.646	44.797	45.646	46.646	47.646	48.646	49.646	50.646
方向编号	22	23	24	25	26	27	28	29	30
旋转角/(°)	51.646	52.646	53.646	54.646	55.646	56.646	57.646	58.646	59.646
方向编号	31	32	33	34	35	36	37	38	39
旋转角/(°)	60.545	61.646	62.646	63.646	64.646	65.646	66.646	67.646	68.646
方向编号	40	41	42	43	44	45	46	47	48
旋转角/(°)	69.646	70.646	71.646	72.646	73.646	74.646	75.646	76.646	77.646
方向编号	49	50	51	52	53	54	55	56	57
旋转角/(°)	78.646	79.646	80.646	81.646	82.646	83.646	84.646	85.646	86.646
方向编号	58	59	60	61	62	63	64	65	66
旋转角/(°)	87.646	88.646	89.646	90.646	91.646	92.646	93.646	94.646	95.646
方向编号	67	68	69	70	71	72	73	74	75
旋转角/(°)	96.646	97.646	98.646	99.646	100.646	101.646	102.646	103.646	104.646
方向编号	76	77	78	79	80	81	82	83	84

续表 5-4

旋转角/(°)	105.646	106.646	107.646	108.646	109.646	110.646	111.646	112.646	113.646
方向编号	85	86	87	88	89	90	91	92	93
旋转角/(°)	114.646	115.646	116.646	117.444	118.646	119.646	120.646	121.646	122.646
方向编号	94	95	96	97	98	99	100	101	102
旋转角/(°)	123.646	124.646	125.646	126.646	127.646	128.646	129.646	130.646	131.746
方向编号	103	104	105	106	107				
旋转角/(°)	132.646	133.646	134.646	135.646	136.646				

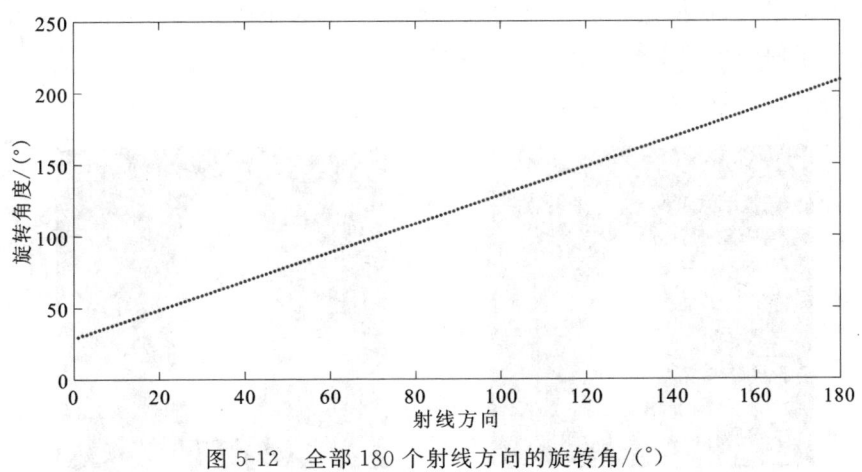

图 5-12　全部 180 个射线方向的旋转角/(°)

5.4　问题二的模型建立与求解

问题二要求依据 CT 系统得到的未知介质的接收信息，反推出未知介质的相关信息。该问题可以采用滤波反投影算法重建介质信息。Matlab 提供了滤波反投影算法的函数 Iradon，因此结合问题一确定的 CT 系统参数，直接利用该命令即可得到介质的相关信息。但由于旋转中心不在正方形托盘的中心，Iradon 得到的图像与原介质位置会出现位置偏差,可以借助对附件 2 的接收信息及附件 1 的已知椭圆和圆位置信息得到需要平移的位置偏差。整个算法流程如下。

(1) 以问题一得到的各旋转角度为参数,对附件 2 数据利用 Iradon 函数重建介质信息。附件 2 中的数据经过增益处理,因此应先除以增益 μ。问题一得到的结果以得到射线之间的间距,即探测器单元间距 d 为单位,因此结果需要除以 d。结果如图 5-13 所示。

(2) 确定椭圆中心以计算位置偏差。对所得到的结果,分别按行求和、按列求和,求和结果如图 5-14 所示。对求和后的结果截取部分坐标及对求和结果进行抛物线拟合,拟合后的系数确定椭圆中心。计算方法与问题一中拟合过程相同。求得的椭圆中心为 (288.98,278.57)。

(3) 所得图像中每个像素代表的真实物理长度为探测器单元间距 d,以所求的椭圆中心为中点,根据正方形托盘的边长截取等价大小的图像。实际计算中所截取图像位于原图像的坐标为 $(x,y) \in [108,470] \times [98,459]$。

(4) 截取后图像缩小为 256×256。

图 5-13 Iradon 得到的图像(左)和按椭圆中心截取到的图像(右)

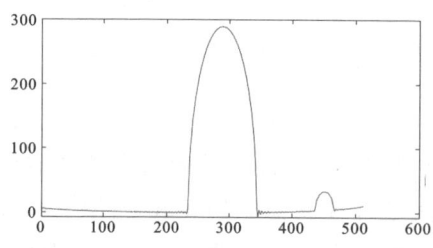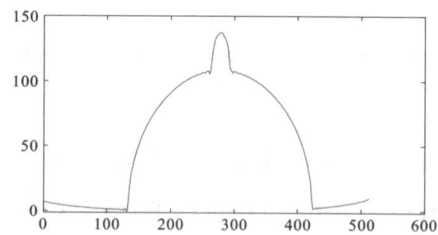

图 5-14 Iradon 得到的图像数据按竖直、水平方向求和结果

对附件 3 数据施以同样的 Iradon 变换,并按以上流程得到的偏移量和坐标截取图像,可以得到问题二未知介质的几何信息,如图 5-15 所示。

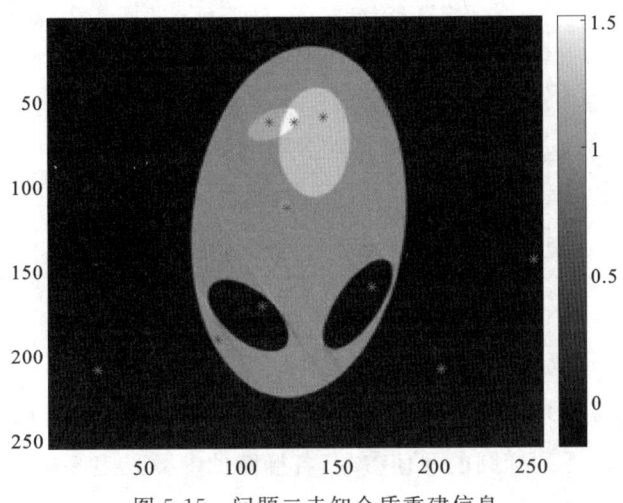

图 5-15 问题二未知介质重建信息

('*'标示附件 4 中 10 个点的位置,灰度代表吸收率)

由以上重建结果,利用探测器单元间距转换实际物理位置和像素位置,可以得到图 5-3 中 10 个位置在图像中的坐标,如图 5-15 所示。以上流程得到的吸收率会存在部分误差,包括某些区域吸收率为负值,将吸收率小于 0.1 的值视为误差直接赋为 0。图 5-3 中 10 个位置处的吸收率见表 5-5 所示。

表 5-5 附件 4 中 10 个位置处的吸收率

序号	1	2	3	4	5
吸收率	0	1.004 0	0	1.187 2	1.059 8
序号	6	7	8	9	10
吸收率	1.503 7	1.307 4	0	0	0

由图 5-15 可以发现,附件 3 的介质由 6 个椭圆形状所构成,下面利用 BFisher 算法[9]计算各椭圆的几何参数。首先在每个椭圆边界附近进行采样,对采样的坐标点进行非线性回归,该过程可利用 Matlab 提供的非线性回归函数 nlinfit 完成,回归模型如下:

$$ax^2 + bxy + cy^2 + dx + ey + 1 = 0 \tag{5-38}$$

利用回归得到的系数计算椭圆的几何参数,计算公式如下:

$$\begin{cases} x_c = \dfrac{be - 2cd}{4ac - b^2} \\ y_c = \dfrac{bd - 2ae}{4ac - b^2} \\ r_a = \sqrt{\dfrac{2a(x_c^2) + 2c(y_c^2) + 2bx_c y_c - 2}{a + c + \sqrt{((a-c)^2 + b^2)}}} \\ r_b = \sqrt{\dfrac{2a(x_c^2) + 2c(y_c^2) + 2bx_c y_c - 2}{a + c - \sqrt{((a-c)^2 + b^2)}}} \\ q = \dfrac{1}{2}\arctan\dfrac{b}{a - c} \end{cases} \tag{5-39}$$

采样的数据点及拟合后的效果如图 5-16 所示,从图中可以看到拟合效果良好。利用上式可以得到椭圆的几何参数,各椭圆的参数见表 5-6。

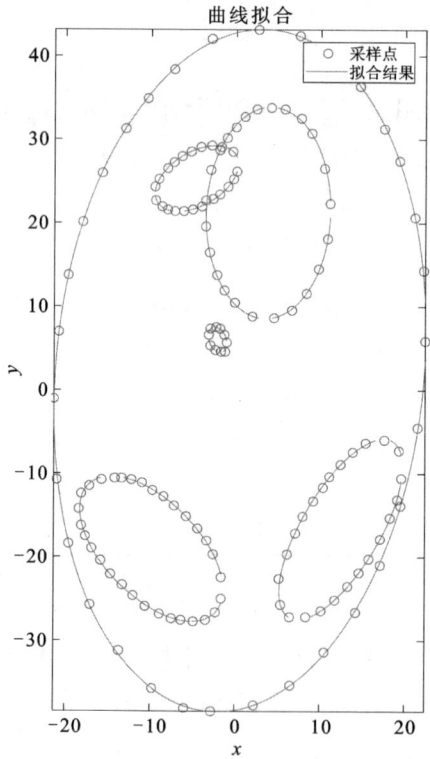

图 5-16　椭圆拟合的采样点及拟合结果

表 5-6 不同吸收率介质在托盘中的位置和形状参数

椭圆编号	中心 x 坐标	中心 y 坐标	长半轴	短半轴	旋转角度
A	0.542 9	2.321 0	40.982 0	21.699 7	−4.942 1
B	−4.678 1	25.283 3	5.415 8	3.168 6	32.198 8
C	3.799 7	21.222 7	12.677 0	7.337 1	−1.896 5
D	−2.139 2	6.022 6	1.582 4	0.996 2	21.552 9
E	−9.801 0	−19.054 9	10.665 9	5.638 5	43.415 5
F	12.497 4	−16.652 6	12.168 3	4.631 5	−29.646 0

5.5 问题三的模型建立与求解

问题三与问题二类似,需要对附件 5 的数据通过 CT 重建得到未知介质的几何性质与吸收率。与问题二不同的是,附件 5 的数据存在大量 0.1 到 0.3 之间的数据,该部分数据应属于噪声。图 5-17 绘制了附件 5 中所有数据的直方图信息,从图中可以看到超过 1/4 的数据分布在[0,5]区间内,进一步统计附件 5 中小于 5 的数据的频率,从图 5-18 中可以清楚地看到,这部分数据大致是 0 到 0.3 的均匀分布。因此推断附件 5 中的噪声为 0 到 0.3 的均匀噪声。

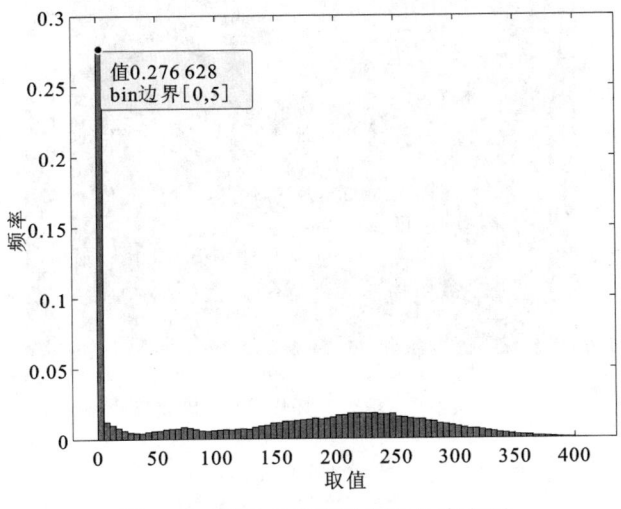

图 5-17 附件 5 所有数据统计直方图

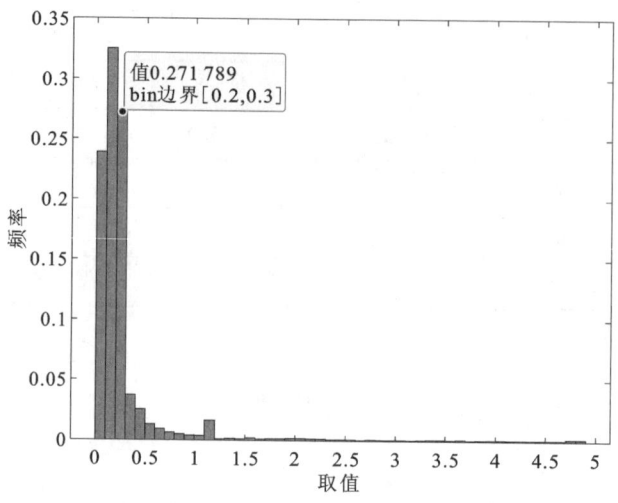

图 5-18　附件 5 中小于 5 的数据统计直方图

将附件 5 中小于 0.3 的噪声数据全部置为 0,利用问题二同样的模型和算法重建介质。得到的图像如图 5-19 所示。10 个位置处的吸收率见表 5-7。

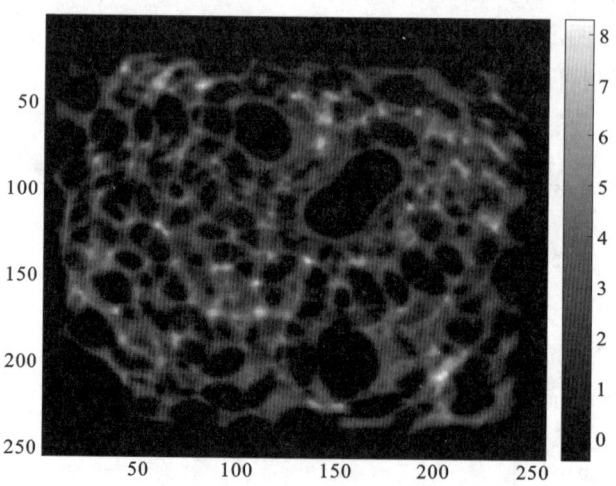

图 5-19　问题三重建介质图(灰度代表吸收率)

表 5-7　附件 5 中 10 个位置处的吸收率

序号	1	2	3	4	5
吸收率	0.043 8	2.764 4	7.233	0.022 4	0.220 5
序号	6	7	8	9	10
吸收率	3.305 6	6.248 7	0	7.335 2	0.068 8

5.6　问题四的分析与求解

分析以上求解过程,对新模板建立有以下要求。

(1)模板中各介质的几何边界的解析表达式应为光滑曲线,如圆或椭圆。对于这类几何形状,所有平行射线在介质中通过的长度大致连续变化,有利于通过曲线拟合得到的参数确定几何信息。对于形状为三角形或正方形等边界为非光滑曲线的介质,某些角度下射线通过的长度可能会有突变,或者接收信息的散点图呈现为导数不连续的折线。这些情况会导致曲线拟合效果较差,从而影响结果的精度和稳定性。

(2)对比圆和椭圆在计算过程中所起的作用。在整个计算流程中,通过椭圆的接收信息利用率相对较低,而通过圆的射线的接收信息利用率较高。这是因为圆具有中心对称性,可以非常方便地计算平行线通过的长度,在确定探测器单元距离、增益、旋转角度、旋转中心各个步骤中都可以用到。而平行线通过椭圆的长度相对难以计算,在计算流程中一般只用来计算椭圆中心的投影距离。椭圆的好处在于相对圆更细长,利于充分利用正方形托盘上的空间。如果不考虑这一因素,介质中应尽量采用圆形。

(3)模板中至少应包含两个介质,从而可以通过两个介质中心在探测器单元所在直线上的投影距离变化确定旋转角度。如果只有单个介质,难以准确估计旋转角度。

(4)在计算流程中,我们将旋转角度分成两部分计算。这是因为如果模板只有两个介质,当这两个介质在射线方向上存在重叠时,会对计算旋转角度带来一定的困难。因此新模板可以考虑使用 3 个介质,并避免 3 个介质在射线方向上同时存在重叠区域。

基于以上分析，设计出如下新模板。

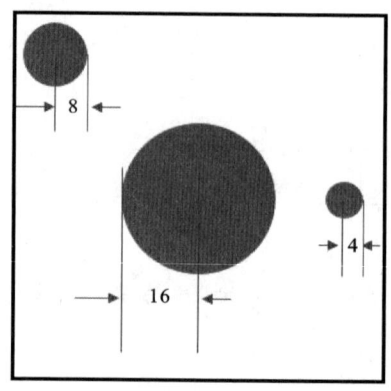

图 5-20　新设计标定模板示意图

5.7　模型评价

问题一推导得到了探测器单元编号与接收信息之间的关系，进而利用曲线拟合的系数确定了探测器单元间距及系统增益。该模型充分利用了附件所给的计算数据，并且以最小二乘曲线拟合的方式确定了参数，避免了搜索最优值的过程。对所得结果的分析表明，相对极差极小，这反映了算法的可靠性及精度。

问题二通过 Matlab 的 Iradon 命令得到了重构结果，算法相对较简单。但对重构数据的分析表明，有些空气区域的吸收率为非零小数，甚至有区域吸收率为负值。这表明该方法存在一定的误差。以各点的吸收率为未知变量建立线性方程组，通过迭代法求解方程组，可能可以得到更好的结果。在拟合介质中椭圆信息时，所用 BFisher 算法效果很好。

问题三对噪声的处理较简单。如果附件 2 或附件 3 数据添加相似噪声，分析各种去噪方式的效果，也许可以找到效果较好的抑制噪声算法。

问题四在对求解过程的各个难点进行分析的基础上，对原标定模板进行了改动，从而提出新的设计模板。新模板的设计思路基于对当前问题的深入分析和理解，具有一定的可靠性。

主要参考文献

[1] 庄天戈. CT原理与算法[M]. 上海：上海交通大学出版社，1992.

[2] 蔡志杰. CT系统参数标定及成像[J]. 数学建模及其应用，2018，7(1)：24-32.

[3] 毛小渊. 二维CT图像重建算法研究[D]. 南昌：南昌航空大学，2016.

[4] 张顺利，李卫斌，唐高峰. 滤波反投影图像重建算法研究[J]. 咸阳师范学院学报，2008，23(4)：47-49.

[5] 范慧赟. CT图像滤波反投影重建算法的研究[D]. 西安：西北工业大学，2007.

[6] 李庆扬，王能超，易大义. 数值分析[M]. 北京：清华大学出版社，2008.

[7] 李星. 数值分析[M]. 北京：科学出版社，2014.

[8] 李红. 数值分析[M]. 北京：高等教育出版社，2023.

[9] PILU M, FITZGIBBON A, FISHER R B. Direct least squares fitting of ellipses[J]. IEEE Trans on PAMI, 1996, 21(5): 476-480.

点评

本赛题需要根据接收到的数据对CT系统的参数进行标定。在建立模型时，充分利用赛题附件所提供的数据。如果只是利用附件的少量数据信息进行标定，所建立的模型可能会导致较大的误差。另外在模型假设时，注意不能添加不必要的、会极大简化问题的假设，如某时候射线正好通过椭圆长轴或短轴、旋转角度均匀变化等。本赛题利用模板的几何结构，依次计算出了探测器单元距离、增益、旋转中心、各旋转角度等信息，所建立模型有较高的可信度。最后利用最小二乘法作曲线拟合，通过拟合系数求得相关参数，计算量小并且精度较高。

本赛题在重建CT图像时直接用了Matlab的Iradon命令，但实际计算过程中发现该命令会存在一定的误差。对于问题三中的未知介质，可分析得出每个椭圆区域内吸收率为常数，Iradon命令难以利用这一特点。如果对吸收系数建立线性方程组,在求解方程上利用这一特点,所得结果误差预计可更小。问题三未能提出较好的抑制噪声影响的算法。问题四比较开放,需要细致讨论能够标定的条件、模板形状对模型和算法稳定性的影响等。此外,本赛题的不足之处是缺乏对模型的检验,对于各个标定参数的取值,需要分析接收信息的噪声或误差对于模型结果的影响,最好能自行构造数据进行模型检验。

第6章　高温作业专用服装设计（2018A）

在高温环境下工作时,人们需要穿着专用服装以避免灼伤。专用服装通常由三层织物材料构成,记为Ⅰ、Ⅱ、Ⅲ层,其中Ⅰ层与外界环境接触,Ⅲ层与皮肤之间还存在空隙,将此空隙记为Ⅳ层。

为设计专用服装,将体内温度控制在37℃的假人放置在实验室的高温环境中,测量假人皮肤外侧的温度。为了降低研发成本、缩短研发周期,请利用数学模型来确定假人皮肤外侧的温度变化情况,并解决以下问题。

问题一:专用服装材料的某些参数值由附件1给出(表6-1),对环境温度为75℃、Ⅱ层厚度为6mm、Ⅳ层厚度为5mm、工作时间为90min的情形开展实验,测量得到假人皮肤外侧的温度(表6-2)。建立数学模型,计算温度分布,并生成温度分布的Excel文件(文件名为problem1.xlsx)。

问题二:当环境温度为65℃、Ⅳ层的厚度为5.5mm时,确定Ⅱ层的最优厚度,确保工作60min时,假人皮肤外侧温度不超过47℃,且超过44℃的时间不超过5min。

问题三:当环境温度为80℃时,确定Ⅱ层和Ⅳ层的最优厚度,确保工作30min时,假人皮肤外侧温度不超过47℃,且超过44℃的时间不超过5min。

表 6-1 附件 1 中专用服装材料的参数值

分层	密度/(kg·m^{-3})	比热/(J·kg^{-1}·℃$^{-1}$)	热传导率/(W·m^{-1}·℃$^{-1}$)	厚度/mm
Ⅰ层	300	1377	0.082	0.6
Ⅱ层	862	2100	0.37	0.6~25
Ⅲ层	74.2	1726	0.045	3.6
Ⅳ层	1.18	1005	0.028	0.6~6.4

表 6-2 附件 2 中假人皮肤外侧的测量温度

时间/s	0	1	2	…	1644	1645	…	5400
温度/℃	37.00	37.00	37.00	…	48.07	48.08	…	48.08

由于篇幅有限,附件的完整内容可扫描前言处的二维码获取。

6.1 问题分析及思路概述

对于问题一中,热量传递有 3 种基本形式:热传导、热对流和热辐射。空气层中的热传递以辐射热交换为主,当织物与皮肤之间的空气层厚度小于 8.0mm 时,由于空气层间隙太小,无法形成对流运动,这时空气层的热传递以热传导为主[1]。基于此,本题只考虑热传导。同时,考虑专用服装的初始温度为 37℃。

由于在此过程中热传递为垂直于皮肤方向进行,因此可视为是一维的。我们建立一维热传导模型,构造一维热传导偏微分方程,对 90min 测试的数据进行分段处理后用 Matlab 进行拟合得到假人皮肤外侧温度与时间的函数关系,确定求解域、初始条件和边界条件。然后选取适当空间步长和时间步长,利用有限差分方法进行求解,可以得到最终整个传热模型过程的三维温度分布情况。

问题二需要根据所给条件确定第Ⅱ层的最优厚度,难点在于此时假人皮肤处温度未知,因此在假人皮肤处需要给定恰当的边界条件。为便于计算,可以考虑在第Ⅳ层靠近假人皮肤方向增加一层虚拟层,记为第Ⅴ层,其内侧温度维持在 37℃ 不变,其外侧温度为假人皮肤温度。虚拟层的参数值可结合问题一的结果确定,即代入模型求解假人皮肤外侧的温度变化，并与问题一得到的假人皮肤外侧的真实温度拟合，计算两者之间的误差以确定最佳参数值。在此基础上，确定第Ⅱ层厚度的取值区间，然后利用二分法寻找其最优值，以确保满足工作 60min 时，假人皮肤外侧温度不超过 47℃，且超过 44℃ 的时间不超过 5min 的约束条件。

问题三在问题二的基础上减少Ⅳ层厚度条件的给定，增加了决策变量，即须要同时确定Ⅱ与Ⅳ层最优厚度，在环境温度变为 80℃ 时，使得满足假人皮肤外侧最高温度不超过 47℃，且超过 44℃ 的时间不超过 5min。考虑到隐式差分能提升程序的运行效率，本问题采用隐式差分法求解偏微分方程，并采用遗传算法有效减少搜索次数，降低搜索的复杂度，最终得到Ⅱ与Ⅳ层的最优厚度。

6.2 模型建立准备

6.2.1 基本假设

(1) 假设整个过程中假人的构成特性不发生变化，即不考虑假人材料特性的影响。

(2) 构成专用服装的三层织物材料分布均匀。

(3) 假设热传递只在垂直于皮肤方向进行，因此将其视为一维的热传导。

(4) 整个过程中不考虑湿传递。

(5) 假设整个过程中不考虑热阻。

(6) 假设专用服装在测试过程中没有发生熔融或者分解，即专用服装材料的参数值在整个过程中始终保持不变。

6.2.2 基本符号说明

$u(x,t)$ 为时刻 t 空间 x 处的温度。

C 为对应材料的热传导率（$W \cdot m^{-1} \cdot ℃^{-1}$）。

c_p 为对应材料的比热（$J \cdot kg^{-1} \cdot ℃^{-1}$）。

6.3 问题一的模型建立与求解

6.3.1 热量传递模型的建立

首先建立坐标系。以第Ⅰ层左端为坐标原点,沿热防护服至皮肤方向为 x 轴正向。为便于描述,坐标原点记为 l_0,各层分界面处的坐标分别记为 $l_i(i=1,2,3,4)$。温度在热防护服系统之间的传递可由一维热传导方程描述。一维热传导方程的一般形式如下

$$\frac{\partial u}{\partial t} = \gamma \frac{\partial^2 u}{\partial x^2} \tag{6-1}$$

其中 $u=u(x,t)$ 表示 t 时刻坐标 x 处的温度,$\gamma = \frac{\lambda}{c\rho}$ 为热扩散率,λ、c、ρ 分别为对应材料的热传导率、比热和密度,均为附件1中给出的已知参数。热扩散率是反映物体温度变化快慢的物理量,物体的热扩散率越大,表明热量由物体内扩散的能力越强,温度趋于均匀一致的能力越强。不同材料的热扩散率不同。本赛题热防护服系统分为4层,因此对应4个不同的热扩散率 $\gamma_i(i=1、2、3、4)$。

每层材料内部的温度变化可用以上热传导方程刻画。为了求解该方程,还需要恰当的定解条件,包括初始条件 ($t=0$)、两端边界条件 ($x=l_0,l_4$) 和各层交界面条件 ($x=l_1,l_2,l_3$)。

1. 初始条件

通过分析附件2的数据,可认为初始时刻整个防护服各处温度均为恒温37℃,即

$$u(x,0) = u_0, x \in [0, l_4] \tag{6-2}$$

其中 $u_0 = 37$。

2. 边界条件

在求解热传导方程时,常用的边界条件有3类。第一类边界条件给定边界上的温度,第二类边界条件给定边界上的温度梯度,第三类边界条件给出边界上温度和梯度之间的函数关系,表示与温度为 u_∞ 的流体进行热交换。首先考虑 l_0 处。虽然外部环境温度为定值,但在防护服表面防护服与外部环境存在对流换热,因此用

第三类边界条件较合适。第三类边界条件的格式如下

$$-\lambda_1 \frac{\partial u}{\partial x}\bigg|_{l_0} = h_0[u_\infty - u(l_0,t)] \tag{6-3}$$

其中 λ_1 是第 I 层的热传导系数，u_∞ 为外部温度，h_0 为待定参数，表示第 I 层与外部环境的热交换系数。同理，在第 IV 层与皮肤的交界面，即右端边界 l_4 处，如采用第三类边界条件则有

$$-\lambda_4 \frac{\partial u}{\partial x}\bigg|_{l_4} = h_1[u(l_4,t) - u_0] \tag{6-4}$$

其中 λ_4 是第 IV 层的热传导系数，$u_0 = 37$ 为体内温度，h_1 为待定参数，表示第 I 层与外部环境的热交换系数。如采用第一类边界条件，有

$$u(l_4) = U(t) \tag{6-5}$$

其中 $U(t)$ 是给定温度。

3. 交界面条件

在不同层之间的交界面处，首先应满足温度连续，即

$$u(l_i, t)^+ = u(l_{i+1}, t)^- \tag{6-6}$$

其中上标"+"表示第 i 层右侧边界的值，上标"−"表示第 $i+1$ 层左侧边界的值。此外，在交界面处还应满足热流密度连续，即

$$\left(\lambda_i \frac{\partial u}{\partial x}\right)^+ = \left(\lambda_{i+1} \frac{\partial u}{\partial x}\right)^- \tag{6-7}$$

综上，所建立的热量传递的偏微分方程如下

$$\begin{cases} \dfrac{\partial u}{\partial t} = \gamma_i \dfrac{\partial^2 u}{\partial x^2}, x \in (l_{i-1}, l_i), i = 1,2,3,4 \\ u(x,0) = u_0, x \in [0, l_4] \\ -\lambda_1 \dfrac{\partial u}{\partial x}\bigg|_{l_0} = h_0[u_\infty - u(l_0, t)] \\ -\lambda_4 \dfrac{\partial u}{\partial x}\bigg|_{l_4} = h_1[u(l_4, t) - u_0] \text{ 或 } u(l_4, t) = U(t) \\ u(l_i, t)^+ = u(l_i, t)^-, \left(\lambda_i \dfrac{\partial u}{\partial x}\right)^+ = \left(\lambda_{i+1} \dfrac{\partial u}{\partial x}\right)^- \end{cases} \tag{6-8}$$

6.3.2 偏微分方程模型的求解

如上建立的偏微分方程难以求出解析解，因此需要采用数值方法求解，通常较

简单、使用较多的数值方法是有限差分方法。在有限差分方法中，首先需要将空间和时间进行离散。本赛题计算区域为 4 层材料，可以用相同的步长 Δx 进行均匀划分，也可使用不同的步长划分。为便于计算，可采用相同的步长，即将 $[l_0, l_4]$ 的区域均匀划分成 M 段，则 $\Delta x = 1/M$。划分时注意选取合适的 Δx 以保证每个交界面 l_i 均在离散点上。在时间上以时间步长 Δt 划分为一系列离散时刻 $t_0, t_1, t_2, \cdots, t_{N-1}, t_N$（图 6-1）。

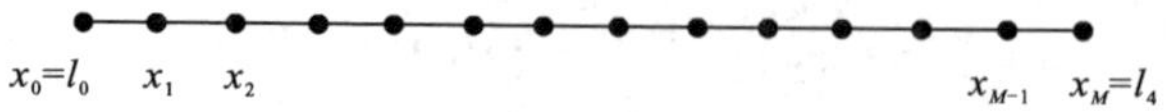

图 6-1 计算区域离散示意图

有限差分方法可分为显式格式和隐式格式[2]。显式格式需要满足稳定性条件 $\frac{\gamma \Delta t}{\Delta x^2} \leqslant \frac{1}{2}$。简单分析该稳定性条件可知，由于 γ 较小，对于固定的空间步长 Δx，需要使用极小的时间步长 Δt，从而导致需要迭代非常多的步数 N 以达到所要求的时间终点。这会带来巨大计算量的问题，不利于后续通过优化方法确定待求系数。因此这里使用隐式格式更合适。

记 u_k^n 为 $x = k\Delta x$ 处 $t = n\Delta t$ 的数值解，即 $u_k^n \approx u(k\Delta x, n\Delta t)$。假设在当前时刻所有的 u_k^n 已知，下面构造在下一个时间步 u_k^{n+1} 需要满足的方程组。

对于每一层内部的热传导方程，时间导数 $\frac{\partial u}{\partial t}$ 使用一阶向后差分近似，空间二阶导数用二阶中心差分近似，即可得到所谓的 BTCS 隐式格式：

$$\frac{u_k^{n+1} - u_k^n}{\Delta t} = \gamma_i \frac{u_{k+1}^{n+1} - 2u_k^{n+1} + u_{k-1}^{n+1}}{\Delta x^2} \tag{6-9}$$

上式可改写为

$$-\sigma_i u_{k-1}^{n+1} + (1 + 2\sigma_i) u_k^{n+1} - \sigma_i u_{k+1}^{n+1} = u_k^n, \quad k = 1, 2, \cdots, M-1 \tag{6-10}$$

其中 $\sigma_i = \frac{\gamma_i \Delta t}{\Delta x^2}$。

初始条件即为 $u_k^0 = u_0, k = 1, 2, \cdots, M$。

对于 l_0 处边界条件，对空间导数使用向前差分，即 $\left.\frac{\partial u}{\partial x}\right|_{l_0} \approx \frac{u_1^{n+1} - u_0^{n+1}}{\Delta x}$，则左端边界条件可整理得

$$(1 + \overline{h}_0) u_0^{n+1} - u_1^{n+1} = \overline{h}_0 u_\infty \tag{6-11}$$

其中 $\overline{h}_0 = \frac{h_0}{\lambda_1} \Delta x$。

对于 l_4 处边界条件，由于赛题已给出假人皮肤外侧温度的测量值（即原赛题附件 2），因此可以使用第一类边界条件，即

$$u_M^{n+1} = U(t_n) \tag{6-12}$$

其中 $U(t_n)$ 是原赛题附件 2 所提供数据。

对于两层材料交界面 l_i 处，记 l_i 处坐标为 x_{M_i}，在 l_i 的左侧、右侧分别使用向后、向前差分，可得

$$\lambda_i \frac{u_{M_i}^{n+1} - u_{M_i-1}^{n+1}}{\Delta x} = \lambda_{i+1} \frac{u_{M_i+1}^{n+1} - u_{M_i}^{n+1}}{\Delta x} \tag{6-13}$$

进一步整理可得如下形式：

$$u_{M_i-1}^{n+1} - (1+\bar{\lambda}_i) u_{M_i}^{n+1} + \bar{\lambda}_i u_{M_i+1}^{n+1} = 0 \tag{6-14}$$

其中 $\bar{\lambda}_i = \frac{\lambda_{i+1}}{\lambda_i}$。

综上，可得以下线性方程组：

$$\begin{pmatrix} 1+\bar{h}_0 & -1 & & & & & & & & \\ -\sigma_1 & 1+2\sigma_1 & -\sigma_1 & & & & & & & \\ & -\sigma_1 & 1+2\sigma_1 & -\sigma_1 & & & & & & \\ & & \ddots & \ddots & \ddots & & & & & \\ & & & 1 & -1-\bar{\lambda}_1 & \bar{\lambda}_1 & & & & \\ & & & & -\sigma_2 & 1+2\sigma_2 & -\sigma_2 & & & \\ & & & & & \ddots & \ddots & \ddots & & \\ & & & & & & -\sigma_4 & 1+2\sigma_4 & -\sigma_4 \\ & & & & & & & & & 1 \end{pmatrix} \begin{pmatrix} u_0^{n+1} \\ u_1^{n+1} \\ u_2^{n+1} \\ \vdots \\ u_{M_i}^{n+1} \\ u_{M_i+1}^{n+1} \\ \vdots \\ u_{M-1}^{n+1} \\ u_M^{n+1} \end{pmatrix} = \begin{pmatrix} \bar{h}_0 u_\infty \\ u_1^n \\ u_2^n \\ \vdots \\ 0 \\ u_{M_i+1}^n \\ \vdots \\ u_{M-1}^n \\ u(t_{n+1}) \end{pmatrix}$$

该方程组的解即为 $t=(n+1)\Delta t$ 时刻各离散点处温度的数值解。该线性方程组为三对角方程组，可用追赶法求解。

编制程序求解以上模型，即可得到问题一的数值结果。图 6-2 显示了各边界温度随时间的变化。

根据问题一，初始情况下，环境温度为 75℃，假人温度为 37℃。根据前述对模型相关量的处理，认为专用服装的初始温度也为 37℃。

由于外界环境与专用服装之间存在温度差，由前述，当有温度差时就会出现热传导现象，而初始时刻外界环境的温度高于专用服装的温度，所以热传导由外界依次通过Ⅰ、Ⅱ、Ⅲ、Ⅳ层向里进行，随着时间的积累，专用服装的各层的温度都在上升。由于热传导是逐层进行的，因此各层温度的上升是大致呈阶梯状的。这可以从图 6-2 中得到验证。

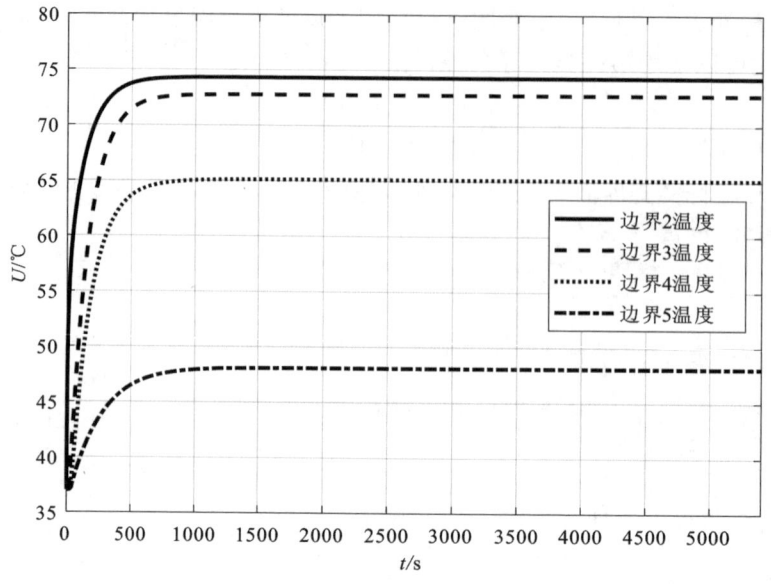

图 6-2　各边界温度变化图

根据模型的求解结果,我们可以发现:当热传导进行一定时间后,会达到热平衡状态,空间域各点温度将会保持不变。用边界温度表征,其温度大概稳定在 75.00℃、74.30℃、72.75℃、65.12℃、48.08℃。

其中,边界 5 也即假人皮肤外侧温度。经过对比,发现模型求解出的边界 5 的温度变化与附件 2 所给假人皮肤外侧温度变化基本吻合(图 6-3),因此,可以验证模型的基本正确性。

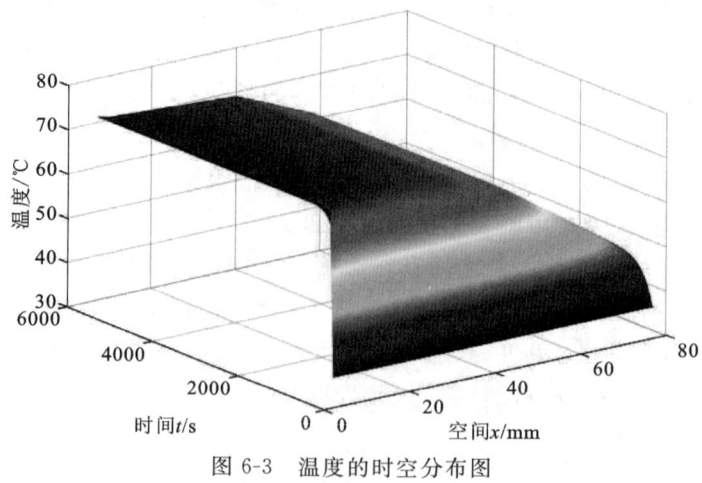

图 6-3　温度的时空分布图

根据图 6-3 我们可以得到温度区域的三维分布图,不同的时间和材料距离,对应的温度也不同,其中温度由蓝色到红色,颜色越深,温度越高。

6.4 问题二的模型建立与求解

问题二与问题一比较,条件变为环境温度为 65℃、Ⅳ层的厚度为 5.5mm,而Ⅱ层的厚度未知,需要确定Ⅱ层的最优厚度,使得工作 60min 时,假人皮肤外侧温度不超过 47℃,且超过 44℃的时间不超过 5min。

在问题一的模型基础上,我们在第Ⅳ层靠近假人皮肤一侧新加厚度为 2.0mm 的第Ⅴ层,且其内侧温度维持在 37℃不变。在问题一的求解结果上通过傅里叶定律计算热传导率 C,给定初始 c_p 和 ρ,通过不断变化拟合确定新增第Ⅴ层的最佳 c_p 和 ρ,最后通过对第Ⅱ层厚度区间作二分法处理,不断变化判断值,直到得到满足约束条件的最优厚度值。

在问题一建立的一维热传导模型的基础上,考虑到假人体内温度始终控制在 37℃,因此据此假设边界 5 内 2.0mm 的距离为第Ⅴ层,那么边界 6 的温度始终为 37℃。由于第Ⅱ层的厚度为未知待求量,我们假设其厚度为 L(图 6-4)。

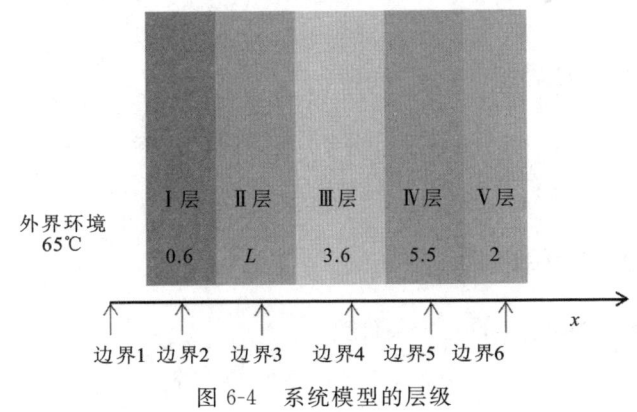

图 6-4 系统模型的层级

6.4.1 确定新增第Ⅴ层的最佳 c_p 和 ρ

(1)计算第Ⅴ层的热传导率 C。当热传递过程进行达到热平衡稳定状态时,根据傅里叶导热定律的表达式 $Q=-C\dfrac{\Delta u}{\Delta x}A$,当取 $A=1\text{m}^2$ 时,根据问题一的检验计算可得 $Q=-95.425\,6$。

结合问题一的求解结果,当达到热平衡稳定状态后,取边界 5 的温度值 $u_5=48.08℃$ 和边界 6 的温度 $u_6=37℃$,温度值之差为 $\Delta u=u_5-u_6=11.08℃$。第 V 层的厚度为 2.0mm,即 $\Delta x=0.002\text{m}$,根据上述,可以计算出第 V 层的热传导率 $C=0.017\,2\text{W}/(\text{m}\cdot℃)$。

(2) 根据文献[3],选取初始的参数 $c_p=3598\text{J}/(\text{kg}\cdot\text{K})$、$\rho=1200\text{kg}/\text{m}^3$,根据公式 $k_i=\dfrac{C}{c_p\rho}$,计算出第 V 层的热扩散率 k。

(3) 在增加第 V 层后,由于假人体内温度恒为 $37℃$,因此我们可以得到两个边界,即外界环境温度为 $65℃$,边界 6 的温度为 $37℃$。借用问题一建立的模型及第 II 层的厚度,可以计算出从第 I 层到第 V 层的每个空间步长的温度分布。由此提取出在问题一的情况下,假人皮肤外侧(边界 5)的温度变化。将其与问题一求解出的实际假人皮肤外侧(边界 5)的温度变化作对比和拟合。

(4) 不断改变 c_p 与 ρ 的值,重复进行第(3)步,直到得到使得假人皮肤外侧(边界 5)的温度变化的拟合值与真实值(即问题一得到的边界 5 的温度变化)之间误差较小的 c_p 与 ρ 的值。

6.4.2 确定求解域

对问题二的空间域和时间域进行分析,可以得到求解域为

$$(x,t)\in[0,L+0.011\,7]\times[0,3600] \tag{6-15}$$

6.4.3 确定初始条件

根据已知条件,问题二的初始条件为

$$\begin{cases} u(L+0.011\,7,0)=37 \\ u(0,0)=65 \end{cases} \tag{6-16}$$

6.4.4 确定边界条件

根据问题二所给条件,环境温度变为 $65℃$,即边界 1 的环境温度为 $65℃$;而根

据前面的处理,假人体内温度恒为 37℃,即边界 6 的温度为 37℃。由此,我们可以得到两个边界温度,即问题二的边界条件为

$$\begin{cases} u(0,t) = 65 \\ u(L+0.011\,7,t) = 37 \end{cases} \quad (6\text{-}17)$$

6.4.5 建立约束条件

根据附件 1,第 Ⅱ 层的厚度范围为 0.6~25mm,因此可以得到关于所要求解的最优厚度的范围约束为

$$L \in [0.6\text{mm}, 25\text{mm}] \quad (6\text{-}18)$$

根据问题二,需要满足确保工作 60min 时,假人皮肤外侧温度不超过 47℃,且超过 44℃ 的时间不超过 5min。对于同一层,由于温度是通过热传导作用逐渐升温直到达到一个热平衡稳定状态的,因此,我们只需使假人皮肤外侧(边界 5)在第 55min 时满足温度不超过 44℃,即可满足上述两个条件。

6.4.6 基于二分法搜索第 Ⅱ 层的最优厚度

由于第 Ⅱ 层的厚度有一个取值范围:$L \in [0.000\,6, 0.025]$,想要求解第 Ⅱ 层厚度的最优值,我们利用二分法,首先取 L 取值范围的中点值作为第一个判断值 L_1,借用问题一建立的模型,可以得到从第 Ⅰ 层到第 Ⅴ 层的每个空间步长的温度分布。

利用上述的约束条件进行判断。假人皮肤外侧(边界 5)在第 55min 时是否满足温度小于等于 44℃,如果满足,说明厚度在 $0.000\,6 \sim L_1$;如果不满足,则说明厚度在 $L_1 \sim 0.025$。选取厚度所在的区间,更新厚度的取值范围,重复上述步骤。根据建立的模型,对问题二的求解我们给出了如下的具体步骤。

1. 空间求解域的离散化

根据题目可得,从 Ⅰ 层到 Ⅴ 层的总厚度为 $(L+0.011\,7)$m,考虑到空气厚度为 5.5mm,为了便于最后结果的直观表达,我们选取空间步长 $\Delta x = 0.1$mm。在具体求解过程中,我们选取外界环境与第一层材料的交接点为坐标原点,第 Ⅰ 层到第 Ⅴ 层的空间离散坐标如表 6-3 所示。

表 6-3　空间离散

层级	第Ⅰ层	第Ⅱ层	第Ⅲ层	第Ⅳ层	第Ⅴ层
空间离散	6	$6+L/x$	$42+L/x$	$97+L/x$	$117+L/x$

2. 时间变量的离散化

根据前述，$t=5400\mathrm{s}$，选取时间步长 $\Delta t=0.0002\mathrm{s}$ 进行计算。

关于 c_p 和 ρ 的值的筛选步骤，得到最佳拟合曲线如图 6-5 所示。

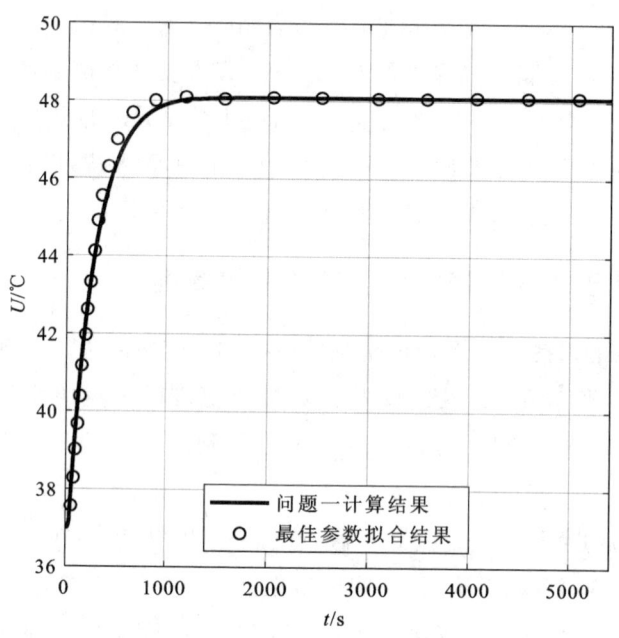

图 6-5　虚拟层最佳参数拟合曲线

此时，可以得到最佳的 c_p 和 ρ 值，表示为 $c_p\rho=1\,575\,621$。

对该拟合效果进行评估，我们得到：在此拟合状态下，假人皮肤外侧（边界 5）的最大温度误差为 0.523 6，这是可以接受的。因此，我们认为此拟合状态下的 c_p 和 ρ 值能表示最佳值。

根据以上求解步骤，运用 Matlab 软件编程求解。运行可得到如下结果：当环境温度为 65 ℃、Ⅳ层的厚度为 5.5mm、工作 60min 时，假人皮肤外侧温度不超过 47 ℃，且超过 44 ℃ 的时间不超过 5min，Ⅱ层的最优厚度为 19.0mm。

6.5 问题三的模型建立与求解

本问题在问题二的基础上减少Ⅳ层厚度条件的给定,要求确定Ⅱ与Ⅳ层最优厚度,使得满足最高温度不超过47℃,超过44℃的时间不超过5min。采用问题一与问题二所用到的显式差分进行搜索数据量过于庞大,程序运行速度过慢,各类搜索方式显然已经不合适。考虑到隐式差分可以提升程序的运行效率,本问题采用隐式差分法求解偏微分方程,并采用遗传算法[4],有效地减少搜索次数,降低搜索的复杂度,提高搜索智能程度。

6.5.1 目标函数的建立

本问题要求确定Ⅱ与Ⅳ层最优厚度,使得题目中所给的约束条件满足,要求最优厚度即Ⅱ层与Ⅳ层厚度达到最小值,以此建立如下目标函数:

$$\begin{cases} \min x_1 \\ \max x_2 \end{cases} \tag{6-19}$$

为了简化处理,将多目标约束修正为单目标约束

$$\min x_1 + x_2 \tag{6-20}$$

其中 x_1、x_2 分别代表第Ⅱ层厚度与第Ⅳ层厚度。

6.5.2 约束条件的建立

根据题意,此问题必须满足温度在44℃之上不大于5min、最高温度不超过47℃的约束条件。要求最优厚度即Ⅱ层与Ⅳ层厚度都达到最小值,以此建立如下约束条件:

$$\begin{cases} U_{i-1,j} < 44 \\ U_{\text{end},j} < 44 \\ 0.000\,6 \leqslant x_1 \leqslant 0.025 \\ 0.000\,6 \leqslant x_2 \leqslant 0.006\,4 \end{cases} \tag{6-21}$$

其中 $U_{i-1,j}$ 代表最后5min的前一时刻的温度值,$U_{\text{end},j}$ 代表在80℃热源下的最后时刻。

综上所述,该问题可以抽象为以下数学表达式:

$$\begin{cases} \min x_1 + x_2 \\ \text{s. t} \begin{cases} U_{i-1,j} < 44 \\ U_{\text{end},j} < 44 \\ 0.000\,6 \leqslant x_1 \leqslant 0.025 \\ 0.000\,6 \leqslant x_2 \leqslant 0.006\,4 \end{cases} \end{cases} \qquad (6\text{-}22)$$

6.5.3 模型的求解

根据上述算法步骤,得到解随迭代次数的变化如图 6-6、图 6-7 所示。

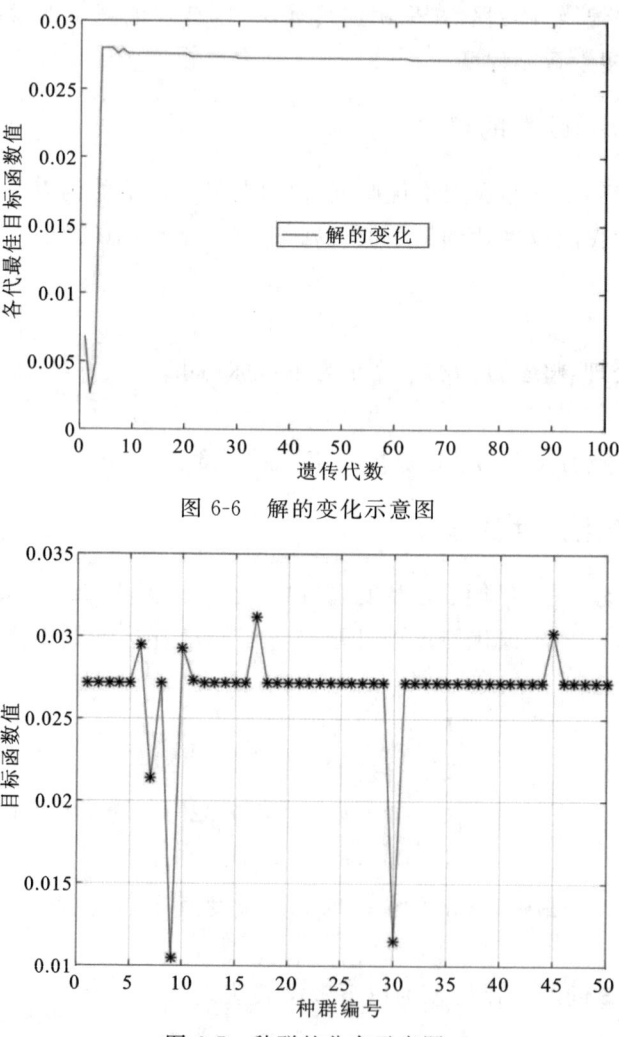

图 6-6 解的变化示意图

图 6-7 种群的分布示意图

最终结果取达到最大迭代次数出现频率最大的 x_1 与 x_2，结果为 $x_1=0.020\ 8$，$x_2=0.006\ 4$，即第 Ⅱ 层厚度为 0.020 8mm，第四层厚度为 0.006 4mm，此结果满足约束条件的最优解。

6.6 模型评价

6.6.1 模型的优点

(1) 利用差分代替微分的思维求解一维热传导微分方程模型，易于处理材料内界面处的边界条件。

(2) 通过查阅相关文献，考虑到空气层厚度小于 8mm 时可以忽略其热辐射和热对流的影响，只考虑热传导，使模型更为简化。

(3) 考虑到热传导率在层与层之间发生了变化，在此过渡位置通过查找文献来计算其最优的温度，得到的结果更加可靠。

(4) 利用傅里叶定律稳定传热时各个层梯度变化恒定，增加厚度为 2mm 的第 Ⅴ 层皮肤层，模拟求解第 Ⅴ 层的热传导率，进而求解满足要求的第 Ⅱ 层的最优厚度，思路新颖。

(5) 利用差分方法的隐式格式，以及遗传算法求解 Ⅱ 层和 Ⅳ 层的最优厚度，大大节约运算时间，全局收敛得到的结果验证的效果较好。

6.6.2 模型的缺点

(1) 问题一中，由于右边界为拟合的分段函数，拟合的效果会影响到最终得到的结果，而模型无法完全通过拟合函数反映原始数据，所以存在误差。

(2) 由于在添加 2mm 的皮肤层时，密度与比热容的乘积对求得的最佳厚度有影响，而此乘积是通过文献来寻找比较好的值的，所以取不同的乘积得到的结果误差将不同。

(3) 遗传算法稳定性较差，容易陷入局部最优解，可能导致最终得到的厚度与正确厚度有所偏差。

6.6.3 模型的改进方向

对于有限差分方法求解一维热传导偏微分方程,虽在一定程度上减少了求解困难,但其步长选取有不太合理的地方。可以进一步研究问题模型,以选取更合理的步长,以使求解结果与真实值更加接近。对于遗传算法求解第三问,不够稳定,可以进一步加大种群量,进一步加大迭代次数,并且调整相关参数,使得最终解收敛。

主要参考文献

[1] 潘启天.基于热湿耦合模型的三层多孔纺织材料参数决定反问题[D].杭州:浙江理工大学,2017.

[2] 徐建良,汤炳书.一维热传导方程的数值解[J].淮阴师范学院学报(自然科学版),2004(3):210-214.

[3] 史策.热传导方程有限差分法的 MATLAB 实现[J].咸阳师范学院学报,2009,24(4):27-29+36.

[4] 卢琳珍.多层热防护服装的热传递模型及参数最优决定[D].杭州:浙江理工大学,2018.

点 评

本赛题需要利用热传导方程来建立微分方程模型,并进行数值求解。为了简化求解的难度,可采用一维的热传导方程,而不必采用三维热传导方程。完整的模型必须包含边界条件。热传导方程通常有三类边界条件。赛题中皮肤处的温度或热流密度是未知的,因此不适合采用第一类或第二类边界条件,而应该使用第三类边界条件。并根据附件2的温度数据来反演确定边界条件中的热交换系数。另外也可以在皮肤处添加一层虚拟层,并使用第一类边界条件。这种方法的效果与第三类边界条件类似,也可以得到较为合理的结果。

赛题的一个难点是热传导方程的数值求解。最简单的方法是使用有限差分方法。有限差分方法可以分为显式格式和隐式格式。显式格式相对较简单,但需要满足稳定性条件。对于本题来说,稳定性条件要求时间步长非常小,这会导致计算量非常大,需要耗费大量的时间来计算到指定时刻。隐式格式虽然相对较复杂,需要建立线性方程组并进行求解,但由于稳定性较好,可以采用较大的时间步长来求解,从而大大减少求解的时间。在确定边界条件的热交换系数时需要多次运行程序,因此隐式格式更合适。

该论文的缺点是没有考虑对热交换系数进行检验。如果热交换系数的微小变化会引起结果的巨大变化,说明模型的适用性可能存在问题。

第 7 章　智能 RGV 的动态调度策略 (2018B)[①]

图 7-1 是一个智能加工系统的示意图,由 8 台计算机数控机床(computer number controller, CNC)、1 辆轨道式自动引导车(rail guide vehicle, RGV)、1 条 RGV 直线轨道、1 条上料传送带、1 条下料传送带等附属设备组成。RGV 是一种无人驾驶、能在固定轨道上自由运行的智能车。它根据指令能自动控制移动方向和距离,并自带一个机械手臂、两只机械手爪和物料清洗槽,能够完成上下料及清洗物料等作业任务(参见附件 1)。

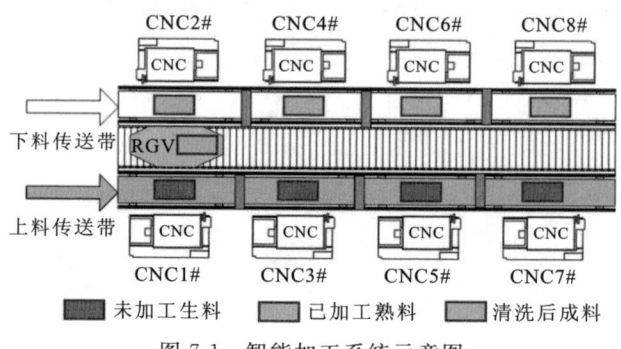

图 7-1　智能加工系统示意图

针对下面的 3 种具体情况:①一道工序的物料加工作业情况,每台 CNC 安装同样的刀具,物料可以在任一台 CNC 上加工完成;②两道工序的物料加工作业情况,每个物料的第一和第二道工序分别由两台不同的 CNC 依次加工完成;③CNC

---

① 本章由 2018 年获得全国大学生数学建模竞赛的一等奖的论文改写而成,建模竞赛小组成员是周泉、郑铠沅和赵赛赛,指导老师为向东进。

在加工过程中可能发生故障(据统计:故障的发生概率约为1‰)的情况,每次故障排除(人工处理,未完成的物料报废)时间介于10～20min,故障排除后即刻加入作业序列。要求分别考虑一道工序和两道工序的物料加工作业情况。请团队完成下列两项问题:

问题一:对一般问题进行研究,给出RGV动态调度模型和相应的求解算法;

问题二:利用表7-1中系统作业参数的3组数据分别检验模型的实用性和算法的有效性,给出RGV的调度策略和系统的作业效率,并将具体的结果分别填入附件2的Excel表中。

表7-1 智能加工系统作业参数的3组数据表　　　　　　　　　单位:s

系统作业参数	第1组	第2组	第3组
RGV移动1个单位所需时间	20	23	18
RGV移动2个单位所需时间	33	41	32
RGV移动3个单位所需时间	46	59	46
CNC加工完成一个一道工序的物料所需时间	560	580	545
CNC加工完成一个两道工序物料的第一道工序所需时间	400	280	455
CNC加工完成一个两道工序物料的第二道工序所需时间	378	500	182
RGV为CNC1#、CNC3#、CNC5#、CNC7#一次上下料所需时间	28	30	27
RGV为CNC2#、CNC4#、CNC6#、CNC8#一次上下料所需时间	31	35	32
RGV完成一个物料的清洗作业所需时间	25	30	25

注:每班次连续作业8小时。

附件1:智能加工系统的组成与作业流程。

附件2:模型验证结果的Excel表(完整电子表作为附件放在支撑材料中提交)。

由于篇幅有限,附件的完整内容可扫描前言处的二维码获取。

7.1 问题分析及思路概述

智能 RGV 动态调度问题是一个典型的优化问题。本赛题要求分别就 3 种具体情况完成两项研究任务。可以将任务分解为以下情形：①不考虑故障的一道和两道工序的物料加工作业的优化调度问题建模、求解以及模型有效性验证；②考虑故障的一道和两道工序的物料加工作业的优化调度问题建模、求解以及模型有效性验证。

为了能深入分析具体问题，建立合理的数学模型，建模小组成员最好查阅相关资料，了解智能 RGV 系统的工作原理和流程。

本赛题要求解决的问题中，不考虑故障的一道工序物料加工问题最为简单，基于图 7-1，直觉上我们觉得生产过程可视为机械的周期运动，关键是确定周期，也就是作业工时。可以采用多种方法求解优化模型，甚至穷举法也可以解决此问题。

不考虑故障的两道工序的物料加工优化问题与一道工序的物料加工问题的不同之处在哪里？显然要考虑 CNC 的分配问题，即第一道工序和第二道工序要分配给几台 CNC？这些 CNC 的分布位置如何？作业过程应该是先完成第一道工序，再完成第二道工序，然后清洗。相应地，模型和求解方法要比第一问复杂。

如果加工时，CNC 出现了故障，故障的概率为 1%，人工排除故障的时间为 $10\sim 20$ 分钟。哪台 CNC 会出现故障？什么时候会出现故障？故障排除准确时间是多少？这些都不确定，如何考虑不同情形下出现故障的影响是建立数学模型的关键。

数学建模的根本目的在于解决实际问题。本赛题任务二的核心是优化方案的实用性。如果方案不可行，谈算法的有效性毫无意义。对于可行的加工作业方案，自然是其生产效率越高，方案就越优。最优化目标要么是单位产能的用时最少，要么是单位时间里的产量最大。

7.2 模型建立准备

7.2.1 模型假设

(1) 假设机器故障是随机出现的，且工人能及时发现，并着手排除故障。

(2)假设在 RGV 到达 CNC 前,不能提前预知 CNC 上是否有需要进行下料处理的物料,但在到达 CNC 处后,不需要考虑该 CNC 是否需要下料处理,即其时间消耗。

(3)在两道工序作业中,假设 RGV 能检测是否携带第一道工序工件。

7.2.2 变量说明

表 7-1 变量说明

变量	说明
t_i	RGV 处理第 i 个空闲 CNC 的总耗费时间
t_s	RGV 从当前位置到达每一个待处理 CNC 处移动耗时
t_w	上、下料耗时
t_c	清洗耗时
t_x^i	CNCi#一次循环耗时
t_{s1}^i	RGV 从上一位置再次移动到该 CNC 处耗时
t_o	RGV 处理其他 7 台 CNC 的耗费时间
t_p	某台 CNC 完成一次加工所用时间
t_{s0}	RGV 移动到首台被上料 CNC 处的移动耗时
t_r	故障修复时间
t_{first}	完成一次第一道工序的总耗时
t_{second}	完成一次第二道工序的总耗时
x_1	加工第一道工序的 CNC 台数
x_2	加工第二道工序的 CNC 台数
Tol	一个班次内熟料产量
N	熟料单位产量
η	CNC 的生产效率
n_i	CNCi#在一个班次内的实际加工物料数
K	RGV 工作效率

7.3 问题一与问题二的模型建立

7.3.1 一道工序 RGV 调度模型

1. 无故障情况的一道工序 RGV 调度模型

1) 基于最短需求信号处理耗时的一道工序调度模型

只有一道工序的加工时,任意一台 CNC 都可加工物料。不考虑 CNC 出现故障的情况,若想要较高的生产效率,就要保证每一台 CNC 的空闲时间最短,最理想的情况:在任何时刻,任何一台 CNC 加工完毕向 RGV 发出指令后,RGV 都能够立刻对该台 CNC 进行下料、上料处理,即除了工作开始等待首次上料的时间外,每一台 CNC 都无其他空闲时间,但在现实中此种情况很难实现。

由所给附件 1 中的信息了解到,当 CNC 为空闲状态时,会向 RGV 发出需求信号,当 RVG 未接到 CNC 需求信号时,会在完成上一项任务的地方原地等待,直到再次接到需求命令,RGV 不具有预测某 CNC 在何时加工完毕的功能,只能根据已接收到的需求命令安排工作次序,不存在接收到唯一需求信号但仍在原地不动等待其他信号的情况存在。因此制定 RGV 调度规则:(1)当接收到一个需求信号时,立即前往发出信号的 CNC 处,以减少该 CNC 的等待空闲时间,到达后判断该 CNC 是否需要下料,若是则进行上料、下料、清洗工作,若否,则只进行上料工作;(2)当接收到多个需求信号时,根据题目所给的移动耗时信息,上、下料耗时信息,清洗耗时信息,依次计算 RGV 从当前位置到达每一个待处理 CNC 处移动耗时 t_s^i,上、下料耗时 t_w^i,清洗耗时 t_c^i。

首次工作不需要对 CNC 进行清洗处理,只需要机械手从上料传送带上取得生料,并将其放置在加工台上即可,没有移动机械手臂清洗已加工熟料的过程,由附件 1 中的智能加工系统作业流程信息可知,机械手在传送带与 CNC 间移动物料的时间远大于机械手旋转的时间,因此可以认为题目所给的表 7-1 中 CNC 完成一次上、下料的时间即为手臂移动到 CNC 的耗时。

判断第 i 个 CNC 是否需要下料,若需要,则 RGV 处理第 i 个空闲 CNC 的总耗费时间 t_i 为

$$t_i = t_s^i + t_w^i + t_c^i \tag{7-1}$$

若不需要下料，则 RGV 处理第 i 个空闲 CNC 的总耗费时间 t_i 为

$$t_i = t_s^i + t_w^i \tag{7-2}$$

要求 RGV 选择前往耗费时间最少[1-2]，即 $\min\{t_i\}$ 对应的 CNC 处进行上料、下料、清洗处理，原则上可保证所有空闲 CNC 的平均等待时间最短。

处理结束后重新对当前时刻接收到的需求信号进行判断，按照(1)、(2)步骤中的原则进行工作安排直到 8 小时班次工作结束。

本原则每次选择当前所有信号中最短耗时对应的 CNC 进行响应，即每次均做出当前状态下的最优响应，通过每一次的局部最优积累，来获得全局最优的效果，即得到对整个班次时长的最优安排。

2) 基于优先级干预的一道工序调度模型

对于一道工序的加工作业来说，每一台 CNC 的加工时间都相同。分析数据可知，3 组数据中 CNC 完成一次加工的耗时都远大于 RGV 移动耗时、上下料耗时以及清洗耗时，可以保证在 RGV 以某种顺序对 CNC1♯～CNC8♯ 依次处理后，第一个处理的 CNC 仍未工作完，在此情况下，如果想使每一台 CNC 的工作效率都尽可能高，RGV 以一定循环对 CNC1♯～CNC8♯ 依次处理，从而不会出现在连续的 8 次处理中某一台 CNC 被多次处理而某一台 CNC 未被处理过，即 8 次一循环。

对于 RGV 来说，认为其从给 CNCi ($i=1,2,3,4,5,6,7,8$)♯ 上料开始到再一次给该台 CNC 上料结束为一次循环，CNC 完成一次加工耗时为 t_p，上、下料耗时为 t_w，清洗耗时为 t_c，RGV 从上一位置再次移动到该 CNC 处耗时为 t_{s1}^i，则 CNCi♯ 一次循环耗时 t_x^i 为

$$t_x^i = t_{s1}^i + t_w + \max(t_p, t_o) \tag{7-3}$$

其中，t_o 为 RGV 处理其他 7 台 CNC 的耗费时间，若 RGV 分别移动到另外 7 台 CNC 处总耗时为 t_s，则 t_o 为

$$t_o = \begin{cases} 7t_w + t_s, & \text{首次循环} \\ 7t_w + 8t_c + t_s, & \text{非首次循环} \end{cases} \tag{7-4}$$

根据数据继续预实验可知，对于一道工序的加工作业，$t_p > t_o$ 一直成立，该式成立表示 RGV 在处理完一个循环的 CNC 后，总是需要在原地等待 CNC 完成加工后再次发出需求信号，因此一次循环耗时为

$$t_x^i = t_w + t_{s1}^i + t_p \tag{7-5}$$

一个班次为 8 小时，则在一个班次内，满足以下关系：

$$\begin{cases} 8 \times 3600 = nt_x^i + t_{s0} + at_x^i \\ a \in [0,1] \end{cases} \tag{7-6}$$

其中，$\sum_{1}^{n} t_x^i$ 为一个班次内完成的 n 次完整循环耗时，由于班次刚开始时，全部 CNC 都为空闲状态，因此在第一个循环开始前，会有一次 RGV 移动到首台被上料 CNC 处的移动耗时 t_{s0}，at_x^i 为一个班次内未完整完成的一次循环。

若想使一个班次内产量最多，就要使 RGV 工作循环次数最多，即尽量使单次循环耗时最少，t_w、t_p 为定值，因此只需尽量减少 RGV 从上一循环结束位置到下一循环起始位置的移动时间 t_{s1}^i 即可，但不能单纯地减少循环中 $t_{s1}^i (i=1,2,3\cdots,8)$ 的耗时，也不能使 t_o 中的 t_s 过大而出现 $t_p < t_o$ 的情况，要使每台 CNC 对应的 t_{s1}^i 都保持一种平衡状态，即每个 CNC 循环中 $t_{s1}^i (i=1,2,3\cdots,8)$ 的方差及均值皆较小。即

$$\text{Total(time)} = \sum_{i=1}^{8} t_x^i \tag{7-7}$$

Total(time) 为 8 台 CNC 对应循环时间之和，因为移动的顺序会导致循环时，RGV 会产生等待时间，故需要一种平衡状态才能使 Total(time) 为最小，即 t_{s1}^i 的均值和方差最小时能达到最优的状况[3-4]。根据分析，总结出较为优异的优先级干预调度原则如下：

降低某一台 CNC 的处理优先级，其他 CNC 优先级不变且相同[5]，当 RGV 同时接收到多个需求信号时，最后处理优先级别低的 CNC，通过降低合适位置的 CNC，使 RGV 在每个循环调度中，$t_{s1}^i (i=1,2,3\cdots,8)$ 均值不发生变化，但方差减小，即不改变一个循环中 RGV 的总移动步长，但是减少 3 个步长的出现次数，根据以上分析，可知如果降低 CNC3♯、CNC4♯、CNC5♯、CNC6♯ 中某一台的优先级，即可达到一种较优的效果，为了验证该分析，进行穷举实验，依次降低 CNC1♯～CNC8♯ 的处理优先级，得到产量情况如下表 7-3 所示。

表 7-3 CNC 优先级干预分析表

		进行优先级干预								无干预
		CNC1♯	CNC2♯	CNC3♯	CNC4♯	CNC5♯	CNC6♯	CNC7♯	CNC8♯	
第一组	总产量/个	359	357	**366**	364	365	365	357	357	357
	RGV 总等待时间/s	4180	4306	**3402**	3534	3487	3487	4315	4315	4315

续表 7-3

		进行优先级干预								无干预
		CNC1#	CNC2#	CNC3#	CNC4#	CNC5#	CNC6#	CNC7#	CNC8#	
第二组	总产量/个	339	339	**348**	345	347	347	338	338	338
	RGV 总等待时间/s	1878	2078	**966**	1176	1002	1002	1973	1973	1973
第三组	总产量/个	367	365	**376**	373	375	376	367	367	367
	RGV 总等待时间/s	3906	4039	**3169**	3330	3183	3183	3947	3947	3947

注:加粗数字表示 CNC3# 进行优先级干预效果最好。

由表 7-3 可看出,对 CNC3#、CNC4#、CNC5#、CNC6# 进行优先级干预得到的产量提高,且对 CNC3# 进行优先级干预得到的产量最高,因此选择降低 CNC3# 处理优先级。

2. 考虑故障情况的一道工序 RGV 调度模型

任何一台 CNC 在加工的全过程中,都可能发生故障,由题目可知故障的发生概率约为 1%,假设设备一旦发生故障,工作人员能立刻发现并将其排除,此时 CNC 上未完成的物料报废,由人工移除,人工排除故障耗时在 10~20min 之间,故障排除后,该 CNC 立刻加入工作序列,即刻向 RGV 发送需求信号。

故障的发生概率很低,且对于基于最短需求信号处理耗时和基于优先级干预的一道工序调度模型来说,当设备故障时,CNC 不会发出需求信号,相当于少了一台机器,RGV 依然依据最短耗时及优先级进行信号响应,不影响 RGV 对其他 CNC 的处理安排,CNC 恢复正常后会重新发送需求信号,RGV 对新需求信号的处理方式不变,因此设备故障只会减少一个工作班次内的产量,不会影响调度模型的适用性,认为上文中基于最短需求信号处理耗时和基于优先级干预的一道工序调度模型在可能发生故障的情况下均依然适用。

某台 CNC 完成一次加工所用时间为 t_p,设计 4 种不同模式的故障产生方式对该模型进行适用性检验:①认为任一台 CNC 在上料结束后立刻有 1% 的概率发生故障,其他时间不会发生故障;②认为任一台 CNC 在加工一半时有 1% 的概率发生故障,其他时间不会发生故障;③认为任一台 CNC 在加工即将结束时有 1% 的概率发生故障,其他时间不会发生故障;④认为任一台 CNC 在加工全过程的任意时刻有 1% 的概率发生故障。

若某 CNC 发生故障,则 4 种故障模式下的该 CNC 单次故障耗时分别为

$$t_a = t_s + t_w + t_r \tag{7-8}$$

$$t_b = t_s + t_w + \frac{1}{2}t_p + t_r \tag{7-9}$$

$$t_c = t_s + t_w + t_p + t_r \tag{7-10}$$

$$t_d = t_s + t_w + t_p * \mathrm{RAND}_1 + t_r \tag{7-11}$$

式中,t_s 为 RGV 到该故障 CNC 处的移动耗时;t_w 为上、下料耗时;RAND_1 为 [1, 100] 范围内的随机数;t_r 为故障修复时间。

$$t_r = \mathrm{RAND}_2 \tag{7-12}$$

RAND_2 为区间 [10, 20] 内的随机数。

则四种故障模式下,从上料开始到故障修复后再次发出需求信号的时间间隔为

$$\Delta t_a = t_w + t_r \tag{7-13}$$

$$\Delta t_b = t_w + \frac{1}{2}t_p + t_r \tag{7-14}$$

$$\Delta t_c = t_w + t_p + t_r \tag{7-15}$$

$$\Delta t_d = t_w + t_p * \mathrm{RAND}_1 + t_r \tag{7-16}$$

采用上文的一道工序调度原则对 RGV 进行调度安排,分别按照 4 种故障生成模式随机生成故障 CNC,再分别进行 1000 次模拟实验,计算 1000 次模拟实验中 8 小时班次内的平均生产数量,与不考虑故障情况下的生产量作对比。

7.3.2　两道工序 RGV 调度模型

1. 无故障情况的两道工序 RGV 调度模型

1) CNC 工序分配模型

两道工序的加工作业中,对物料进行第一道工序加工及第二道工序加工的刀具不同,且同一台 CNC 只能安装一种刀具,在加工的过程中,CNC 也不能更换刀具,因此在加工前,就要根据第一、第二道工序的耗时对 CNC 进行工序分工安排。

根据"智能加工系统作业参数表"中的数据可知，不同组一台 CNC 加工完第一、第二道工序的耗时相差很大，即三组数据可能对应三种不同零件的加工。第一组数据中 CNC 完成第一、第二道工序所用时间较接近，其余两组两道工序的加工耗时相差较大，第二组数据中 CNC 完成第一道工序所需时间更少，而第三组数据中 CNC 完成第二道工序所需时间更少，因此不能简单地均分 CNC 进行第一、第二道工序的加工安排。

在单位时间内，当完成第一道加工工序的物料数量等于完成第二道加工工序的物料数量时，CNC 的生产效率最高，即不存在加工某道工序的 CNC 安排过多的现象，可以在保证一个班次内生产熟料最多的情况下，最大程度地减少 CNC 空闲时间，根据该思想得到 CNC 加工工序安排原则如下。

设加工第一道工序的 CNC 有 x_1 台，完成一次第一道工序的总耗时为 t_f，完成第一道工序的标准为 RGV 对该台 CNC 上、下料处理完毕，加工第二道工序的 CNC 有 x_2 台，完成一次第二道工序的总耗时为 t_{se}，完成第二道工序的标准为 RGV 对该台 CNC 上料、下料、清洗完毕，则 x_1,x_2 满足如下关系：

$$\frac{x_1}{t_f} = \frac{x_2}{t_{se}} \tag{7-17}$$

$$x_1 + x_2 = 8 \tag{7-18}$$

完成一次第一道工序的总耗时 t_1 包括上、下料时间 t_w，一道工序加工时间 t_p^1 以及 RGV 的移动时间 t_s。完成一次第二道工序的总耗时 t_2，包括上、下料时间 t_w，二道工序加工时间 t_p^2，RGV 的移动时间 t_s 以及熟料清洗时间 t_c。

由于奇数标号 CNC 一次上、下料时间 t_w^1 与偶数标号 CNC 一次上、下料时间 t_w^2 不同，因此取平均上、下料时间进行计算，即

$$t_w = \frac{t_w^1 + t_w^2}{2} \tag{7-19}$$

实际情况不同，RGV 的移动距离不同，计算 RGV 平均移动距离的耗时作为其移动时间 t_s。智能加工系统中共有 4 个 RGV 停留位置，任意位置的 RGV 都只有 4 种移动情况：①移动 0 个单位；②移动 1 个单位；③移动 2 个单位；④移动 3 个单位。

计算得 RVG 在一个循环中平均每次的移动距离为 1.5 个单位。由表 7-1 中移动数据可看出，RGV 移动距离每增加一个单位，其耗时增量相同，根据物理规律可知，RGV 的运动方式为先加速至某一速度后，保持匀速移动，再减速至停止，且

在1个单位的移动时间内就可以完成加速至匀速、再减速至停止的过程,因此增加移动距离所增加的时间,均为匀速移动耗时。根据此规律及所给数据,可算出RGV移动1.5个单位的耗时为

$$t_s = t_s^1 + \frac{t_s^2 - t_s^1}{2} \tag{7-20}$$

式中,t_s^2 为RGV移动两个单位耗时;t_s^1 为RGV移动一个单位耗时。

则完成一次第一、第二道工序的总耗时为

$$t_f = t_s + t_w + t_p^1 \tag{7-21}$$

$$t_{se} = t_s + t_w + t_c + t_p^2 \tag{7-22}$$

按此原则可计算得到加工第一、第二道工序的CNC数目分配,接下来只需根据数目进行不同工序CNC的位置安排。共有8台CNC,因此采用穷举法即可快速准确地找到使生产量最大的位置安排。其中最优的位置结果可能有数个,从中选取最优的结果进行位置安排。

2) RGV调度安排模型

两道工序的加工中,RGV的调度思想与一道工序基本一致,但在响应需求信号前增加了工序判断步骤,优先处理加工第一道工序的CNC,且在卸下已完成一道工序的初加工物料后,必须前往二道工序CNC处进行后续工作,不允许RGV机械臂同时携带两个初加工物料,否则当二道工序CNC需要下料时,系统将无法运行,具体调度原则如下:

(1)当接收到一个需求信号时,立即前往发出信号的CNC处对其进行处理。

(2)当接收到多个需求信号时,判断发出信号的各个CNC加工工序,优先前往加工第一道工序的CNC处进行处理,对于多个同道工序的CNC,依次计算RGV从当前位置到达各个CNC处进行处理的总耗时 t_i。

计算得RGV从当前位置到达 i 号CNC处移动耗时 t_s^i,上、下料耗时 t_w^i,清洗耗时 t_c^i,则RGV处理第 i 个加工一道工序的空闲CNC总耗费时间 t_f^i 为

$$t_f^i = t_s^i + t_w^i \tag{7-23}$$

RGV处理第 i 个加工二道工序的空闲CNC总耗费时间 t_{se}^i 为

$$t_{se}^i = t_s^i + t_w^i + t_c^i \tag{7-24}$$

对于多个同道工序CNC,要求RGV选择前往耗费时间最少,即 $\min\{t_i\}$ 对应的CNC处进行处理。

(3)对一个一道工序CNC进行下料处理后,接下来只允许处理二道工序

CNC，即只响应二道工序 CNC 需求信号。

(4)二道工序 CNC 处理结束后重新对当前时刻接收到的需求信号进行判断，按照(1)、(2)、(3)步骤中的原则进行工作安排直到 8 小时班次工作结束。

2. 考虑故障情况的两道工序 RGV 调度模型

1)CNC 工序分配模型

每台 CNC 在每次加工时都有 1% 的概率发生故障，故障的发生概率很低，因此一个班次内的故障发生次数将会很少，所以我们认为即使考虑了故障情况，上文中提出的 CNC 工序安排模型依然适用。

2)RGV 调度安排模型

若某台 CNC 发生故障，在被修好前该 CNC 都不会发出需求信号，相当于在此段时间内减少了一台 CNC，此时虽然加工第一、第二道工序的 CNC 比例改变了，但根据上文提出的两道工序的 RGV 调度原则可知，减少 CNC 数量并不影响 RGV 的调度，只会影响一个班次内的产量。对于两道工序的 RGV 调度模型，认为考虑故障情况后，模型依然适用。

依然用上文 7.4.1 中验证单道工序的 4 种不同故障模式对该模型进行适用性检验，若某 CNC 发生故障，则 4 种故障模式下的该 CNC 单次故障耗时计算方法未改变，从上料开始到故障修复后再次发出需求信号的时间间隔也未改变。

根据两道工序调度原则对 RGV 进行调度安排，分别按照 4 种故障生成模式随机生成故障 CNC，再分别进行 1000 次模拟实验，计算 1000 次模拟实验中 8 小时班次内的平均生产数量，与不考虑故障情况下的生产量作对比。

7.3.3 RGV 调度模型的评价指标

对于工厂生产作业来说，大多数情况下，单位时间的产量越高，能获得的利润越高，资源利用率越高。对于加工设备来说，在固定长度的工作时间段内，其工作时间越长，空闲时间越短，相应的生产效率会越高。根据不同对象，我们选择 3 个指标对提出的一道工序、二道工序 RGV 调度模型的调度结果进行评价，这 3 个指标分别是熟料单位产量、CNC 平均生产效率、RGV 工作效率。

1. 熟料单位产量

对于本题，每一班连续作业时间为 8 个小时，根据 RGV 调度模型，对一个班次内的熟料生产量进行求解,对于不考虑故障情况的调度安排,其产量直接计算即可,对于考虑故障情况的调度安排,由于故障的发生时间、发生位置都具有随机性,因此需要进行大量实验,取进行 1000 次模拟调度实验的平均熟料产量作为该情况下的熟料产量。记一个班次内熟料产量为 Tol,则熟料单位产量 N 为

$$N = \frac{Tol}{8} \tag{7-25}$$

熟料的单位产量越大,表示一个班次内生产的熟料量越多,该调度安排越合理,调度模型越优越。

2. CNC 平均生产效率

在一个班次的时间内,任一台 CNC 的工作时间越长,生产出的熟料量越多,对于两道工序的加工作业来说,若任一台 CNC 的空闲时间都非常短,还可证明加工第一、第二道工序的 CNC 数目配比非常合适。已知 CNC 完成一次物料加工耗时为 t_p,RGV 进行一次上料处理耗时为 t_w,一个班次总时长为 t_b,即 $t_b = 8 \times 3600(\text{s})$,对于一道工序作业,CNC 的生产效率为

$$H = \frac{1}{8} \times \frac{\sum_1^8 n_i}{\frac{t_b}{t_w + t_p}} \tag{7-26}$$

其中,$\frac{t_b}{t_w + t_p}$ 为在一个班次内 CNC 能够加工完成的最多物料数,n_i 为 CNCi 号在一个班次内的实际加工物料数,不考虑故障时,可直接用调度模型求解实际产量;考虑故障时,由于故障发生位置、发生时间的随机性,取进行 1000 次实验的平均实际产量作为该情况下的实际产量。

对于两道工序的加工作业来说,若有 x_1 台加工第一道工序的 CNC,完成一次一道工序加工耗时为 t_p^f,有 x_2 台加工第二道工序的 CNC,完成一次二道工序加工耗时为 t_p^{se},x_1、x_2 均不为零,则第一道工序的 CNC 平均生产效率为

$$H_f = \frac{1}{x_1} \times \frac{\sum_1^{x_1} n_i}{\frac{t_b}{t_w + t_p^f}} \tag{7-27}$$

第二道工序 CNC 的平均生产效率为

$$H_{se} = \frac{1}{x_2} \times \frac{\sum_1^{x_2} n_i}{\frac{t_b}{t_w + t_p^{se}}} \tag{7-28}$$

两道工序加工作业的 CNC 平均生产效率为

$$H = \frac{H_{\text{first}} + H_{\text{se}}}{2} \tag{7-29}$$

CNC 的平均生产效率越高,即越接近 1,则证明该班次时间内 CNC 的空闲时间越短,相应一个班次的产量也越高,即此时的 RGV 调度安排越合理,调度模型越优越。对于两道工序作业,由于加工顺序的限制,一道工序 CNC 的平均生产效率与二道工序 CNC 的平均生产效率会互相影响,当二者皆较高时,可证明 CNC 的工序安排及 RGV 的调度模型均很合理。

3. RGV 工作效率

一个班次时间内,RGV 的工作时间越长,空闲时间越短,对应的产量越高,定义 RGV 工作效率 K 为

$$K = \frac{t_b - t_w}{t_b} \tag{7-30}$$

其中,t_b 为一个班次总工作时间,则 $t_b = 8 \times 3600 (\text{s})$,为 RGV 等待需求信号的时间。RGV 的工作效率越高,即越接近 1,则证明该班次 RGV 工作时间越长,则一个班次的产量也越高,即此时的 RGV 调度安排越合理,调度模型越优越。

7.4 问题一与问题二的求解

7.4.1 一道工序 RGV 调度模型求解过程及结果

1. 无故障情况一道工序 RGV 调度模型求解过程及结果

1)基于最短需求信号处理耗时的一道工序调度模型求解过程及结果

因三组数据的求解过程相同,所以以第一组数据为例,其具体求解过程如下:

加工开始时,RGV 初始位置位于 CNC 1# 和 CNC 2# 之间,8 台 CNC 均为空闲状态,这 8 台 CNC 同时向 RGV 发送需求信号,RGV 同时收到 8 个需求信号。由于是首次上料,因此用式(7-2)分别计算出 RGV 从当前位置到每一台待处理 CNC 处进行上、下料处理的耗时,结果如表 7-4 所示。

表 7-4 无故障一道工序 RGV 工时 　　　　　　　　　　　　单位：s

CNC 序号	1	2	3	4	5	6	7	8
t_s^i	0	0	20	20	33	33	46	46
t_w^i	28	31	28	31	28	31	28	31
t_i	28	31	48	51	61	64	74	77

由上表可知，$\min\{t_i\} = t_1 = 28s$，所以 RGV 选择首先处理 CNC1♯ 的需求，即原地不动，直接开始给 CNC1♯ 上料，CNC1♯ 上料开始的时刻记为第 0s。

RGV 给 CNC1♯ 上料结束后，用式（7-1）、（7-2）重新计算处理当前 CNC 空闲时刻的耗时，继续选择 $\min\{t_i\}$ 对应的 CNCi♯ 进行相应处理，分别记录处理相应 CNC 的上料开始时间及下料开始时间，由于 RGV 的上、下料过程为连续过程，因此某 CNC 的下料开始时间为后一个 CNC 的上料开始时间，重复此步骤直到 8 小时班次结束，按照题目要求将所得结果填入表格。最终得到的结果如表 7-5 所示，调度方式如图 7-2 所示。

表 7-5 基于最短需求的一道工序调度模型的求解结果

组号	产量/个	RGV 处理 CNC 顺序
①	357	N*{1,2,3,4,5,6,7,8}
②	338	N*{1,2,3,4,5,6,7,8}
③	367	N*{1,2,3,4,5,6,7,8}

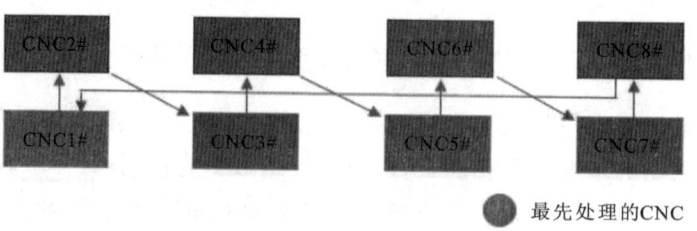

图 7-2 基于最短需求的一道工序调度方式

2）基于优先级干预的一道工序调度模型求解过程及结果

因 3 组数据的求解过程相同，所以以第一组数据为例，具体求解过程如下。

前文建模过程中已验证,降低 CNC3# 的处理优先级可使一班次内产量最高,所以降低 CNC3# 的优先级。接收到多个信号时,按处理耗时对空闲 CNC 排序,CNC3# 总是排在最后,选择处理耗时最短的 CNC。

加工开始时,RGV 首次选择 CNC1# 进行上料,记其上料开始时间为 0s。RGV 给 CNC1# 上料结束后,用式(7-1)、式(7-2)重新计算处理当前时刻空闲 CNC 的耗时,继续选择耗时最少的非 CNC3# 进行处理,直到只接收到 CNC3# 的一个需求信号时,响应 CNC3#,分别记录处理相应 CNC 的上料开始时间及下料开始时间,重复此步骤直到 8 小时班次结束,按照题目要求将所得结果填入表格。最终得到的结果如表 7-6 所示。

表 7-6 基于优先级干预的一道工序调度模型求解结果

组号	产量/个	RGV 处理 CNC 顺序
①	366	$N^* \{1,2,3,4,5,6,7,8\}$
②	348	$N^* \{1,2,3,4,5,6,7,8\}$
③	376	$N^* \{1,2,3,4,5,6,7,8\}$

2. 考虑故障情况的一道工序 RGV 调度模型求解过程及结果

因三组数据的求解过程相同,所以以第一组数据为例,其具体求解过程如下。

1)基于最短需求信号处理耗时的一道工序调度模型求解过程及结果

加工开始时,CNC 均未开始工作,无故障情况,求解过程及结果同上文不考虑故障的一道工序调度模型求解的过程及结果相同,所以 RGV 应选择首先处理 CNC1# 的需求,直接开始给 CNC1# 上料,上料开始的时刻记为第 0s。

每次给某 CNC 上料完成后,给出一个属于区间 [1,100] 的随机数,已知发生故障的概率为 1%,因此设定当随机数等于 1 时,认为该台 CNC 会发生故障。

当判断某台 CNC 会发生故障时,按照 4 种故障发生模式的条件分别计算相应模式下的调度安排及生产结果。

CNC 会在故障修好之后再次发出需求信号,用式(7-6)~式(7-9)可计算出 4 种模式下,从 CNC 上料开始到修好故障再次发出需求信号的时间间隔 Δt_a、Δt_b、Δt_c、Δt_d,在这段时间内,相当于该智能加工系统少了该故障 CNC,RGV 的动态调度依旧遵循 RGV 调度模型中提出的调度原则。重复上述步骤直到 8 小时班次结束。

分别对 4 种故障模式进行 1000 次模拟实验,计算 1000 次模拟实验一个班次的平均生产量。对于 3 组数据,每组数据在 4 种故障模式下 1000 次实验的平均生产量及未发生故障的生产量计算结果如表 7-7 所示。

表 7-7 考虑故障情况的一道工序调度模型求解结果

组号	上料后立刻故障平均生产量/个	加工一半时故障平均生产量/个	加工将结束时故障平均生产量/个	加工过程中任一时刻故障平均生产量/个	未发生故障生产量/个
1	342.82	341.46	340.51	341.61	344
2	321.35	320.28	319.27	320.17	323
3	351.31	349.58	348.56	349.78	252

由上表可知,在 4 种故障模式下,1000 次实验计算出的平均生产量相对未发生故障所能完成的生产量减少个数均小于 4 个,加工过程中任一时刻发生故障的平均生产量与加工一半时发生故障的平均生产量最接近,表明模型在 4 种故障情况下均适用,即故障对该调度模型的影响较小,模型较稳定。

使用 3 组数据,选择"加工过程中任一时刻均可能发生故障"的故障模式进行一次求解,计算出该情况下的详细调度安排及故障情况(表 7-8)。

表 7-8 随机故障模式情形的故障模拟结果

组号	生产量/个	故障时正在加工的物料序号	故障 CNC 编号	故障开始时间/s	故障结束时间/s
1	335	50	3	3952	4526
		150	1	12 184	13 519
		180	8	14 829	15 641
2	318	7	4	237	1834
		169	4	14 568	15 803
3	345	114	6	8960	9598
		232	8	18 553	19 855
		283	6	22 601	23 972
		311	7	24 898	26 079

2)基于优先级干预的一道工序调度模型求解过程及结果

加工开始时,无故障情况,RGV 首次选择 CNC1♯进行上料,记其上料开始时间为 0s。每次给某 CNC 上料完成后,判断是否发生故障及故障开始和持续时间,假设故障发生模式 4 在加工过程中任一时刻发生故障,求解 8 小时班次内 RGV 调度情况及生产情况,将结果填入 Excel 表格。

使用 3 组数据,选择"加工过程中任一时刻均可能发生故障"的故障模式,降低 CNC3♯的优先级,进行一次求解,计算得到的故障情况如表 7-9 所示。

表 7-9　随机故障模式下基于优先级干预的一道工序调度模型求解结果

组号	生产量/个	故障时正在加工的物料序号	故障 CNC 编号	故障开始时间/s	故障结束时间/s
1	359	87	4	6457	7506
		184	1	14 129	14 492
		311	5	24 249	24 970
2	339	64	5	4957	6005
		159	5	13 129	14 060
		296	4	24 380	25 171
3	370	294	5	24 186	24 683
		187	8	13 864	15 096
		275	5	20 592	21 407
		287	6	21 637	22 771
		361	1	27 250	28 029

7.4.2　两道工序 RGV 调度模型求解过程及结果

1. 无故障情况两道工序 RGV 调度模型求解过程及结果

因 3 组数据的求解过程相同,所以以第一组数据为例,其具体求解过程如下。
1)CNC 工序分配模型求解过程及结果

首先根据式 7-19 至 7-22 分别计算完成第一、第二道工序各需要的时间 t_{first}、t_{second},结果如表 7-10 所示。

表 7-10　无故障情况下完成两道工序所需时间

第一、第二道工序	t_s	t_w	t_c	t_p	$t_\text{总}$
工序一	26.5	29.5	0	400	456
工序二	26.5	29.5	25	378	459

根据式(7-17),式(7-18)计算用于第一、第二道工序的 CNC 台数 x_1、x_2,结果为 $x_1=x_2=4$。

用穷举法确定 CNC 的安排:在 CNC1♯、CNC3♯、CNC5♯、CNC7♯ 上进行第一道工序,在 CNC2♯、CNC4♯、CNC6♯、CNC8♯ 上进行第二道工序,如图 7-3 所示。

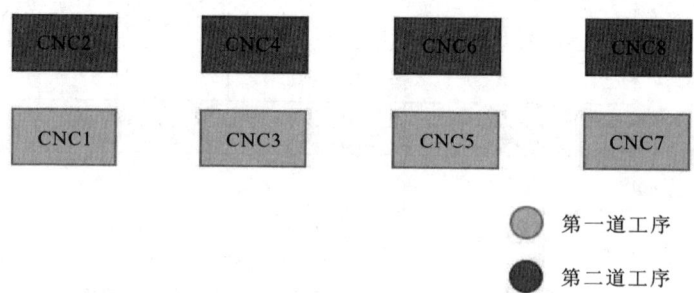

图 7-3　无故障情况下两道工序分配模型的工序安排

2) RGV 调度安排模型求解过程及结果

加工开始时,RGV 初始位置位于 CNC1♯ 和 CNC2♯ 之间,8 台 CNC 均为空闲状态,RGV 同时收到 8 个需求信号:4 个第一道工序需求信号、4 个第二道工序需求信号。

根据 RGV 调度原则,优先处理一道工序需求,根据式 7-21 计算 RGV 从当前位置到每一台进行第一道工序的 CNC 处并进行上下料处理的耗时,结果如表 7-11 所示。

表 7-11　无故障情况下 RGV 进行第一道工序上、下料处理的耗时　　单位：s

CNC 序号	1	3	5	7
t_s^i	0	20	33	46
t_w^i	28	28	28	28
t_{first}^i	28	48	61	74

由上表可知，$\min\{t_{first}^i\} = t_{first}^1 = 28s$，所以 RGV 选择处理 CNC1♯的需求，即原地不动，直接开始给 CNC1♯上料，CNC1♯上料开始的时刻为第 0s。

RGV 给 CNC1♯上料结束后，用式 7-21 重新计算处理当前时刻用于第一道工序的空闲 CNC 的耗时，继续选择 $\min\{t_{first}^i\}$ 对应的 CNC_i 进行相应处理，分别记录处理相应 CNC 的上料开始时间重复此步骤，直到处理完所有第一道工序的需求。

首次处理完所有一道工序 CNC 的需求信号后，RGV 根据调度原则前往当前处理耗时最少的二道工序 CNC 处，即 CNC8♯，此时 CNC8♯不需要下料，RGV 上也未携带完成一道工序的初加工物料，因此 RGV 在原地等待，如图 7-4，直到出现下一个加工完毕再次发出需求信号的一道工序 CNC，即 CNC1♯。

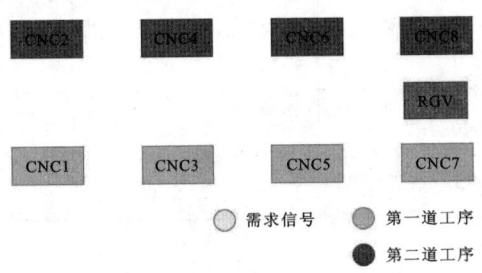

图 7-4　无故障情况下 RGV 第一道工序安排

CNC1♯发出信号后，RGV 处理其需求，如图 7-5，记录 CNC1♯的上料开始时间及下料开始时间。此时 RGV 携带着已完成第一道工序的初加工物料，该物料必须进行第二道工序，用式(7-22)依次计算出处理当前二道工序空闲 CNC 的耗时。选择将携带的初加工物料放置在 $\min\{t_{second}^i\}$ 对应的 CNC 上进行二道工序加工，记录上、下料时间。最终结果如表 7-12 所示。

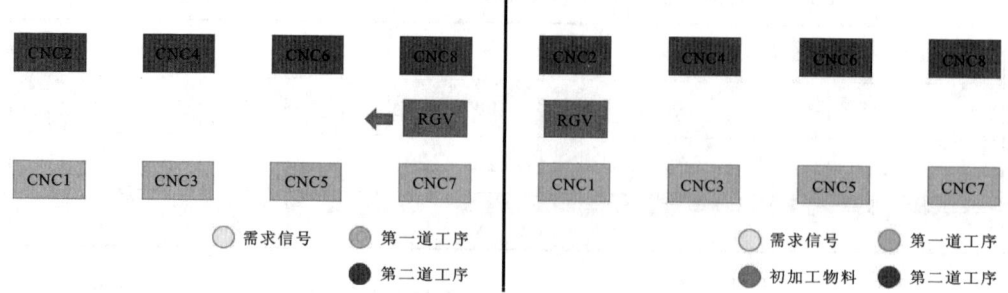

图 7-5 无故障情况下 RGV 第二道工序安排

表 7-12 无故障情况下 RGV 最优作业安排

组号	产量/个	第一道工序 CNC 编号	第二道工序 CNC 编号	RGV 处理 CNC 顺序
①	249	1#、3#、5#、7#	2#、4#、6#、8#	1#、2#、3#、4#、N*{1#、2#、3#、4#、5#、6#、7#、8#}
②	202	2#、3#、6#	1#、4#、5#、7#、8#	2#、3#、6#…4#、3#、N*{1#、2#、5#、6#、7#、3#、8#、6#、4#、3#}
③	241	2#、3#、6#、7#、8#	1#、4#、5#	2#、3#、6#、7#、8#、N*{2#、1#、3#、4#、6#、5#、7#、1#、8#、5#}

2. 考虑故障情况的两道工序 RGV 调度模型求解过程及结果

因 3 组数据的求解过程相似,所以以第一组数据为例,其具体求解过程如下。

1) CNC 工序分配模型求解过程及结果

首先计算加工第一、第二道工序的 CNC 数,由于认为我们提出的 CNC 工序安排模型在考虑故障情况时仍然适用,所以 CNC 的工序安排与上文不考虑故障的结果相同,即 CNC1#、CNC3#、CNC5#、CNC7# 上进行第一道工序的加工作业,CNC2#、CNC4#、CNC6#、CNC8# 进行第二道工序的加工作业。

2) RGV 调度安排模型求解过程及结果

加工开始时，RGV 初始位置位于 CNC1♯ 和 CNC2♯ 之间，8 台 CNC 均为空闲状态，RGV 同时收到 8 个需求信号：4 个第一道工序需求信号、4 个第二道工序需求信号。

根据 RGV 调度原则，优先处理一道工序需求，且当未对一道工序 CNC 进行下料、清洗工作时，接下来继续优先处理一道工序空闲 CNC。首次上料时，所有 CNC 均为空闲非故障状态，因此 RGV 要处理的首台 CNC 与不考虑故障情况的调度安排相同，即先处理 CNC1♯ 的需求，记 CNC1♯ 上料开始的时刻为第 0s。上料完成后，给出一个属于区间 [1,100] 的随机数，用于判断这台 CNC 在该次工作时间段内是否会发生故障，若随机数不等于 1 则认为本次加工过程 CNC 不会发生故障，该 CNC 继续工作；若随机数等于 1 则认为本次加工过程 CNC 会发生故障，则分别按 4 种故障发生模式计算最终调度安排、生产量及其他求解结果。

按照 RGV 调度原则，重复以上步骤，直到 8 小时班次结束。

分别对 4 种故障模式进行 1000 次模拟实验，计算 1000 次模拟实验一个班次的平均生产量。

最终结果为，对于 3 组数据，每组数据在 4 种故障模式下 1000 次实验的平均生产量及未发生故障的生产量计算结果如表 7-13 所示。

表 7-13 4 种故障模式下的产量数值模拟结果

组号	上料后立刻故障平均生产量/个	加工一半时故障平均生产量/个	加工将结束时故障平均生产量/个	加工过程中任一时刻故障平均生产量/个	未发生故障生产量/个
1	356.04	354.64	353.24	354.69	357
2	333.01	332.11	331.36	332.21	338
3	364.94	363.69	362.28	363.58	367

由表 7-13 可知，在 4 种故障模式下，1000 次实验计算出的平均生产量相对未发生故障所能完成的生产量减少个数均小于 7 个，认为故障对该调度安排影响不大，表明模型在 4 种故障情况下均适用，即故障对该调度模型的影响较小，模型较稳定。

使用 3 组数据，选择"加工过程中任一时刻均可能发生故障"的故障模式进行一次求解，计算得到的故障情况如下表 7-14。

表 7-14 故障发生时间随机情形下的产量数值模拟结果

组号	生产量/个	故障时的物料序号	故障 CNC 编号	故障开始时间/s	故障结束时间/s
1	354	24	2#	1677	2101
		160	7#	12 569	13 608
		286	3#	22 769	23 383
2	336	50	3#	4029	4773
3	354	19	7#	1301	2565
		20	2#	1341	2758
		45	5#	3498	4662
		88	7#	7108	7720

7.4.3 RGV 调度模型检验

分别用式 7-25,7-29,7-30 计算相应的熟料单位产量、CNC 工作效率、RGV 工作效率及其他参数,结果如下表 7-15 所示。

由表 7-15 中数据分析可得,对于单道工序作业来说,基于优先级干预的 RGV 调度模型进行的 RGV 调度安排,其 3 组数据熟料的单位产量均高于基于最短耗时模型的 RGV 调度安排,同时,优先级干预安排中,CNC 工作效率及 RGV 工作效率也更高。无故障单道工序安排得到的最高产量为 376 个。单道工序考虑故障后,故障对两种模型的影响均不大,基于优先级干预的 RGV 调度模型依然更优,平均最高产量为 368 个,比不考虑故障的最高产量略少。

对于两道工序作业来说,无故障时最高产量为 249 个。只有第二组、第三组的 CNC 工作效率略低,其他的 CNC 工作效率及 RGV 工作效率均较高。故障对两道工序的调度影响也不大,3 组数据平均最高产量为 242 个,这比未发生故障时略少几个。

本算法有效性较强,同时本模型比较简单,易于实现,且耗时较短,实用性也较强。

表 7-15 有无故障各种情形下模型结果对比

			组号	总产量/个	RGV耗时/s	CNC理想单位班次产量/个	熟料单位产量/个	CNC工作效率	RGV工作效率
单道工序	无故障	最短耗时	1	357.00	4 315.00	46.00	44.63	0.97	0.85
			2	338.00	1 973.00	44.00	42.25	0.96	0.93
			3	367.00	3 947.00	48.00	45.88	0.96	0.86
		优先级干预	1	366.00	3 402.00	46.00	45.75	0.99	0.88
			2	348.00	966.00	44.00	43.50	0.99	0.97
			3	376.00	3 169.00	48.00	47.00	0.98	0.89
	有故障(1000次平均)	最短耗时	1	354.00	3 461.00	46.00	44.25	0.96	0.88
			2	332.00	1 355.00	44.00	41.50	0.94	0.95
			3	363.00	3 118.00	48.00	45.38	0.95	0.89
		优先级干预	1	359.00	2 803.00	46.00	44.88	0.98	0.90
			2	334.00	854.00	44.00	41.75	0.95	0.97
			3	368.00	2 548.00	48.00	46.00	0.96	0.91
两道工序	无故障		1	249.00	772.00	33.00	31.13	0.94	0.97
			2	202.00	183.00	32.00	25.25	0.79	0.99
			3	241.00	248.00	39.00	30.13	0.77	0.99
	有故障		1	242.00	611.00	33.00	30.25	0.92	0.98
			2	197.00	187.00	32.00	24.63	0.77	0.99
			3	239.00	250.00	39.00	29.88	0.77	0.99
平均				312.89	1 897.89	42.22	39.11	0.92	0.93

7.5 模型评价

我们针对几种具体的加工情况设计了 RGV 的调度模型，制定了针对 CNC 和 RGV 的评价指标。模型可以给出一个较优的 RGV 调度策略。模型有以下优点。

(1) 采用降低某台 CNC 的优先级的方法提高生产量。减少 RGV 的一次循环时间，可增加产量，为了达到此目的，采用降低某台 CNC 优先级的方法，可使移动的步数控制为 1 步或 2 步，减少 RGV 在处理完一个循环后的等待时间，使 RGV 处理 8 台 CNC 的时间和第一台 CNC 工作的时间达到平衡，最终提高产量。

(2) 按 4 种故障发生的时间进行讨论，得出模型稳健性较好，且适用于 4 种故障模式的结论。故障发生的不同可能会影响后续 RGV 的调度，如故障发生于加工刚开始与故障发生于加工即将结束，RGV 的等待时间会不同，扰乱初始调度的程度可能不同。按 4 种故障时间分成 4 种故障模式进行讨论，与无故障的情况比较，可验证模式的稳健性。验证结果是 4 种故障模式下，产量的减小不明显，几乎与无故障一致，模型稳健性较好。

(3) 采用多种评价指标，全方位评价模型的实用性和算法的有效性。模型采用熟料单位产量、CNC 平均生产效率、RGV 工作效率 3 个指标。熟料单位产量可以衡量生产的速度，该值越大，生产的总产量越大。CNC 平均生产效率衡量 8 台 CNC 的平均利用率，该值越接近 1，8 台 CNC 的利用率越大，空闲时间越少。RGV 工作效率用来衡量 RGV 的利用率，该值越接近 1，RGV 等待的时间越少。经计算，模型的 3 个指标均较高，说明模型实用性好，算法有效性高。另外，无故障情况下，RGV 调度安排是一个简单的循环，即从 1♯ 到 8♯ 顺次循环，设置该调度操作十分方便简易。

但是，模型还存在一些不足，模型求取局部最优解以期求取全局最优解，可能得到的结果不是真正的最优解，但是可以满足正常的生产需要。

模型还可以进行以下推广。

(1) 如果给 RGV 加上传感器，使之可以预知各 CNC 的工作状态和工作完成的时间，并能接收到故障和修复的信号。如此，RGV 可根据 CNC 的工作状态，提前到达即将完成的 CNC 处等待，将大大减小 RGV 和 CNC 的空闲时间，增大产量。

(2) 如果 RGV 的轨道为环状，可将模型中的移动步数减少，以减小移动时间，进而减小 CNC 的空闲时间,增大产量。

主要参考文献

[1] 聂峰,程珩. 多功能穿梭车优化调度研究[J]. 物流技术,2008(10):251-253.

[2] 向旺,吴双,张可义,等. 基于排队论的环形穿梭车系统运行参数分析[J]. 制造业自动化,2018,40(6):151-153.

[3] 江唯,何非,童一飞,等. 基于混合算法的环形轨道 RGV 系统调度优化研究[J]. 计算机工程与应用,2016,52(22):242-247.

[4] 罗键,吴长庆,李波,等. 基于改进量子微粒群的轨道导引小车系统建模与优化[J]. 计算机集成制造系统,2011,17(2):321-328.

[5] 陈华. 基于分区法的 2-RGV 调度问题的模型和算法[J]. 工业工程与管理,2014,19(6):70-77.

点 评

本赛题有 3 个具体问题,分别为最简单的一道工序加工,较为复杂的两道工序加工和考虑故障的一道和两道工序的 3 种情况,研究 RGV 动态调度策略,建立数学模型,利用合适的算法进行求解。

全国大学生数学建模赛题都是来自现实世界各个领域的实际问题,有些具体问题没有成熟的解决方法,需要大家深入思考,给出有效的解决问题的方法。对于大多数参赛学生而言,赛题的背景往往与他们所学的专业无关,要想提交高质量的建模论文,首先得熟悉赛题的背景,也就是了解 RGV 的工作原理和流程,知道赛题每个问题中工艺的关键所在,从本赛题的建模可以看出,参赛队员无疑是熟悉这些原理和流程的。

本赛题建模最大的优点是思路非常清晰,在深入分析赛题中每个具体问题之后,针对每个问题的关键,比如,对于不考虑故障的一道工序优化调度问题,本建模给出了基于局部用时最少的调度原则达到整体效率最高的目标,然后建立相应数学模型进行求解。接着又给出了基于优先干预原则的数学模型,可以得到更优的结果。

　　本赛题建模的每个问题简洁实用。数学模型并非越复杂就越高级、越有用。相反地,只要能很好地解决实际问题,越简单的数学模型更受称道。针对本次赛题的 3 个问题,本模型都很容易理解,数学表示形式很简洁,非常好地刻画了问题,求解过程也不复杂。选择熟料单位产量、CNC 平均生产效率、RGV 工作效率 3 个指标评价调度模型非常合适,求解结果比较可靠。

　　建模语言朴实简洁,可读性很好,读者很容易理解参赛队员的想法,这一点也值得数学建模竞赛参赛队员学习。

第 8 章　高压油管的压力控制(2019A)[①]

燃油进入和喷出高压油管是许多燃油发动机工作的基础,图 8-1 给出了某高压燃油系统的工作原理,燃油经过高压油泵从供油入口 A 处进入高压油管,再由喷油嘴 B 处喷出。燃油进入和喷出的间歇性工作过程会导致高压油管内压力的变化,使得所喷出的燃油量出现偏差,从而影响发动机的工作效率。

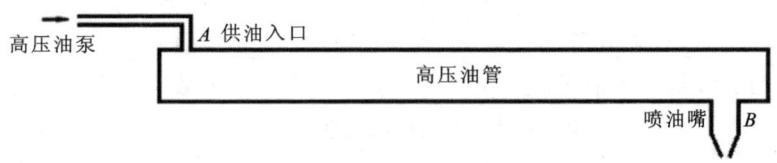

图 8-1　高压油管示意图

问题一:某型号高压油管的内腔长度为 500mm,内直径为 10mm,供油入口 A 处小孔的直径为 1.4mm,通过单向阀开关控制供油时间的长短,单向阀每打开一次后就要关闭 10ms。喷油器每秒工作 10 次,每次工作时喷油时间为 2.4ms,喷油器工作时从喷油嘴 B 处向外喷油的速率如图 8-2 所示。高压油泵在供油入口 A 处提供的压力恒为 160MPa,高压油管内的初始压力为 100MPa。如果要将高压油管内的压力尽可能稳定在 100MPa 左右,如何设置单向阀每次开启的时长?如果要将高压油管内的压力从 100MPa 增加到 150MPa,且分别经过约 2s、5s 和 10s 的调整过程后稳定在 150MPa,单向阀开启的时长应如何调整?

问题二:在实际工作过程中,供油入口 A 处的燃油来自高压油泵的柱塞腔出口,喷油由喷油嘴的针阀控制。高压油泵柱塞的压油过程如图 8-3 所示,凸轮驱动柱塞上下运动,凸轮边缘曲线与角度的关系见附件 1:凸轮边缘曲线。柱塞向上运动时压缩柱塞腔内的燃油,当柱塞腔内的压力大于高压油管内的压力时,柱塞腔与

[①]　本章由 2019 年获得全国大学生数学建模竞赛的二等奖的论文改写而成,建模竞赛小组成员是韩德琪、李洋、何宇,指导老师为王元媛。

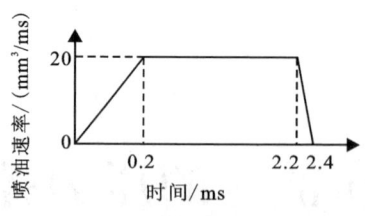

图 8-2 喷油速率示意图

高压油管连接的单向阀开启,燃油进入高压油管内。柱塞腔内直径为 5mm,柱塞运动到上止点位置时,柱塞腔残余容积为 20mm³。柱塞运动到下止点位置时,低压燃油会充满柱塞腔(包括残余容积),低压燃油的压力为 0.5MPa。喷油器喷油嘴结构如图 8-4 所示,针阀直径为 2.5mm、密封座是半角为 9°的圆锥,最下端喷孔的直径为 1.4mm。针阀升程为 0 时,针阀关闭;针阀升程大于 0 时,针阀开启,燃油向喷孔流动,通过喷孔喷出。在一个喷油周期内针阀升程与时间的关系由附件 2:针阀运动曲线给出。在问题一中给出的喷油器工作次数、高压油管尺寸和初始压力下,确定凸轮的角速度,使得高压油管内的压力尽量稳定在 100MPa 左右。

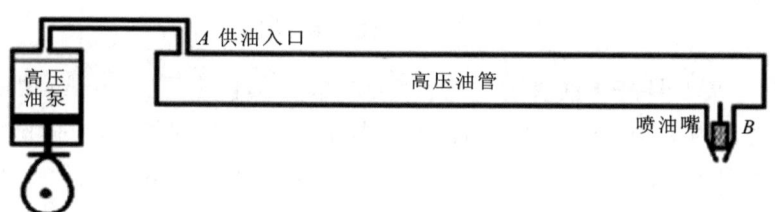

图 8-3 高压油管实际工作过程示意图

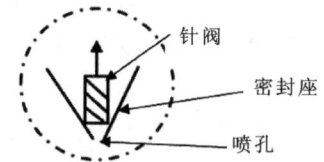

图 8-4 喷油器喷油嘴放大后的示意图

问题三:在问题二的基础上,再增加一个喷油嘴,每个喷油嘴喷油规律相同,喷油和供油策略应如何调整? 为了更有效地控制高压油管的压力,现计划在图 8-5 中 D 处安装一个单向减压阀。单向减压阀出口是直径为 1.4mm 的圆,打开后高压油管内的燃油可以在压力下回流到外部低压油路中,从而使得高压油管内燃油的压力减小。请给出高压油泵和减压阀的控制方案。

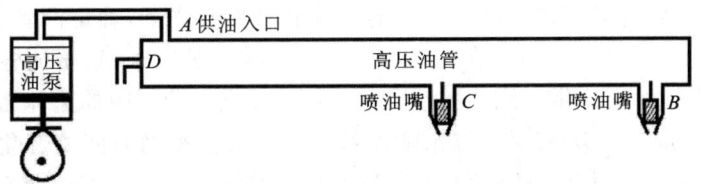

图 8-5 具有减压阀和两个喷油嘴时高压油管示意图

附件 1:凸轮边缘曲线。
附件 2:针阀运动曲线。
附件 3:弹性模量与压力。
由于篇幅有限,附件的完整内容可扫描前言处的二维码获取。

8.1 问题分析及思路概述

问题一给出了供油的高压油管的相关参数,对于高压油管的输入输出形式进行了说明,提出在高压油管内初始压强为 100MPa,且尽量维持压强稳定的情况下进行供油。在给定了压强差等数据的基础上,高压油管供油是通过设置单向阀的开启时长来决定输入的油量,为保持高压油管内压强的稳定,输入油量取决于输出的量。利用进出油量质量守恒定律,结合燃油密度与压强的关系,给出关于燃油密度、压强与时间的微分方程。由于问题中的供油方式和喷油嘴出油方式已经给出,即边界条件已知,故方程可解。对于第一小问,为找到合适的单向阀开启时间,在实际求解时可采用遍历法,选取适当步长求出在不同单向阀开始时间下高压管内流体压强随时间的变化情况,利用最小二乘法,计算差值最小的情况,此时的解即为近似最优解。对于第二小问,油管中压力变化可分为两个阶段,第一阶段为高压油管增压阶段,第二阶段为高压油管的压强稳定阶段,两个阶段下对单项阀设置不同的开启时间。对于增压阶段,设置高压油管压强达到 150MPa 的标准,求出最接近目标增压时间下的单向阀开启时间。

问题二在问题一的基础上给出了喷油嘴 B 的具体结构,由图 8-4 可知喷油嘴由喷油嘴的针阀控制喷油。高压油泵中凸轮驱动柱塞上下运动,由附件 1:凸轮边缘曲线可知凸轮边缘曲线与角度的关系,油泵通过压缩燃油体积增大压强,当压强大于高压油管内压强时,燃油通过单向阀进入高压油管开始供油。除此之外,图 8-3 给出了喷油嘴的结构图。在喷油嘴工作时,针阀向上运动,燃油喷出。问题二要求在问题一所给出的喷油器工作的次数、高压油管的尺寸和初始压强下,确定凸轮的角速度,使得高压油管内的压力尽量稳定在 100MPa 左右。在问题二中,高压油管中的进出燃油关系不再直接给出。供油侧的关系需要通过建立高压油泵中的流体密度随时间变化的函数来计算,喷油嘴需要计算出喷油嘴处的有效面积随时间的变化函数。对于高压油泵,首先需要拟合凸轮极角和极径的关系,并求出凸轮在直角坐标系下的边缘曲线表示方式。根据凸轮转动的角速度和边缘曲线关系,找出在凸轮转动时,柱塞腔中体积随时间的变化方式。对于喷油嘴需要拟合出针阀的升程随时间的变化函数,根据密封座的偏角和针阀的升程随时间的变化函数建立出喷油口处的有效口径面积变化规律。根据以上关系和质量守恒方程建立出整个高压油管的燃油密度压力参数方程。为使燃油压力稳定,可建立以一段时间内进油质量和出油质量的差值最小作为目标函数,保证压力稳定在 100MPa 的微分方程。

问题三在问题二的基础上再增加一个喷油嘴,新增喷油嘴与初始喷油嘴工作规律相同,另外再安装一个控制高压油管内压力的单向减压阀,使得高压油管的燃油在压力过高时流到外部低压油路中,从而给高压油管降压。综合上述内容给出一个控制高压油泵和减压阀的控制方案。所以可考虑在图 8-5 所示 B、C 两处喷油嘴交替进行工作的情况下,定时调节减压阀,通过控制供油入口 A 处的高压油泵输油速度来给出一个相对优化的方案。

8.2 模型建立准备

8.2.1 基本假设

(1) 假设在问题中喷油器 B 的阀门开启和关闭都是固定过程;
(2) 假设高压油管内压强能瞬间平衡,处处相等;
(3) 假设凸轮转速不受高压油泵反作用力影响;
(4) 假设针阀运动曲线不受内部压强、液体流速影响,为一固定过程。

8.2.2 基本符号说明

q_1 与 q_2 分别表示燃油输入量与燃油输出量;ω 为凸轮转动角速度;其余部分符号的含义在使用时具体给出。

8.3 问题一的模型建立与求解

8.3.1 数据预处理

由于本赛题所给的数据量较大且书中涉及到的许多物理量之间存在一定的函数关系,故在建立模型前对数据进行预处理。下面根据题目所给的附件找出下文将要用到的变量之间的关系。

1. 弹性模量与压力关系

赛题给出了燃油的弹性模量与压力对应值,此处可利用部分点集拟合得到的函数图像去推导全局所代表的函数,最终绘出图 8-6。

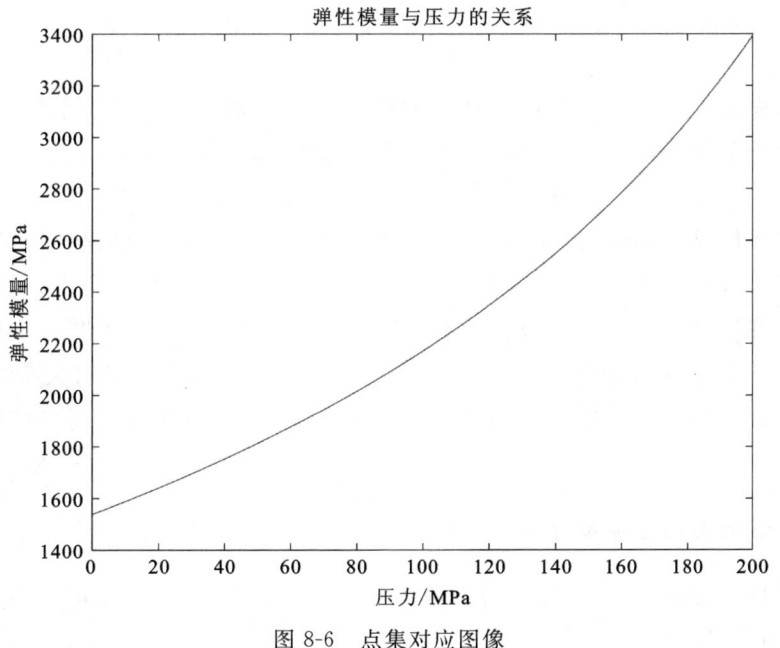

图 8-6 点集对应图像

从图中可以看出,这两个变量之间存在函数关系,为了求解变量之间的关系,分析以上图像代表的可能的函数范围以及考虑到这两个变量的物理意义,本赛题分别尝试采用最高次数为二次和三次的多项式函数进行拟合。

使用二次多项式 $y = a_1 x^2 + a_2 x + a_3$ 进行拟合所得方程为 $y = 0.0289 x^2 + 3.0765 x + 1572$，拟合的确定系数 R 为 0.9991，见图 8-7。

使用三次多项式 $y = a_1 x^3 + a_2 x^2 + a_3 x + a_4$ 进行拟合所得方程为 $y = 0.0001 x^3 - 0.0011 x^2 + 5.474 x + 1532$，拟合的确定系数 R 为 1，见图 8-8。

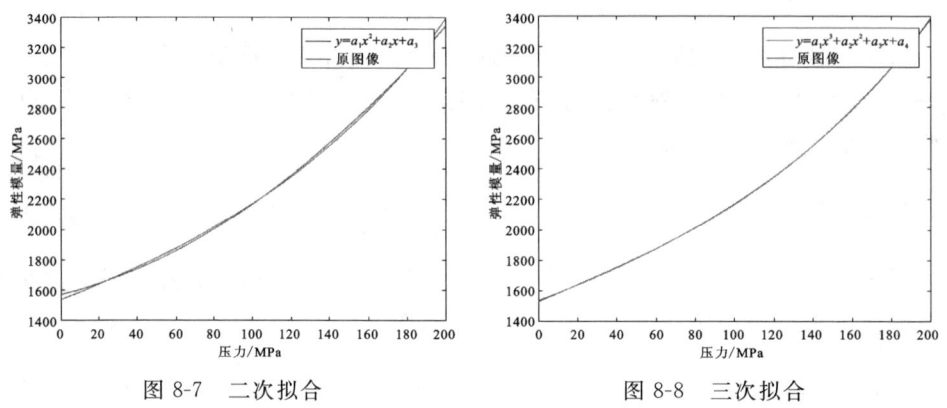

图 8-7　二次拟合　　　　　　　　图 8-8　三次拟合

比较图 8-7 与图 8-8 可知，三次函数拟合得到的结果明显好了很多，所以采用三次拟合函数作为标准，弹性模量与压力之间的关系式为

$$y = 0.0001 x^3 - 0.0011 x^2 + 5.474 x + 1532 \tag{8-1}$$

供油系统是实际问题，在整个函数图像内有实际意义的可能是中间的一部分。但是得到全局的函数拟合结果，对于燃油供油运转规律的研究具有很大的帮助。

由于在问题二中用三次拟合计算的结果误差较大，所以在问题二中使用三次样条插值的方法找出函数关系，且所得误差小于三次拟合，适合在复杂情况下使用。三次样条插值的图像结果如图 8-9 所示，在问题二中使用上述方法能得到更优解。

2. 凸轮外缘与运动情况

以附件 1：凸轮边缘曲线所给极角为横轴，极径为纵轴作图，并用小线段连接相邻点，得图 8-10。

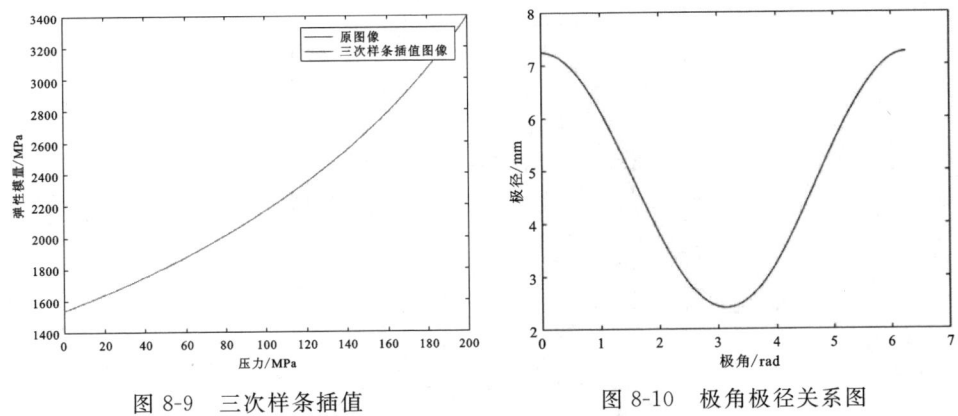

图 8-9 三次样条插值　　　　图 8-10 极角极径关系图

由于凸轮转动时极径长度的变化率直接影响了柱塞运动快慢,为了计算符合要求的角速度,需要首先算出柱塞的运动速度,因此需先求出凸轮极径随时间变化的关系。下面根据凸轮边缘信息去拟合极角与极径之间的关系式。通过观察图 8-10 可以推测出凸轮极径与极角之间存在三角函数的关系,因此考虑用三角函数去拟合曲线。设它们满足的关系式为

$$R = a_1 \sin(x) + a_2 \cos(x) + a_3 \tag{8-2}$$

用最小二乘法拟合得到的结果为

$$R = -0.000\,002\,67\sin(x) + 2.41\cos(x) + 4.83 \tag{8-3}$$

拟合的确定系数 R 为 1。根据式(8-3)可看出正弦项对极径的影响极小,因此为了简化计算将表达式取为 $R = 2.41\cos(x) + 4.83$。拟合的图像与实测数据的比较结果为图 8-11,根据极角和极径算出凸轮的形状图为图 8-12。

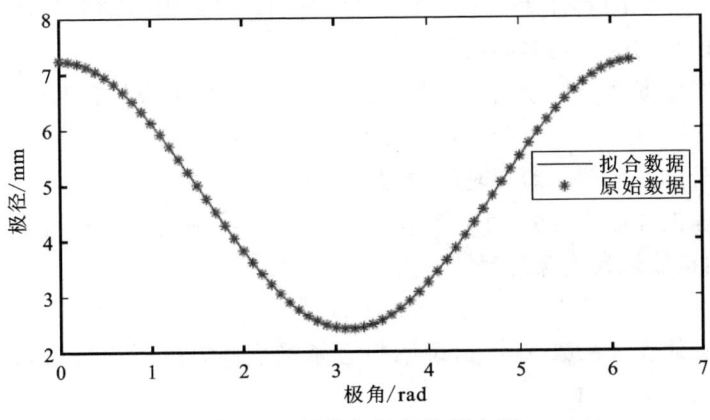

图 8-11 极角与极径的拟合图

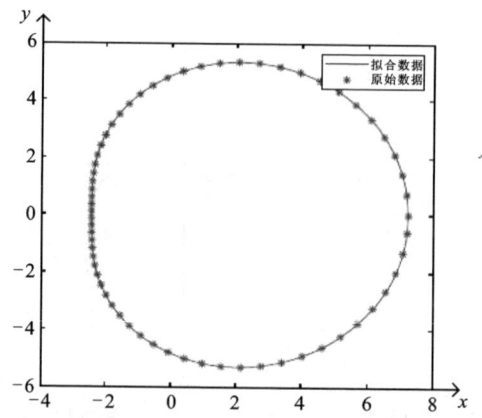

图 8-12　直角坐标系下凸轮边缘形状图(单位:mm)

现设凸轮转动的角速度为 ω,则经过时间 t 后转过的角度 $\theta = \omega t$,则单位时间内极径的改变量等于柱塞运动速度

$$v = \frac{\mathrm{d}R}{\mathrm{d}t} = -2.41\omega\cos(\omega t + \theta_0) \tag{8-4}$$

3. 针阀运动情况

根据附件 2:针阀运动曲线中针阀的上升距离与时间的数据表可知,在 0~0.44ms 这段时间内,针阀逐渐向上移动;在 0.45~2ms 这段时间内,针阀保持不动;在 2.01~2.45ms 这段时间内,针阀逐渐下降至底端;在 2.46~100ms 这段时间内针阀停留在底端。现在考虑喷油器喷油嘴端燃油喷出的速率,根据命题中所给的公式,喷油口处的速率与喷油口的面积和两端的压强差有关,因此需要找出喷油口径的面积变化的具体表达式。首先根据附件 2:针阀运动曲线所给数据作出针阀上升阶段移动距离与时间的关系图。

考虑到图像形状类似于指数函数,因此用指数函数拟合得到的结果为

$$h_1(t) = 2.016\mathrm{e}^{-(\frac{t-0.455}{0.1661})^2} \tag{8-5}$$

针阀上升阶段移动距离与时间的拟合图见图 8-13 所示。

上述方程拟合得到的 R-确定系数为 1,表示其精确度高。再考虑针阀下降过程,同样利用指数函数拟合得到结果为

$$h_2(t) = 2.017\mathrm{e}^{-(\frac{t-1.994}{0.1661})^2} \tag{8-6}$$

拟合得到的确定系数 R 为 1,说明拟合精确度高。针阀下降阶段移动距离与时间的拟合图见图 8-14。

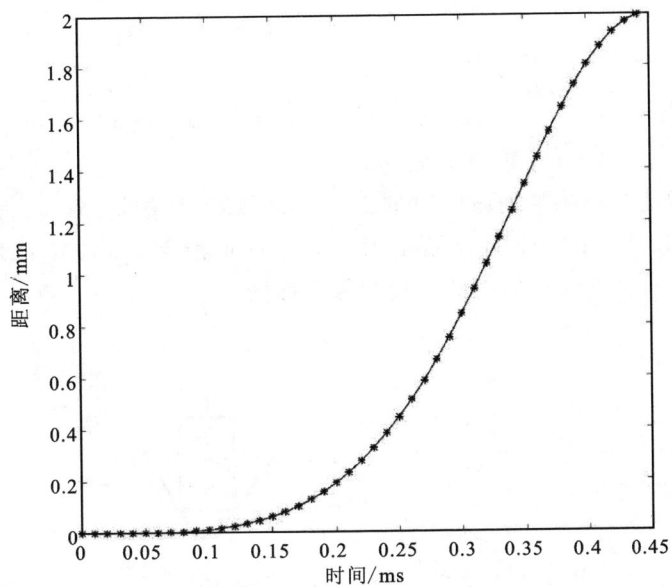

图 8-13　针阀上升阶段移动距离与时间的拟合图(※点为原始数据)

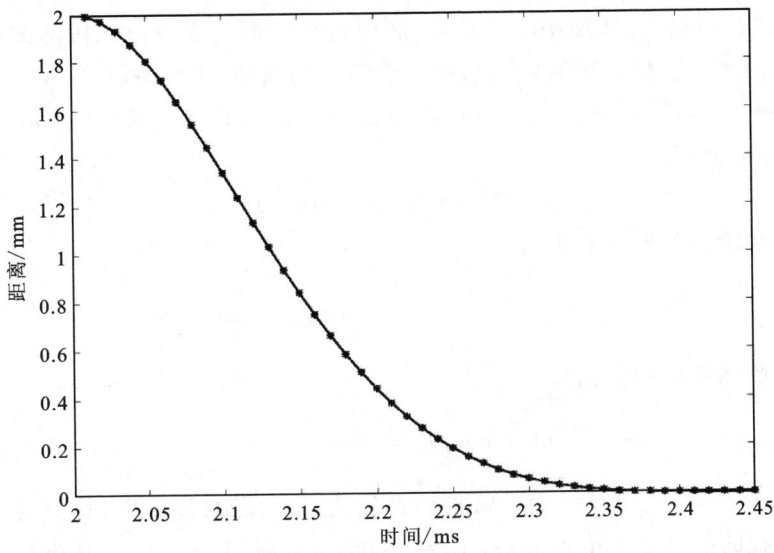

图 8-14　针阀下降阶段移动距离与时间的拟合图(※点为原始数据)

那么针阀的高度函数表示为

$$h(t) = \begin{cases} 2.016e^{-(\frac{t-0.455}{0.1661})^2}, t \in [0,0.45] \\ 2, t \in [0.45,2] \\ 2.017e^{-(\frac{t-1.994}{0.1661})^2}, t \in [2,2.46] \\ 0, t \in [2.46,100] \end{cases} \quad (8-7)$$

针阀的运动会影响喷油段的喷油面积，从而影响燃油流量。当针阀在最低端时，喷油的面积为 0；当针阀开始上升时，喷油面积逐渐增加，且形状为环形，图 8-15、图 8-16 分别为喷油端的俯视图和截面图。

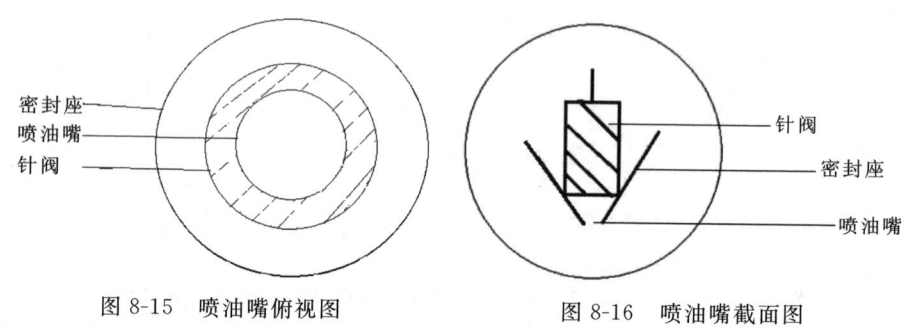

图 8-15　喷油嘴俯视图　　　　图 8-16　喷油嘴截面图

设 R 表示以针阀底面中心为圆心，底面所在平面与密封座截得的圆的半径；r 表示针阀的半径。那么喷油的面积相当于环形的面积：$S = \pi(R^2 - r^2)$。由于密封座是一个圆锥，因此可以通过三角函数关系求出圆环的宽度：$l = h(t)\tan\theta$，综合上述，环形面积为

$$S = \pi(h^2(t)\tan^2\theta + 2rh(t)\tan\theta) \quad (8-8)$$

则燃油流出的等效面积为

$$S_1 = \begin{cases} S, S > S_{喷孔} \\ S_{喷孔} \end{cases}, S_{喷孔} = \pi r^2 \quad (8-9)$$

那么燃油喷出的流速为

$$Q = CS_1\sqrt{\frac{2(P_{油管} - P_{外界})}{\rho_{油管}}} \quad (8-10)$$

式(8-10)为进入高压油管的流量计算公式，由命题直接给出，其中 Q 为单位时间流过小孔的燃油量（mm^3/ms），$C = 0.85$ 为流量系数，$P_{油管}$ 为油管内部压力（MPa），$P_{外界}$ 为油管外部压力（MPa），$\rho_{油管}$ 为高压侧（即高压油管内）燃油的密度（mg/mm^3）。

8.3.2 问题一模型建立

此处高压油泵单向阀关闭时间为 10ms。为使得高压油管内压力不变,供油入口 A 处进油量与供油出口 B 处喷油嘴出油量达到一个动态平衡,其相互影响如图 8-17 所示。

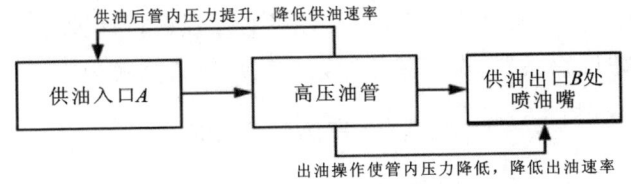

图 8-17 进出油动态平衡关系

由图 8-17 可知,在考虑管内油量进出过程中,需将各变量(如密度、压强等)的相互影响关系包含在微分方程中。在确认其变化过程后,再进行公式推导及问题求解[1][2][3]。下面首先确定高压管内燃油进出量,其表达式如下:

供油入口 A 处的进油过程为

$$Q_1 = CA\sqrt{\frac{2(P_外 - P(t))}{\rho_外}} = \frac{dV_1}{dt} \tag{8-11}$$

供油出口 B 处喷油嘴出油过程为

$$Q_2 = CA\sqrt{\frac{2(P(t) - P_{外界})}{\rho_P}} = \frac{dV_2}{dt} \tag{8-12}$$

由命题可知,燃油的压力变化量与密度变化量成正比,比例系数为 $\dfrac{E}{\rho}$,其中 ρ 为燃油的密度,E 为弹性模量,即 $\Delta P = \dfrac{E}{\rho_P} \Delta \rho$,当时间间隔足够小时,压强改变量和密度改变量可以看作对自身的微分,即 $dP = \dfrac{E}{\rho_P} d\rho$。解微分方程得压强与密度的关系 $P = E\ln\rho_p + C$,其中 C 为待定常数[4]。

确定其油量进出计算方式后,利用进出油量体积计算其质量。由于体积、密度等会随压强变化而变化,不利于计算,因此这里用质量作为计算标准。

进出油管的质量表示为

$$\begin{cases} m_1 = \rho_{外} \int Q_1 \, dt \\ m_2 = \rho_P \int Q_2 \, dt \end{cases} \quad (8\text{-}13)$$

可得油量差为

$$m_1 - m_2 = \rho_{外} V_1 - \rho_P V_2 \quad (8\text{-}14)$$

在得到体积、质量、密度之间关系后,即可对压强进行计算,此处由于燃油为可压缩液体,需考虑压缩系数,对于其压缩系数(α),计算公式为[3]

$$\alpha = \frac{1}{K}, K \text{ 为弹性模量} \quad (8\text{-}15)$$

经过推导得出压强与时间的关系为

$$P(t) = P_0 + \frac{m_1 - m_2}{\rho_{初始} \alpha V_{容器}} \quad (8\text{-}16)$$

将其转化为微分方程如下:

$$\begin{cases} dP = \dfrac{dm_1 - dm_2}{\rho_{初始} \alpha V_{容器}} \\ dm_1 = \rho_{外} Q_1 \, dt = CA\sqrt{2(P_{外} - P(t))\rho_{外}} \, dt \\ dm_2 = \rho_P Q_2 \, dt = CA\sqrt{2(P(t) - P_{外界})\rho_P} \, dt \end{cases} \quad (8\text{-}17)$$

综合上述公式可得:

$$dP(t) = \frac{CA\sqrt{2(P_{外} - P(t))\rho_{外}} \, dt - CA\sqrt{2(P(t) - P_{外界})\rho_P} \, dt}{\rho_0 \alpha V_{容器}} \quad (8\text{-}18)$$

在得到结果后,对该值进行误差、偏差度检验,其检验标准以利用模拟值点与稳压目标 100MPa 的方差表示其偏差度,利用最大、最小点表示其偏离极值,即

$$\begin{cases} R^2 = \dfrac{\sum\limits_{i}^{n}(P_i - 100)^2}{n} \\ P_{\max} = \max(|P_i - 100|) \\ P_{\min} = \min(|P_i - 100|) \end{cases} \quad (8\text{-}19)$$

8.3.3 问题一模型求解

将以上公式转化为编程语言,通过 Matlab 编程软件求解并作图,利用微分方程数值迭代模拟解法,求解方程如下:

$$\begin{cases} dP(t) = \dfrac{CA\sqrt{2(P_{外}-P(t))\rho_{外}}\,dt - CA\sqrt{2(P(t)-P_{外界})\rho_P}\,dt}{\rho_0 \alpha V_{容器}} \\ P_{外} = 160 \\ P(t)\big|_{t=0} = 100 \\ P_{外界} = 3 \\ \rho_{外} = 0.868\,7 \\ \rho_P(t)\big|_{t=0} = 0.85 \end{cases} \quad (8\text{-}20)$$

1. 100MPa 稳压模型求解

结合命题初始条件，通过数值模拟，求解上述微分方程，将模拟时间精度精确到 0.001ms，得到维持在 100MPa 下燃油的输入输出情况如图 8-18 所示。

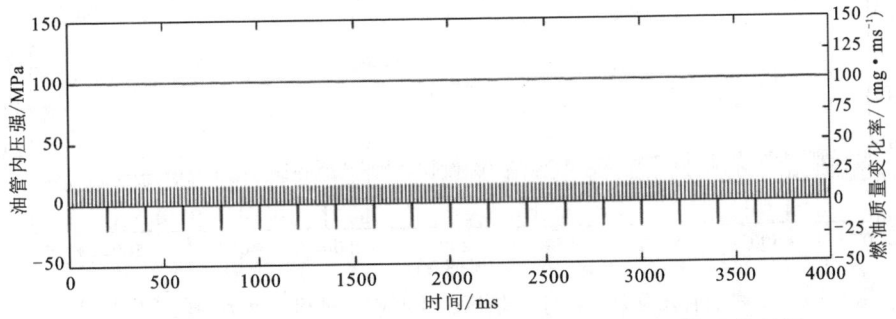

图 8-18　油管内压强维持在 100MPa 情况下燃油的输入输出情况图

图中横轴上方短竖线代表该时刻供油入口 A 处开启进油。横轴下方短竖线表示燃油输出，腔内油料减少。在题设条件下，单向阀开启时长为 $t=0.282$ms。

得到结果后进行误差分析，此处利用模拟值点与稳压目标 100MPa 的方差表示其偏差度，求最大、最小偏离值，各数据如表 8-1 所示。

表 8-1　100MPa 稳压求解结果

符号	数值	定义	单位
t	0.282	开启时长	毫秒
R^2	0.018 1	偏离度	无
P_{min}	99.752 4	最小压强	MPa
P_{max}	100.012 3	最大压强	MPa

2. 100~150MPa 增压模型求解

首先求解在 3 种情况下,都达到 150MPa 后稳压压强所需的供油入口 A 的工作时间长度,通过数值模拟,将模拟时间精度精确到 0.001ms,得到稳定状态下所需时间为

$$T_{稳定} = 0.745 \text{ms} \tag{8-21}$$

再对 3 个过程,利用微分方程数值迭代法求解,如图 8-19 所示。

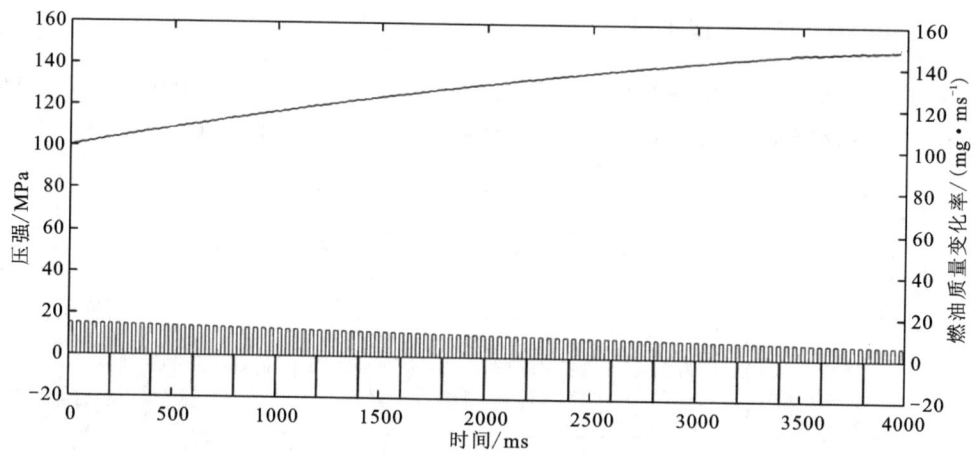

图 8-19 2s 内油管压强从 100MPa 增压至 150MPa 过程中燃油的输入输出情况图

上图展示了在 2s 内从 100MPa 增压到 150MPa 的情况。图中横轴上方短竖线段代表该时刻供油入口 A 处开启进油,横轴下方短竖线段表示燃油输出,腔内油料减少。要求在 2s 内由 100MPa 增压到 150MPa,在题设条件下,通过计算得到单向阀开启时长为

$$t_1 = 9.495 \text{ms}, T_{稳定} = 0.745 \text{ms} \tag{8-22}$$

图 8-20 展示了在 5s 内从 100MPa 增压到 150MPa 的情况。图中横轴上方短竖线代表该时刻供油入口 A 处开启进油,横轴下方短竖线表示燃油输出,腔内油料减少。对比图 8-19 此时的燃油输入输出更加密集。在 5s 内高压油管内压强从 100MPa 升至 150MPa 并趋于稳定。在题设条件下,通过计算得到单向阀开启时长为

$$t_2 = 2.850 \text{ms}, T_{稳定} = 0.745 \text{ms} \tag{8-23}$$

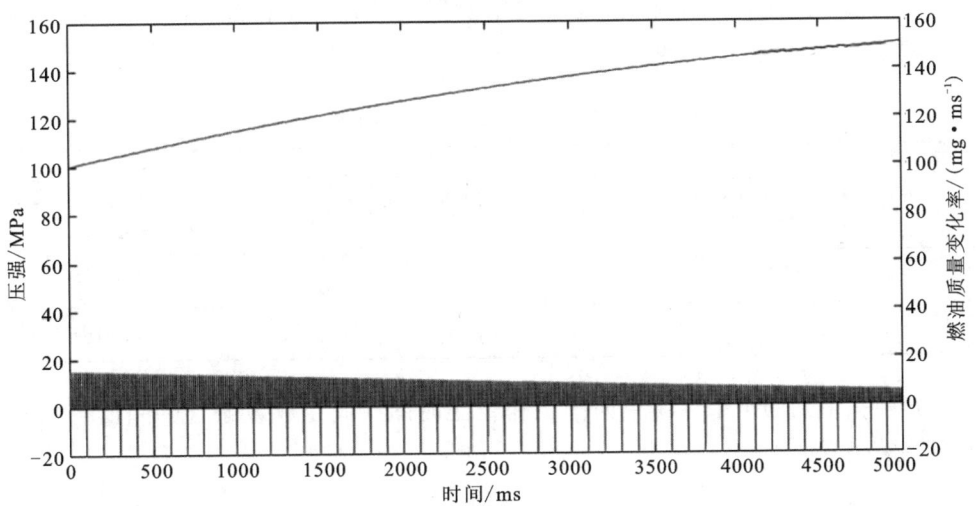

图 8-20　5s 内油管压强从 100MPa 增压至 150MPa 过程中燃油的输入输出情况图

图 8-21 展示了在 10s 内从 100MPa 增压到 150MPa 的情况。图中横轴上方密集的短竖线代表该时刻供油入口 A 处开启进油,横轴下方短竖线段表示燃油输出,腔内油料减少。在 10s 内,压强从 100MPa 升至 150MPa。与 2s 和 5s 相比,输入输出燃油明显频繁,在题设条件下,最后计算得到单向阀开启时长为

$$t_3 = 1.540 \text{ms}, T_{稳定} = 0.745 \text{ms}$$

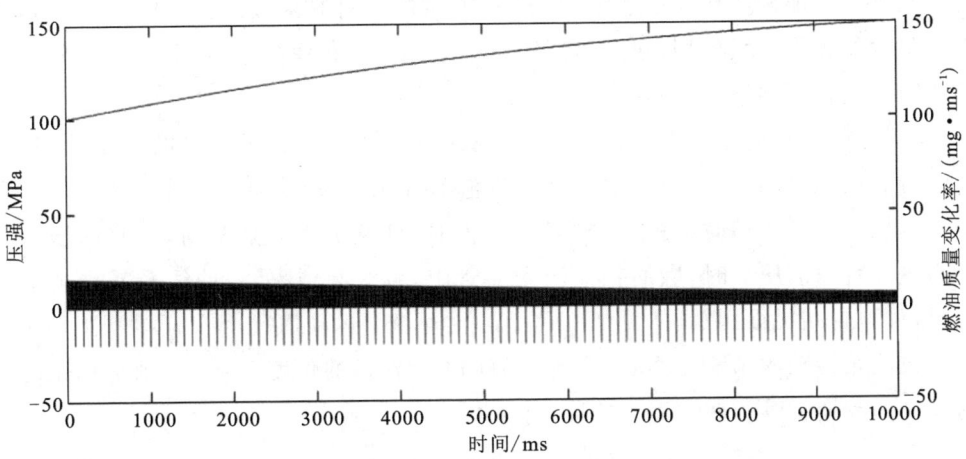

图 8-21　10s 油管压强从 100MPa 增压至 150MPa 过程中燃油的输入输出情况图

得到结果后进行误差分析,此处利用模拟值点与稳压目标 150MPa 的方差表示其偏差度,以及求最大、最小偏离值,其数据如表 8-2 所示。

表 8-2　150MPa 稳压求解结果

符号	加压时 t 数值/ms	稳定时 t 数值/ms	描述
t_1	9.495	0.745	2s 加压
t_2	2.850	0.745	5s 加压
t_3	1.540	0.745	10s 加压

问题一得到的结果说明单向阀工作上述时间后满足题设条件,并且误差在合理可控的范围内。

8.4　问题二的模型建立与求解

8.4.1　模型建立

在问题二中,相较于问题一增加了高压泵的工作系统,从供油入口 A 处流入的高压燃油不能再看作定压燃油,燃油的压强是时间的函数。根据图中关系需要拟合凸轮的边缘曲线模型,建立出高压泵中的体积变化模型,找出此时高压管中的燃油密度变化模型进行求解。

在问题二中,高压油管供油入口 A 处的燃油来源是高压油泵的柱塞腔,柱塞腔中含有低压燃油,柱塞腔下面有一个凸轮,通过凸轮的转动从而带动柱塞上下移动。当柱塞向上运动时,柱塞腔中燃油被压缩,自身压力逐渐升高,当腔内压力大于高压油管内的压力时,燃油就被压入油管中。对于凸轮外缘曲线及其受迫运动情况,可拟合结果得到,具体见 8.3.1 中凸轮外缘与运动情况。

设凸轮转动的角速度为 ω,则经过时间 t 后转过的角度 $\theta = \omega t$,那么单位时间内极径的改变量等于柱塞运动速度,即

$$v = \frac{dR}{dt} = -2.41\omega\cos(\omega t + \theta_0) \tag{8-24}$$

负号代表向上运动,即柱塞腔内的容积减小。由于压缩燃油是一个变化的过

程,只有当燃油内部达到一定的压强之后才能喷入高压油管,因此需要找出使燃油压力达到要求时的凸轮情况。在凸轮的整个运动过程中,它所能变化的距离就是极径的最大值与最小值之差：$\Delta r = R_{\max} - R_{\min}$,因此能压入的燃油体积为

$$V_{压入} = S_{油泵} \times \Delta r = \pi r_{油泵}^2 \times \Delta r \tag{8-25}$$

由于柱塞顶端到达顶端时,柱塞腔还残留一定的容积,这部分燃油在初始状态下也有一定的质量,因此初始状态下柱塞腔内的燃油总质量为

$$m = \rho_{低压}(V_{压入} + 20) \tag{8-26}$$

在柱塞上升的过程中,由于燃油体积不断变小,燃油的密度会不断增大,因此燃油的压力也会不断增大。导致燃油体积改变的因素有燃油体积因压强变化被压缩及燃油达到一定压强后由油泵喷出进入供油入口 A 处。现假设凸轮极径变化 x 时,燃油压力恰好达到阈值 P_1,则有如下关系：

$$\Delta V = xS_{油泵} \tag{8-27}$$

压缩后燃油的体积、密度与压强满足下列等式：

$$\begin{cases} V_1 = V_0 + 20 - \Delta V \\ \rho_1 = \dfrac{m}{V_1} \\ P = P_1 \end{cases} \tag{8-28}$$

上述公式中的压强可由燃油密度与压强的关系得到,即

$$P_1 - P_0 = \frac{E}{\rho_0}(\rho_1 - \rho_0) \tag{8-29}$$

综合上式可以求出当凸轮运动到一定位置时开始喷油。

下面讨论燃油喷入高压油管内时压强与密度的动态变化关系：

从燃油开始喷入后经过时间 Δt,喷出的燃油量为

$$\Delta m = \rho_1 \Delta V = \rho_1 Q \Delta t = CA\sqrt{2(P_1 - P)\rho_1}\, \Delta t \tag{8-30}$$

此处密度取作前一时刻的密度,油泵内燃油新的体积为

$$V_2 = V_1 + v\Delta t \tag{8-31}$$

此处速度取作前一时刻的速度,对于燃油的密度表示为

$$\rho_2 = \frac{m - \Delta m}{V_2} \tag{8-32}$$

燃油的压力改变为

$$P''_1 - P'_1 = \frac{E_1}{\rho_1}(\rho_2 - \rho_1) \tag{8-33}$$

此处弹性模量取作前一时刻的弹性模量,那么综合上述式子,油泵内的压强变化为

$$\Delta P_1 = \frac{E_P}{\rho_P}\left(\frac{m - CA\sqrt{2(P_1(t) - P(t))\rho_P}\Delta t}{V_1 + v\Delta t} - \frac{m}{V_1}\right) \tag{8-34}$$

当 Δt 趋于 0 时,压强的变化量可以看作是压强的微分,即

$$\mathrm{d}P_1 = \frac{E_P}{\rho_P}\left(\frac{m - CA\sqrt{2(P_1(t) - P(t))\rho_P}\mathrm{d}t}{V_1 + 2.41\omega\cos(\omega t + \theta_0)\mathrm{d}t} - \frac{m}{V_1}\right) \tag{8-35}$$

为了简化计算,将这一连续过程拆分成两个过程,并分别考虑两个过程中变量之间的相互影响。

步骤一:只考虑燃油在高压油泵内被压缩

由于燃油在压缩过程中质量不发生改变,因此经过时间 Δt,燃油体积减小为

$$V = V_1 + vS_{油泵}\Delta t \tag{8-36}$$

燃油密度增大为

$$\rho = \frac{m}{V} = \frac{m}{V_1 + vS_{油泵}\Delta t} \tag{8-37}$$

燃油压强增大满足关系:

$$P - P_1 = \frac{E}{\rho_0}(\rho - \rho_0) \tag{8-38}$$

因此压强的改变量为

$$\Delta P_1 = \frac{E_0}{\rho_0} \cdot \frac{m}{V_1 + vS_{油泵}\Delta t} - E_0 \tag{8-39}$$

步骤二:只考虑燃油被压入高压油管

此时高压油泵内的燃油体积保持不变,经过时间 Δt,燃油质量减少为

$$m' = m - \rho_1 Q\Delta t = m - CA\sqrt{2(P_1 - P_0)\rho_1}\Delta t \tag{8-40}$$

燃油密度降低为

$$\rho = \frac{m'}{V_1} = \frac{m - CA\sqrt{2(P_1 - P_0)\rho_1}\Delta t}{V_1} \tag{8-41}$$

燃油压强减小满足关系:

$$P_1 - P_0 = \frac{E_{P_1}}{\rho_1}(\rho_1 - \rho_0), P_0 = 0.5, \rho_0 = \rho_{低压} \tag{8-42}$$

因此压强的改变量为

$$\Delta P_0 = \frac{E}{\rho_1} \cdot \frac{m - CA\sqrt{2(P_1 - P_0)\rho_1}}{V_1} - E \qquad (8\text{-}43)$$

8.4.2 模型求解

同样，利用上述给出的微分方程，带入初始值，利用数值模拟进行求解，其求解公式如下：

当 Δt 趋于 0 时，压强的变化量可以看作是压强的微分，即

$$\begin{cases} \mathrm{d}P_1 = \dfrac{E_P}{\rho_P}\left(\dfrac{m - CA\sqrt{2(P_1(t)-P(t))\rho_P}\,\mathrm{d}t}{V_1 + 2.41\omega\cos(\omega t+\theta_0)\,\mathrm{d}t} - \dfrac{m}{V_1}\right) \\ P_1(t)\big|_{t=0} = P_1 \\ P(t)\big|_{t=0} = 100 \\ \rho_P(t)\big|_{t=0} = 0.85 \\ E_P(t)\big|_{t=0} = 2\,174.4 \end{cases} \qquad (8\text{-}44)$$

数值模拟计算后，求解结果如表 8-3 所示。

表 8-3 问题二求解结果

符号	数值	描述	单位
w	32.13	每秒角速度	弧度每秒
n	5.113 6	每秒转速	转每秒

表 8-3 即为问题二求解结果，满足题目要求。在得到结果后，利用问题一中的误差分析方法，进行误差分析、数值偏离度计算，求解结果如表 8-4 所示。

表 8-4 问题二结果检验

符号	数值	描述	单位
R^2	0.068 4	方差	无
$P_{\min}$	99.820 6	最小压强	MPa
$P_{\max}$	100.924 3	最大压强	MPa

8.5 问题三的模型建立与求解

8.5.1 模型建立

1. 双喷嘴情况模型

此问题可以视为一个策略优化题。现在高压油管上增加了一个喷油嘴,因此单位时间内喷出的燃油量比之前多,对发动机的供能也会更加强劲。已知两个喷油嘴的喷油规律相同,现在需要给出一个喷油和供油的策略。根据经验,当油管多了一个喷油嘴时,可以将更多的油送入发动机中。

但是由于高压油管内的燃油变化不再符合原来的规律,输出量也比之前提升,因此容易造成管内压强出现较大的波动。那么,给出的策略应当能控制管内压强,使之能在一个比较小的范围内波动。同时,由于喷油嘴的工作强度有限,为了延长器件的使用寿命,应当避免出现某一个喷油嘴长时间工作的情况,这时就需要对它们的工作周期进行合理安排,并对两个喷油嘴交替工作的时间间隔作相应的调整。为了简化问题,建模中设定两个喷油嘴的工作规律相同。通过简单分析,认为两个喷油嘴的工作时间间隔不能超过一个喷油嘴的工作周期,否则增加一个喷油嘴的意义不大;同时,第二个喷油嘴的工作时间应落在第一个喷油嘴的休整时间内并尽量均匀分布,这样才能保证喷出的燃油量满足时域上的均匀分布,尽可能保证管内燃油的压强在小范围内波动。双喷油嘴的工作情况如图 8-22 所示。

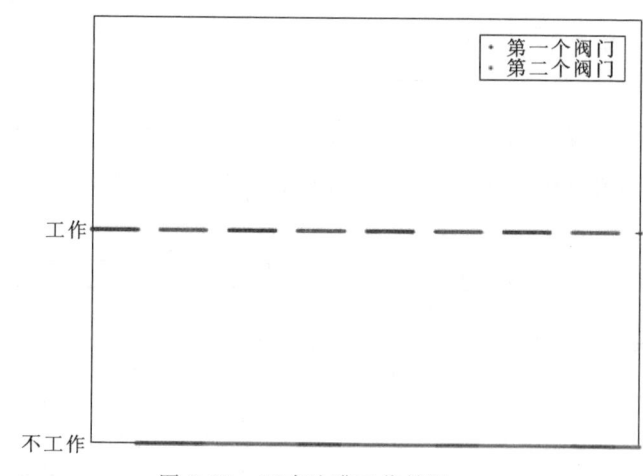

图 8-22 双喷油嘴工作情况

假设阀门一个周期内工作的时间为 t_1，休整时间为 t_2。在上述安排下，两个阀门共同的工作情况可以等效为一个新的工作情况，其中周期为 $T = \dfrac{t_1 + t_2}{2}$，工作时间为 t_1，休整时间为 $\dfrac{t_2 - t_1}{2}$。由于改变工作时间就需要改变喷油嘴针阀的运动曲线，这一问题在题目所给的条件下是无法考虑的，因此为了简化运算，将阀门的工作时间固定为问题二中针阀的工作时间，接下来就只需要求出休整时间即可。

假设初始状态下高压油管内的情况与问题二一致，研究燃油输入与输出对管内压强的影响可以用燃油的质量变化代替。为便于分析，将这两个过程分离讨论，在计算中利用迭代算法，再结合二者关系进行迭代计算。

步骤一：只考虑出油端

经过时间 Δt 后，输出的燃油体积为

$$\Delta V = Q \Delta t = CS \sqrt{\dfrac{2(P_{管内} - P_{外界})}{\rho}} \Delta t \tag{8-45}$$

由于间隔时间较短，密度取燃油在管内时的密度，S 是输出燃油时的喷油嘴有效孔径面积，此处将两个喷油嘴在计算上等价为一个喷油嘴，则输出的燃油质量为

$$\Delta m = \rho \Delta V = CS \sqrt{2(P_{管内} - P_{外界})\rho} \Delta t \tag{8-46}$$

步骤二：只考虑输入端

同样，经过时间 Δt 后，燃油刚从高压油泵内进入油管中时，两边的初始压强相同，那么在这段时间内凸轮的转动会导致瞬时的体积减小，燃油的密度增大，燃油的压力增大。正是这种变化才能保证燃油能被压入油管中。因此综合考量后决定在输入燃油前计入这种变化。

这种情况下，初始燃油的质量为 $m = \rho V$，此时的密度为燃油在初始状态下的密度，体积为此时高压油泵的体积。经过一段时间后，燃油的体积为

$$V' = V + v\Delta t \tag{8-47}$$

变化后的燃油密度为

$$\rho' = \dfrac{m}{V'} = \dfrac{\rho V}{V + v\Delta t} \tag{8-48}$$

燃油的变化会导致压强的变化，泵内的压强为

$$P_{泵内} - P_0 = \frac{E_{P_{泵内}}}{\rho'}(\rho' - \rho) \tag{8-49}$$

上式中的弹性模量取为压强改变后的值，初始压强时输入燃油的体积为

$$\Delta V = Q\Delta t = CA\sqrt{\frac{2(P_{泵内} - P_{管内})}{\rho'}}\Delta t \tag{8-50}$$

这一部分燃油的质量为

$$\Delta m = \rho'\Delta V = CA\sqrt{2(P_{泵内} - P_{管内})\rho'}\Delta t \tag{8-51}$$

步骤三：考虑波动幅度评价标准

为了判断管中压强变化浮动，这里同样采用方差计算公式作为衡量标准，以模拟值点与稳压目标 100MPa 的方差表示其偏差度，其公式如下：

$$R^2 = \frac{\sum_{i}^{n}(P_i - 100)^2}{n} \tag{8-52}$$

以上可视作一个优化方程，其中 ε 为压强变换阈值，Δt 为两喷油嘴喷油时间间隔，则本题优化策略的目标函数为

$$\min R^2$$
$$\text{s.t.} \begin{cases} |P - 100| < \varepsilon \\ \Delta t \in (0, 97.5) \end{cases} \tag{8-53}$$

2. 减压阀与油泵关联控制模型

问题三的第 2 小问中增加了一个单向减压阀，它的作用是为了更加有效地调节油管内的燃油压强。当凸轮转速发生变化时，会导致油管内的压强出现异常波动。由于喷油嘴的喷油情况已经固定，这时就需要单向减压阀依照凸轮转速调节工作周期去平衡这部分异常波动，从而使管内的压强达到相对稳定的状态。实际上，单向减压阀的作用与喷油嘴的功能类似，它们的不同之处在于喷油嘴的喷油规律是固定的，而减压阀的泄油规律与凸轮的运动情况相关。设在此情况下，减压阀的泄油时间与凸轮角速度之间存在函数关系。按照上面的方法将过程离散化。

只考虑出油端的情况下，经过时间 Δt 后，由喷油嘴输出的燃油质量可视作上面求得的式子，即

$$\Delta m_1 = \rho \Delta V_1 = CS\sqrt{2(P_{管内} - P_{外界})\rho}\Delta t \tag{8-54}$$

由减压阀输出的燃油体积为

$$\Delta V_2 = Q_2 \Delta t = CA\sqrt{\frac{2(P_{管内} - P_{外界})}{\rho}} \Delta t \tag{8-55}$$

这部分燃油质量为

$$\Delta m_2 = \rho \Delta V_2 = CA\sqrt{2(P_{管内} - P_{外界})\rho} \Delta t \tag{8-56}$$

只考虑输入端,在这个过程中,由于减压阀是单向的,油管内的燃油来源只有高压油泵,因此该过程与上文中的过程一致。

因此通过质量的变化量来衡量减压阀的调节效果,即

$$\Delta m = \Delta m_{输入} - \Delta m_{输出} = CA\sqrt{2(P_{泵内} - P_{管内})\rho'} \Delta t - CS\sqrt{2(P_{管内} - P_{外界})\rho} \Delta t - CA\sqrt{2(P_{管内} - P_{外界})\rho} \Delta t \tag{8-57}$$

为了保证管内压强相对稳定,则一个变化过程内总的质量变化应尽量小,对应的优化模型为

$$\min m = \int_0^T \Delta m \, dt = \int_0^T CA\sqrt{2(P_{泵内} - P_{管内})\rho'} \, dt(\omega) - \int_0^T CS\sqrt{2(P_{管内} - P_{外界})\rho} \, dt - \int_0^T CA\sqrt{2(P_{管内} - P_{外界})\rho} \, dt(\omega) \tag{8-58}$$

$$\text{s. t.} \begin{cases} P_{泵内}(t) < P_{\max} \\ |P_{管内}(t) - 100| < \Delta P_{\max} \end{cases} \tag{8-59}$$

其中 $P_{\max}$ 为高压油泵内燃油的最大压强,这个数值可以视作燃油不进入油管,只在油泵内被压缩时所达到的最大压强;$\Delta P_{\max}$ 为管内燃油的最大压强差,这个数值可以视为燃油被全部注入油管而没有输出的情况下,燃油气压最大值与初始值之差;T 为考虑整个过程时的周期,t 与凸轮角速度存在一定关系。

8.5.2 模型求解

1. 双喷嘴模型求解

利用数值模拟与优化算法对上述模型进行求解,如表 8-5 所示。

在调节两喷嘴喷油时间间隔后,使得保持压强为 100MPa 的情况下,整体波动幅度最小。

表 8-5　问题三模型计算所得结果

符号	数值	定义	单位
w	60.49	凸轮角速度	弧度每秒
n	9.627	凸轮转速	转每秒
Δt	55.0	时间间隔	毫秒
R^2	0.997 8	方差	无
$P_{\max}$	101.902 5	最大压强	MPa
$P_{\min}$	99.786 9	最小压强	MPa

由上述计算结果可知满足题目要求,且进行了一定程度的优化,同时误差较小,结果合理可靠。

2. 减压阀与油泵关联控制模型

此处设减压阀工作时间为 t,其工作 t 时段后关闭 t_0 秒。工作时间 t 大小选取原则是利用控制减压阀工作时间来平衡油泵带来的压强增高,使得高压油管内压强恒定。高压油管内压强大小取决于高压油管内凸轮转速 w,故建立其关联模型就是建立凸轮转速 w 与工作时间 t 的关系式。

针对上文给出的数学模型,利用数值迭代模拟,寻找减压阀工作时间 t 与其对应的凸轮转速 w 的制约平衡点,再利用方程拟合,即可求得 t 与 w 的关系。部分选取的制约平衡点如表 8-6 所示。

表 8-6　制约平衡点(部分)

$w/(\text{rad}\cdot\text{ms}^{-1})$	0.060 39	0.065 39	0.075 39	0.080 39
t/ms	0	37	160	235
$w/(\text{rad}\cdot\text{ms}^{-1})$	0.085 39	0.090 39	0.095 39	0.100 39
t/ms	316	408.5	498	578

由表 8-6 可知,凸轮转速 w 与减压阀工作时间 t 呈正比关系,此处可得拟合图像如图 8-23 所示。

此处利用二次拟合,拟合后其方程表达如下:

$$t = 133\,500w^2 - 6515w - 98.59 \tag{8-60}$$

上述方程 R-确定系数为 $0.998\,8$，拟合精确度较高，可以比较好地反映该条件下高压油泵内凸轮角速度与减压阀工作时间关系。

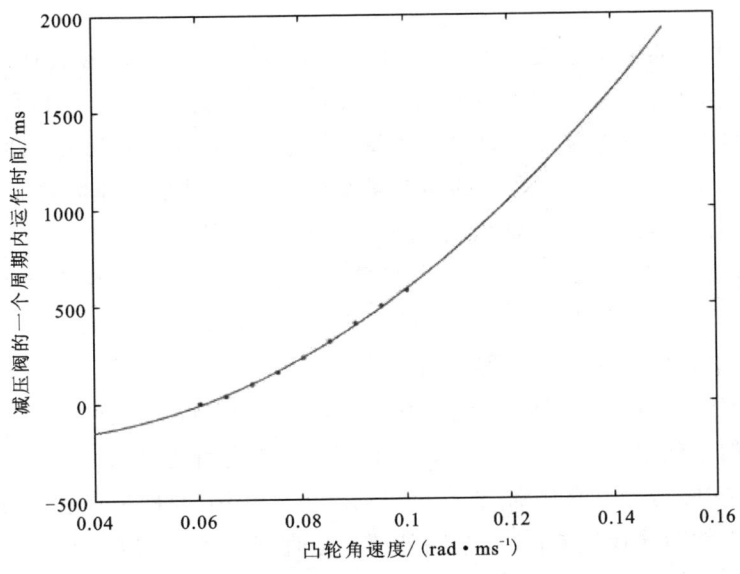

图 8-23　凸轮转速与减压阀工作时间拟合图像

8.6　模型评价

8.6.1　误差分析

在每一个问题的结果得到后都进行误差分析与检验。得到问题的结果后，对于该值进行了误差偏离度检验，并给出了检验标准：用与稳压目标 100MPa 的方差表示其偏离度，通过与最大和最小点的比较表示其偏离的极值，即

$$\begin{cases} R^2 = \dfrac{\sum\limits_i^n (P_i - 100)^2}{n} \\ P_{\max} = \max(|P_i - 100|) \\ P_{\min} = \min(|P_i - 100|) \end{cases} \tag{8-61}$$

问题一计算得到的结果是 0.282ms,与稳压目标 100MPa 的相关数据对比可得到误差偏离度为 1.181%,在此情况下,最大和最小压强分别为 99.752 4MPa 和 100.012 3MPa,偏离度为 0.247 6% 和 0.012 3%。问题一的误差较小,计算结果合理可靠。

问题二计算得到的角速度为 32.13rad/s(1 927.8rad/min)和转速 5.113 6r/s (306.816r/min)。利用上述误差计算方法得到的方差为 0.068 4,最大压强为 100.924 3MPa,最小压强为 99.820 6MPa。与稳定目标 100MPa 的偏离度分别为 0.924 3% 和 0.179 4%。问题二的结果误差较小,计算结果合理可靠。

问题三计算得到的结果是凸轮角速度为 60.49rad/s(3 629.4rad/min),凸轮转速为 9.627r/s(577.62r/min)。时间间隔为 55.0ms。计算得到方差为 0.997 8,最大压强为 101.902 5MPa,最小压强为 99.789 6MPa。与稳压目标 100MPa 偏离度为 1.902 5% 和 0.210 4%,问题三误差较小,计算结果合理可靠。

误差产生主要原因是①输油嘴和喷油嘴在正常工作时输出的燃油消耗需要时间;②输出的燃油都能够快速被消耗,会有残留导致结果数据上下波动;③所给出的数据源与实际情况也有差别,具有一定的不可靠性;④弹性模量和压强采用多项式拟合,这必然会导致误差;⑤喷油嘴外部压强直接选择 0.5MPa 也会有误差。

8.6.2 模型的优缺点

(1)采用多种拟合方法相结合的方式处理题目所给的基本数据,尽最大可能来减少误差的产生,让误差对于最终结果的影响降到最低。考虑足够多的现实因素的影响,让计算结果更加具有普适性和真实性。对于给出的函数图像,考虑曲线变化时压强的微小变化所带来的燃油输出时的细小差异。

(2)对于题目中所给的数据利用不到位,还可以更加深入地挖掘其中蕴含的信息。针对现实情况来说,对于结果具有影响的因素有很多未被考虑在内。在推导建立模型的过程中可能会将某些对于结果有较大影响的因素忽略。

8.6.3 改进方向

建模时应考虑更多的现实因素,搜索相关的数据加以利用。例如应考虑喷油嘴、高压油泵等机械的工作效率等因素,将所给的数据进行处理后可以与现实情况进行一定程度的对比来进一步判断对应的发动机类型,更加具体实际的解决问题。

主要参考文献

[1] 蔡梨萍. 基于MATLAB的柴油机高压喷油过程的模拟计算[D]. 武汉:华中科技大学,2005.

[2] 张桂昌. 柴油机配气机构动力学分析及凸轮型线优化设计[D]. 天津:天津大学,2009.

[3] 王称心. 柴油机高压共轨燃油喷射性能仿真研究[D]. 无锡:江南大学,2015.

[4] 司守奎,孙兆亮. 数学建模算法与应用[M]. 北京:国防工业出版社,2011.

[5] 赵彩霞,刘小利. 液体的压缩系数与浓度的关系[J]. 佳木斯大学学报(自然科学版),2013,31(5):765-766+769.

点 评

2019年全国数学建模竞赛A题由浅入深给出了3个问题,首先是在入口压力固定及出口喷油量给定的情况下确定单向阀供油时长,接着再考虑高压油泵供油和喷油嘴通过针阀运动控制喷油的情况,给出能保持高压油管内压力稳定的凸轮转速,最后在考虑有多个气缸和减压阀的情况下,要求建模计算出保持高压油管内压力稳定的控制方案。问题一要求在大量简化的情况下,根据进出油动态平衡关系,建模出微分方程组并求解。后面两个问题则在第一问的基础上进一步增加条件,以此遴选出更好的控制方案。

本建模的优点有如下方面:①建模题目问题较长,参赛队能把握住问题的重点,将现实问题进行简化,从而使得建模成为可能,这是数学建模上常见的方式,首先对复杂问题大量简化,把握住影响问题的关键因素,建立模型。比如问题一的关键因素为油管A的供油量与喷油嘴喷油量处于一个动态平衡状态,因此只考虑进出油动态情况,列出关于时间的微分方程。②建模用大量的框图、函数图像、表格将问题内容以及结果形象表示,便于读者阅读与理解。此外本建模也有一些缺点,比如建模时大量简化了现实因素,使得很多对结果有影响的因素并未被考虑。若能考虑更多的因素,建模会更好。

第 9 章 炉温曲线（2020A）

在集成电路板等电子产品生产中，需要将安装有各种电子元件的印刷电路板放置在回焊炉中，通过加热，将电子元件自动焊接到电路板上。在这个生产过程中，让回焊炉的各部分保持工艺要求的温度，对产品质量至关重要。目前，这方面的许多工作是通过实验测试来进行的。本建模旨在通过机理模型来进行分析研究。

回焊炉内部设置若干个小温区，它们从功能上可分成四大温区：预热区、恒温区、回流区、冷却区（图 9-1）。电路板两侧搭在传送带上匀速进入炉内进行加热焊接。

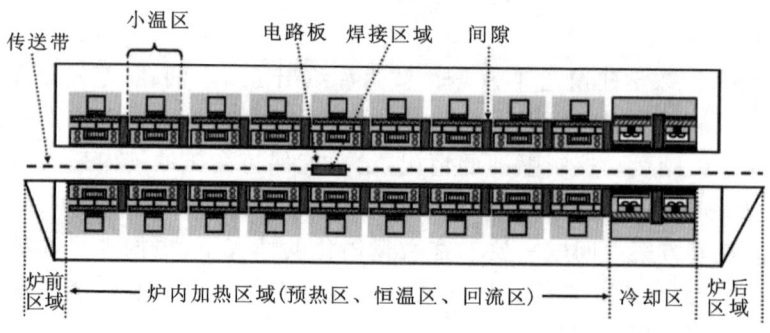

图 9-1 回焊炉截面示意图

某回焊炉内有 11 个小温区及炉前区域和炉后区域（图 9-1），每个小温区长度为 30.5cm，相邻小温区之间有 5cm 的间隙，炉前区域和炉后区域长度均为 25cm。

回焊炉启动后，炉内空气温度会在短时间内达到稳定，此后，回焊炉方可进行焊接工作。炉前区域、炉后区域以及小温区之间的间隙不做特殊的温度控制，其温度与相邻温区的温度有关，各温区边界附近的温度也可能受到相邻温区温度的影响。另外，生产车间的温度保持在 25℃。

在设定各温区的温度和传送带的过炉速度后，可以通过温度传感器测试某些位置上焊接区域中心的温度,称为炉温曲线(即焊接区域中心温度曲线)。附件是某次实验中炉温曲线的数据,各温区设定的温度分别为175℃(小温区1~5)、195℃(小温区6)、235℃(小温区7)、255℃(小温区8~9)及25℃(小温区10~11),传送带的过炉速度为70cm/min,焊接区域的厚度为0.15mm。温度传感器在焊接区域中心的温度达到30℃时开始工作,电路板进入回焊炉时开始计时。

实际生产时可以通过调节各温区的设定温度和传送带的过炉速度来控制产品质量。在上述实验设定温度的基础上,各小温区设定温度可以进行±10℃范围内的调整。调整时要求小温区1~5中的温度保持一致,小温区8~9中的温度保持一致,小温区10~11中的温度保持在25℃。传送带的过炉速度调节范围为65~100cm/min。

在回焊炉电路板焊接生产中,炉温曲线应满足一定的要求,称为制程界限(表9-1)。

表9-1 制程界限

界限名称	最低值	最高值	单位
温度上升斜率	0	3	℃/s
温度下降斜率	-3	0	℃/s
温度上升过程中在150~190℃的时间	60	120	s
温度大于217℃的时间	40	90	s
峰值温度	240	250	℃

请通过数学建模完成以下问题。

问题一:请对焊接区域的温度变化规律建立数学模型。假设传送带过炉速度为78cm/min,各温区温度的设定值分别为173℃(小温区1~5)、198℃(小温区6)、230℃(小温区7)和257℃(小温区8~9),请给出焊接区域中心的温度变化情况,列出小温区3、6、7中点及小温区8结束处焊接区域中心的温度,画出相应的炉温曲线,并将每隔0.5s焊接区域中心的温度存放在提供的result.csv中。

问题二:假设各温区温度的设定值分别为182℃(小温区1~5)、203℃(小温区6)、237℃(小温区7)、254℃(小温区8~9),请确定允许的最大传送带过炉速度。

问题三:在焊接过程中,焊接区域中心的温度超过217℃的时间不宜过长,峰值温度也不宜过高。理想的炉温曲线应使超过217℃到峰值温度所覆盖的面积（图9-2中阴影部分）最小。请确定在此要求下的最优炉温曲线，以及各温区的设定温度和传送带的过炉速度，并给出相应的面积。

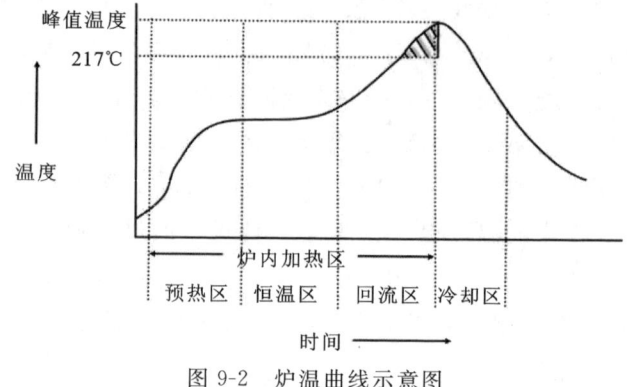

图 9-2　炉温曲线示意图

问题四：在焊接过程中，除满足制程界限外，还希望以峰值温度为中心线的两侧超过217℃的炉温曲线尽量对称（参见图9-2）。请结合问题三，进一步给出最优炉温曲线、各温区设定的温度及传送带过炉速度，并给出相应的指标值。

由于篇幅有限，附件的完整内容可扫描前言处的二维码获取。

9.1　问题分析及思路概述

热量的传递形式有3种：热传导、热对流、热辐射。其中，热传导是指热能从高温部分向低温部分转移；热对流是指热量通过流动介质进行传递；热辐射是指物体由于具有温度而辐射电磁波的现象。基于上述研究，可认为热量经由空气以热对流和热辐射形式由小温区传递至电路板表面，然后热量会以热传导的形式从电路板表面传递至电路板中心。

对于问题一，根据热对流和热辐射公式可以计算出由回焊炉传递至电路板表面的热量，接着热量由电路板表面沿着垂直于传送带的方向传递到电路板中心，此过程视为一维，可据此建立一维非稳态热传导模型。根据建立的数学模型，对附件中某次实验炉温曲线数据使用Matlab拟合处理得到模型中的系数。最后再用得到的模型和系数求设定温度下对应的炉温曲线。

问题二建立在问题一的基础上,根据问题一得到整个过程的机理数学模型和相关参数,改变传送带过炉速度,使得温度曲线既能够满足制程界限的约束,又能够尽量快地通过回焊炉。问题二是一个单变量的优化问题,首先根据题意确定传送带过炉速度的范围,该区间左边界为可行解,右边界为非可行解,可行的最大传送带过炉速度应该在这一区间内;然后对该区间采用二分法寻优,不断变化判断值,确保满足制程界限约束条件,直到得到最大传送带过炉速度,同时满足在制程界限的约束范围内。

问题三在问题二的基础上增加为 5 个决策变量,同时优化目标从求满足制程界限下最大过炉速度变为求满足制程界限下炉温曲线从超过 217℃ 到峰值温度所覆盖的面积最小。采用遗传算法这一寻优方法求得决策变量的值,可以有效减少搜索次数,降低搜索的复杂程度。但本问题使用遗传算法,初始种群是难以确定的,很难做到随机性,因此我们首先使用蒙特卡洛算法得到初始种群,然后再用遗传算法求得最优解,最后得到各温区的设定温度和传送带的过炉速度能使炉温曲线从超过 217℃ 到峰值温度所覆盖的面积最小。

问题四要求以峰值温度为中心线的两侧超过 217℃ 的炉温曲线尽量对称,在问题三的基础上增加约束条件,并对炉温曲线的形状作出进一步要求。关于中心线对称,意味着两侧曲线覆盖的面积应尽量相等,但仅仅面积相等只是该约束的必要条件。进一步,若能保证以峰值温度为中心线,左右两侧等时间间隔处所对应温度尽量相等,就能够保证以峰值温度为中心线的两侧超过 217℃ 的炉温曲线尽量对称。继续使用遗传算法,计算以峰值温度为中心线的两侧超过 217℃ 的炉温曲线的相对误差,以此遴选出最优解。

9.2 模型建立准备

9.2.1 基本假设

(1)假设在电路板进入回焊炉之前炉内温度已经达到稳定,不随时间变化;

(2) 假设回焊炉的温区只与焊接区域空气直接接触，回焊炉与外界没有热量交换；

(3) 假设电路板在回焊炉焊接区域的中间，不发生偏移；

(4) 假设电路板材质均匀，传热一致，电路板上下边缘的温度相同；

(5) 假设热传导率与时间无关，即忽略时间对热传导率的影响；

(6) 假设电路板内部不发生能量损耗；

(7) 假设各层之间的温度分布是连续变化的，但温度梯度是跳跃的。

9.2.2 基本符号说明

u 为某一材料的温度分布；k_i 为热扩散率；v_{oven} 为传送带过炉速度；L_{oven} 为回焊炉总体长度；h 为炉温曲线峰值。

9.3 问题一的模型建立与求解

1. 热传递的基本方式

两物体温度不同所引起的热量传递过程叫"传热"。只要在物体内部或物体间有温度差存在，热能就会自发地由高温物体传向低温物体。工程应用中的传热现象相当复杂，可总结为三种基本形式：热传导、热对流和热辐射。下面将对此三种传热进行机理建模。

1) 热传导

热传导实质是物体内部温度不均或温度不同的物体相互撞击，而使能量从物体的高温部分传至低温部分，或由高温物体传给低温物体的过程。热传导过程中的温度变化可通过热传导方程表示。

2) 热对流

所谓对流，是指依靠空气的流动将热量由高温处传递到低温处。在工程应用中常遇到的传热问题，大部分是流体与固体壁面接触时的换热。在此情况下，换热过程是流体的对流与导热作用的结合，其通常用牛顿冷却定律来描述，即

$$Q_{\text{convections}} = hA(T_{\text{air}} - T_{\text{cir}}) \tag{9-1}$$

式中，$Q_{\text{convection}}$ 为对流传热的热通量，单位为 W/m^2；T_{air} 为温区设定温度，单位

为℃;T_{cir}为电路板表面温度,单位为℃;A为发生对流的面积,单位为m^2;h为对流传热系数,单位为$W/(m^2 \cdot K)$,它反映对流换热的强弱。令 $\alpha = hA$,为热对流系数,则式(9-1)可以改写为

$$Q_{\text{convection}} = \alpha(T_{\text{air}} - T_{\text{cir}}) \tag{9-2}$$

3) 热辐射

热辐射传递热量是通过物体表面发射的电磁波。辐射力 E 为每平方米物体表面每秒向以该物体为中心的半球空间发射的全部波长的总辐射能量,单位为 W/m^2。理论证明,辐射力 E 和物体表面绝对温度的四次方成正比,因此有

$$E = C\left(\frac{T}{100}\right)^4 \tag{9-3}$$

式中,C 为辐射系数,单位为 $W/(m^2 \cdot K^4)$,大小取决于材料本身性质;T 为物体表面的绝对温度,单位为 K。

由公式(9-3)可知,电路板表面和回焊炉都会放出热辐射,因此热辐射通量 $Q_{\text{radiation}}$ 为

$$Q_{\text{radiation}} = C\frac{T_{\text{air}}^4 - T_{\text{cir}}^4}{100} \tag{9-4}$$

令 $\beta = C/100$,式(9-4)可改写为

$$Q_{\text{radiation}} = \beta(T_{\text{air}}^4 - T_{\text{cir}}^4) \tag{9-5}$$

通过上述分析,我们知道热传导、热对流、热辐射是三种最基本的传热方式,任何复杂的传热现象都由这三种方式组成。温度控制系统的机理建模也必须从这一方面出发[1-3]。

2. 热传递方式分析

首先分析小温区至电路板表面的热量传递过程,经查阅文献,绘制如图9-3示意图,可以看出气流是由小温区上的喷孔喷出,不断冲击电路板平面,实现热量的传递。此处热量是以热对流和热辐射形式传递到电路板表面。

然后分析电路板表面到中心的热量传递过程,前面提到热传导能够发生在物体内部,能量由高温区域传递到低温区域,该过程的示意图如图9-4所示。值得注意的是,热量由电路板的上、下表面向中心传递,意味着待求的温度变化曲线是电路板中心的温度。

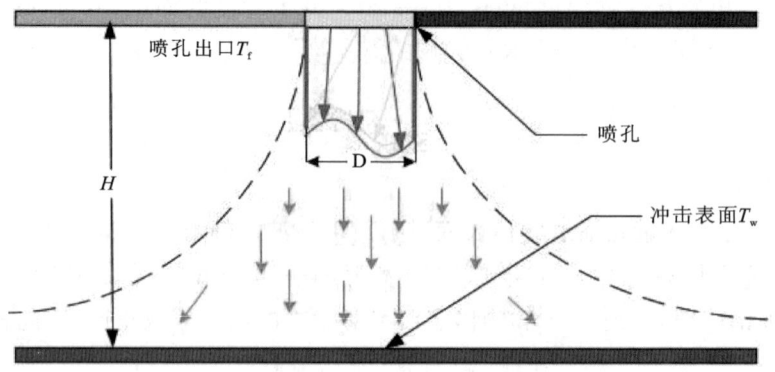

图 9-3　小温区至电路板表面热量传播示意图

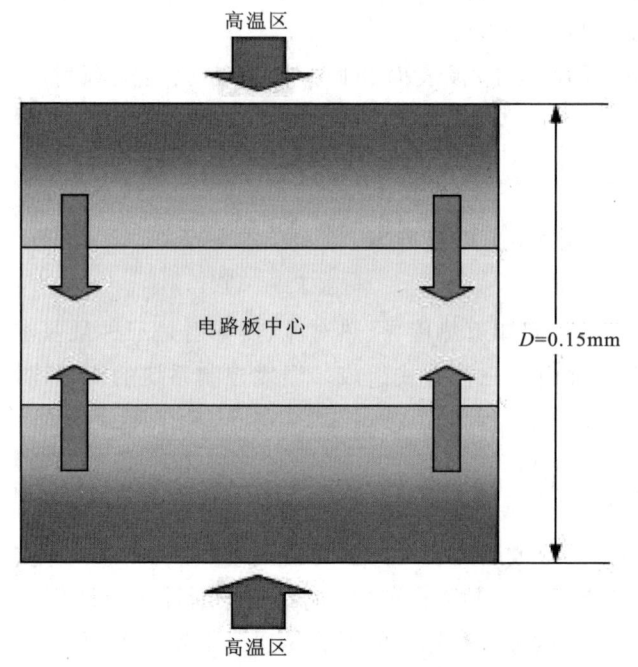

图 9-4　电路板表面到中心热量传播示意图

3. 建立一维热传导偏微分方程

热传导是由于存在温度差而引起的能量的转移。在任何时候,只要在某一介质或者是两个介质之间存在温差,便会发生热传导过程。热传导过程中的温度变

化可利用方程函数表示。根据文献[4]，一维热传导方程可表示为

$$\frac{\partial u}{\partial t} = k_i \cdot \frac{\partial^2 u}{\partial x^2} \tag{9-6}$$

式中，u 为待求解的温度分布；k_i 为热扩散率；t 为时间；x 为空间坐标。

由题意可知，回焊炉在运行时，炉内空气温度会在短时间内达到稳定，意味着炉内任意点的温度是不随时间变化的，即

$$\frac{\partial u}{\partial t} = 0 \tag{9-7}$$

已知 k_i 为热扩散率，相邻大温区的间隙，例如 5~6 小温区间隙，左边界温度为 175℃，右边界温度为 195℃，此时必有热量传递，即热扩散率 $k_i > 0$。结合式(9-7)，可以推出

$$\frac{\partial^2 u}{\partial x^2} = 0 \tag{9-8}$$

根据式(9-6)可知在大温区的间隙待求温度的变化 Δu 与距离的变化 Δx 成正比，比值等于相邻大温区的温度差 ΔT/间隙距离 Δl。

假设大温区 Ⅰ（小温区 1~5）、大温区 Ⅱ（小温区 6）、大温区 Ⅲ（小温区 7）、大温区 Ⅳ（小温区 8~9）的设定温度分别为 T_1、T_2、T_3、T_4，代入赛题附件中数值，$T_1 = 175℃$、$T_2 = 195℃$、$T_3 = 235℃$、$T_4 = 255℃$，绘制出回焊炉内温度分布曲线（图 9-5）。

4. 确定求解域

1）空间求解域

根据题意可知，电路板的总厚度为 0.15mm，用符号 L_{cir} 表示，以此作为上述偏微分方程的空间求解域。

2）时间求解域

根据题意可计算回焊炉全长 $L_{oven} = (30.5 \times 11 + 50 + 2 \times 25) = 435.5$cm，电路板在回焊炉中移动的速度设为 v_{oven}，为定值。设电路板在回焊炉中的时间为 T，则有

$$T = \frac{L_{oven}}{v_{oven}} \tag{9-9}$$

以此作为上述偏微分方程的时间求解域。

根据上述，可以得到求解域为

$$(x, t) \in [0, L_{cir}] \times [0, T] \tag{9-10}$$

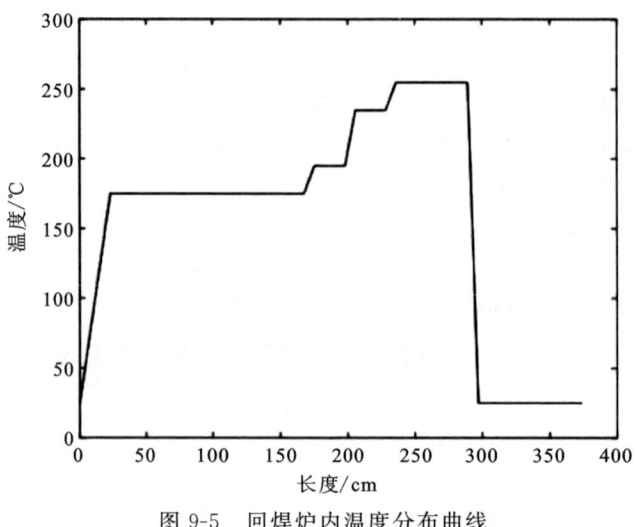

图 9-5 回焊炉内温度分布曲线

5. 确定初始条件

根据题目所给条件可知,在初始时刻 $t=0$,电路板未受到回焊炉的加热,此时电路板的温度应该等于生产车间的温度,即 25℃,并将此初始温度作为求解偏微分方程的初始条件,即可表示为

$$u(x,0) = 25 \tag{9-11}$$

6. 确定边界条件

根据题目所给条件,电路板的上、下表面温度应该与当前所处温区的温度相同,例如,当电路板所在的小温区设定值为 175℃,则认为电路板上、下表面温度为 175℃。因此,可以得到偏微分方程的边界条件,表示如下:

$$\begin{cases} u(0,t) = T(t) \\ u(0.15,t) = T(t) \end{cases} \tag{9-12}$$

7. 利用有限差分方法求解偏微分方程

对于一个偏微分方程,如果把方程中的所有偏导数近似地用代数差商代替,则可以用一组代数方程近似地替代这个偏微分方程,进而得到数值解,这种方法称为

有限差分方法。

为了用有限差分方法求解偏微分方程,需要把其中的偏导数表示为代数形式,为此,首先要把自变量从连续的分布变为离散形式,这个过程称为求解域的离散化。求解域的离散化包括以下两个部分。

1)空间求解域的离散化

电路板厚度为 L_{cir},为了便于最后结果的直观表达,选取空间步长 $\Delta x = 0.005 \text{mm}$,这样处理后,可以把空间求解域均匀剖分成 16 份。

在具体求解过程中,选取炉内空气与电路板上表面的交接点为坐标原点,建立如图 9-6 所示的空间分布。

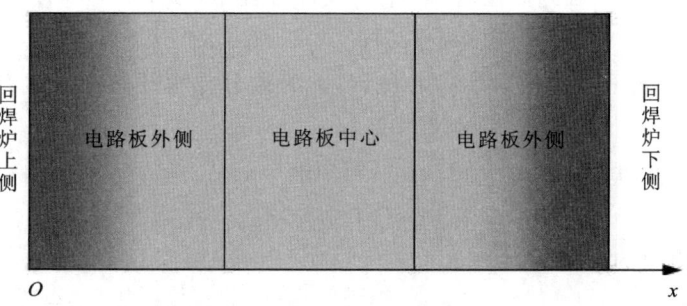

图 9-6 空间求解域离散图

2)时间变量的离散化

根据前述,$T = L_{oven} / v_{oven}$,选取时间步长 $\Delta t = 0.1 \text{s}$,进行后续计算。

根据上述处理,可以得到 $u(x,t)$ 经过离散处理后的时间与空间网格,将 x 坐标等分成 16 等份,将 t 坐标等分成 3350 等份。令 i 表示位置 x 横轴,j 表示时间 t 纵轴。网格上每个格点对应一个温度值。求解热传导微分方程,空间二阶导数用中心差分近似,即

$$\frac{\partial^2 u}{\partial x^2} = k_i \cdot \frac{u_{i+1,j} - 2u_{i,j} + u_{i-1,j}}{\Delta x^2} \tag{9-13}$$

时间方向用向后差分近似代替对时间的偏微分,即

$$\frac{\partial u}{\partial t} = \frac{u_{i,j} - u_{i,j-1}}{\Delta t} \tag{9-14}$$

根据前述的一维热传导公式,将上述两式代入其中,可得

$$\frac{u_{i,j} - u_{i,j-1}}{\Delta t} = k_i \cdot \frac{u_{i-1,j} - 2u_{i,j} + u_{i+1,j}}{\Delta x^2} \tag{9-15}$$

解得
$$u_{i,j} = -\sigma(u_{i-1,j+1} + u_{i+1,j+1}) + (1-2\sigma)u_{i,j+1} \tag{9-16}$$

其中
$$\sigma = \frac{\Delta t \cdot k_i}{\Delta x^2} \tag{9-17}$$

根据式(9-17)，如果已知 j（不同 i）坐标每一个格点的温度值，并且由边界条件可知两边界 $i=1$ 及 $i=76$ 的温度值，那么就可以求出 $j+1$ 坐标上每一个格点上的温度值。因此，利用式(9-16)从初始条件 $j=1$ 开始，就可逐步算出每一个格点上的温度值。

构造求解 $j+1$ 时刻数值解 $u_{i,j+1}$ 的线性方程组，如下：
$$\sigma u_{i-1,j+1} - (1-2\sigma)u_{i,j+1} + \sigma u_{i+1,j+1} = -u_{i,j} \tag{9-18}$$

当 $i=k$，处于电路板厚度中心位置，此时差分方程的具体形式有
$$-\sigma u_{k-1,j+1} + (1-2\sigma)u_{k,j+1} - \sigma u_{k+1,j+1} = u_{k,j} \tag{9-19}$$

由图9-6可知，$u_{k-1,j+1} = u_{k+1,j+1}$，所以有
$$-2\sigma u_{k-1,j+1} + (1-2\sigma)u_{k,j+1} = u_{k,j} \tag{9-20}$$

写成方程组的形式为

$$\begin{bmatrix} 1 & & & & & & \\ \sigma & -(1+2\sigma) & \sigma & & & & \\ & \sigma & -(1+2\sigma) & \sigma & & & \\ & & & \ddots & & & \\ & & & & \ddots & & \\ & & & & 2\sigma & -(1+2\sigma) \end{bmatrix} \begin{bmatrix} u_0^{j+1} \\ u_1^{j+1} \\ u_2^{j+1} \\ \vdots \\ u_{k-1}^{j+1} \\ u_k^{j+1} \end{bmatrix} = \begin{bmatrix} -u_0^j \\ -u_1^j \\ -u_2^j \\ \vdots \\ -u_{k-1}^j \\ -u_k^j \end{bmatrix} \tag{9-21}$$

然后利用追赶法求解方程组即可。

8. 模型的求解

根据以上建立的模型，对问题一的求解给出如下的具体步骤。

(1)首先考虑热量由回焊机通过热对流和热辐射方式传递至电路板表面的过程。这里将热对流系数分为两段，温度上升阶段时热对流系数为 α_1，温度下降阶段热对流系数为 α_2。

温度上升阶段，$j+1$ 时刻电路板表面温度 $T_{\text{cir}}(j+1)$ 可以写为
$$T_{\text{cir}}(j+1) = T_{\text{cir}}(j) + \alpha_1(T_{\text{air}}(j) - T_{\text{cir}}(j))\Delta t + \beta(T_{\text{air}}^4(j) - T_{\text{cir}}^4(j))\Delta t \tag{9-22}$$

温度下降阶段，$j+1$ 时刻电路板表面温度 $T_{cir}(j+1)$ 可以写为

$$T_{cir}(j+1) = T_{cir}(j) + \alpha_2(T_{air}(j) - T_{cir}(j))\Delta t \tag{9-23}$$

（2）然后计算热量由电路板表面传递至电路板中心的过程。根据已建立的偏微分方程，可以利用后向有限差分的方法求出其近似的数值解。

具体的算法步骤如图 9-7 所示。

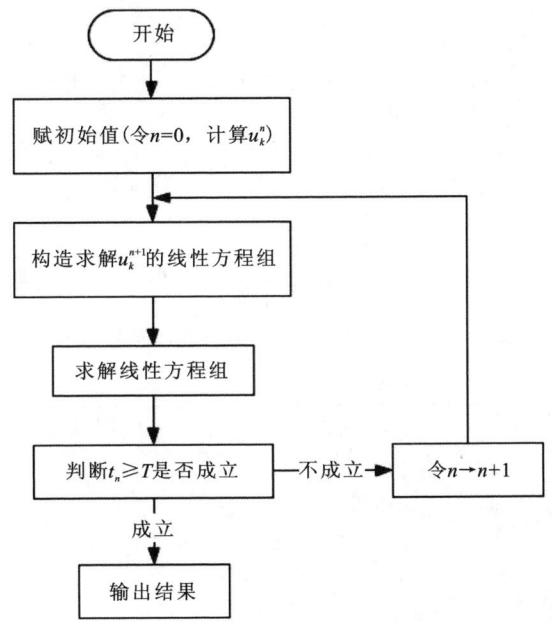

图 9-7　BTCS 求解过程流程图

9. 求解结果及分析

可以求出，当温度上升阶段热对流系数 $\alpha_1 = 0.018$，温度下降阶段热对流系数 $\alpha_2 = 0.0092$，热辐射系数 $\beta = 2.5 \times 10^{10}$，热传导系数 $k_i = 2.1 \times 10^{-4}$。根据模型求得温度曲线与根据附件数据绘制出的温度曲线，如图 9-8 所示。

由图 9-8 可明显地看出，本模型对实际温度曲线具有较好的拟合效果，因此认为本模型可以用作拟合回焊炉在其他温度条件下的电路板中心实际温度曲线。

当 $T_1 = 173\,℃$、$T_2 = 198\,℃$、$T_3 = 230\,℃$、$T_4 = 257\,℃$，传送带过炉速度 $v_{oven} = 78\,cm/min$ 时，对应的炉温曲线如下图 9-9 所示。

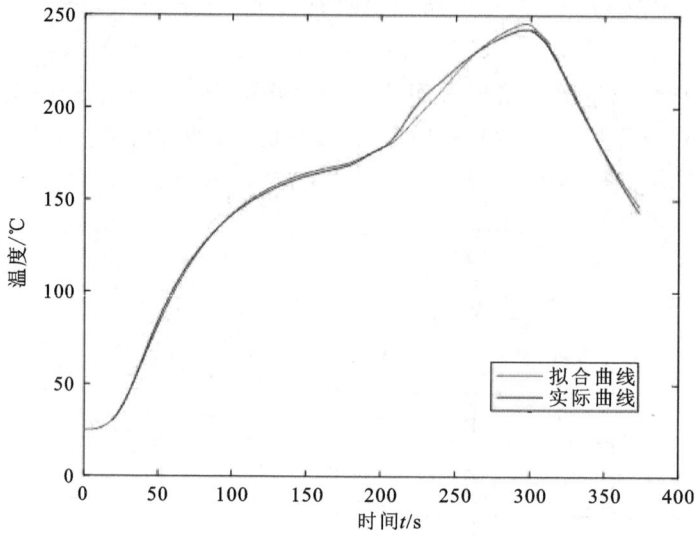

图 9-8　温度曲线拟合比较（拟合曲线和实际曲线）

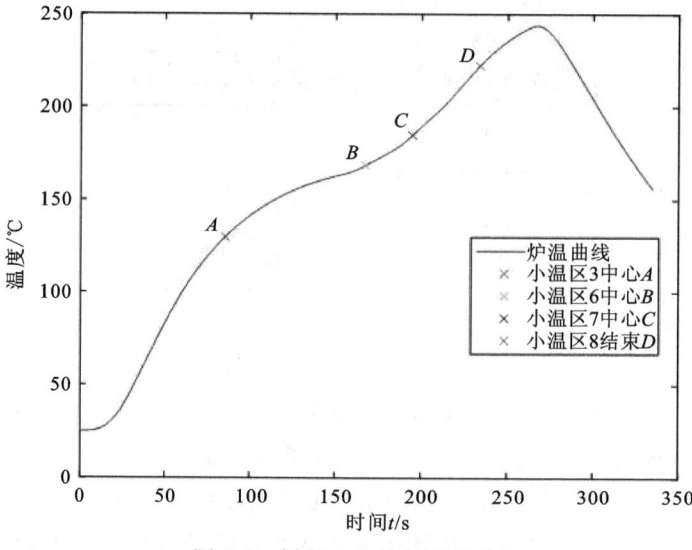

图 9-9　问题一中的炉温曲线

小温区 3、6、7 中点以及小温区 8 结束处焊接区域中心的温度如表 9-2 所示。

表 9-2　给定位置处焊接区域中心温度对照表

位置	温度/℃
小温区 3 中心(点 A)	129.58
小温区 6 中心(点 B)	168.35
小温区 7 中心(点 C)	184.75
小温区 8 结束处(点 D)	222.27

9.4　问题二的模型建立与求解

9.4.1　模型的建立

问题二与问题一相比,各温区温度的设定值变为 182℃(小温区 1~5)、203℃(小温区 6)、237℃(小温区 7)、254℃(小温区 8~9),要确定所允许的最大传送带过炉速度。

1. 确定求解域

对问题二的空间域和时间域分析,可以得到求解域为

$$(x,t) \in [0, L_{cir}] \times [0, T] \qquad (9\text{-}24)$$

2. 确定初始条件

根据已知条件,问题二的初始条件为

$$u(x, 0) = 25 \qquad (9\text{-}25)$$

3. 确定边界条件

根据已知条件,问题二的边界条件为

$$\begin{cases} u(0, t) = T(t) \\ u(0.15, t) = T(t) \end{cases} \qquad (9\text{-}26)$$

4. 确定约束条件

根据制程界限,得出基于问题一模型的约束条件。首先,根据温度上升斜率

$\in [0,3]$ 和温度下降速率 $\in [-3,0]$,可以得到不等式：

$$-3 < T'(t) < 3 \tag{9-27}$$

接着,上升过程中,根据温度在 150～190℃,时间在 60～120s 内,以 $t|_{T(t)=190℃}$ 表示当 $T(t)$ 等于 190℃时的时刻 t,可以得到不等式：

$$60 < t|_{T(t)=190℃} - t|_{T(t)=150℃} < 120 \tag{9-28}$$

然后,要求温度大于 217℃的时间在 40～90s 内,以 $t|_{T(t)=217℃,1}$ 表示温度上升过程中达到 217℃的时刻,$t|_{T(t)=217℃,2}$ 表示温度下降过程中达到 217℃的时刻,可以得到不等式：

$$40 < t|_{T(t)=217℃,2} - t|_{T(t)=217℃,1} < 90 \tag{9-29}$$

最后,要求电路板的峰值温度在 240～250℃之间,用 $\text{Max}(T(t))$ 表示温度函数的峰值,可以得到不等式：

$$240 < \text{Max}(T(t)) < 250 \tag{9-30}$$

综合上述各式,可以得到约束条件方程组如下：

$$\begin{cases} -3 < T'(t) < 3 \\ 60 < t|_{T(t)=190℃} - t|_{T(t)=150℃} < 120 \\ 40 < t|_{T(t)=217℃,2} - t|_{T(t)=217℃,1} < 90 \\ 240 < \text{Max}(T(t)) < 250 \end{cases} \tag{9-31}$$

5. 基于二分法搜索允许的最大传送带过炉速度

根据制程界限,可知传送带过炉速度若太快,会导致峰值温度不够,温度上升过程中在 150～190℃时间以及温度大于 217℃的时间小于规定制程,甚至会导致温度上升曲线和下降曲线斜率超过制程界限,同样,当传送带过炉速度太慢也会存在类似问题。本题求满足制程条件的最大过炉速度,推理可知,当过炉速度 v_s 不满足制程界限,任何大于 v_s 的过炉速度都不能满足制程界限,因为过炉速度大,上升过程中,温度在 150～190℃的时间会变短。

基于上述分析,在使用二分法搜索最大速度前,应首先确定传送带过炉速度的范围。假设传送带过炉速度取值区间：$v_{\text{oven}} \in [v_{\text{bottom}}, v_{\text{upper}}]$,想求解该速度区间内满足制程界限的最大过炉速度 v_{Max}。利用二分法,首先取 v_{oven} 取值范围的中点值作为第一个判断值 $v_{\text{oven},1}$,使用问题一的模型,可以得到电路板每个空间步长的温度分布。

利用式(9-31)的约束条件进行判断。当满足全部的约束条件,说明最大过炉速度 v_{Max} 在区间 $[v_{\text{oven},1}, v_{\text{upper}}]$ 之间;若不满足其中任一条件,则说明最大过炉速度 v_{Max} 在区间 $[v_{\text{bottom}}, v_{\text{oven},1}]$ 之间。选取最大过炉速度 v_{Max} 所在的区间,更新过炉速

度 v_{oven} 的取值范围,重复上述步骤。

9.4.2 模型的求解

根据上述建立的模型,对问题二的求解给出下述具体步骤:

步骤 1:赋初始值,令 $v_{\text{oven},1} = (65+100)/2 = 82.5$,作为第一个检验值;

步骤 2:根据问题一建立的模型,结合在问题二的建模部分所确定的求解域、初始条件、边界条件与约束条件,可以得到电路板每个空间步长的温度分布;

步骤 3:判断当传送带过炉速度为 82.5cm/min 时炉温曲线是否满足所有的制程界限。如果满足,说明最大传送带过炉速度在 $(82.5, v_{\text{upper}})$ 之间;如果不满足,则说明最大传送带过炉速度在 $(v_{\text{bottom}}, 82.5)$ 之间;

步骤 4:根据步骤 3 更新过炉速度的取值范围,并利用此取值范围重新取中心值作为第二个检验值,重复步骤 2 与步骤 3;直到取值范围在 0.1cm/min 以内为止,说明此时过炉速度增加或减少 0.1cm/min,炉温曲线将不满足任意一个制程界限;

步骤 5:算法结束,得到允许的最大传送带过炉速度 $v_{\max}$,输出此值。

9.4.3 求解结果及分析

根据前述的求解步骤,最终得到满足所有制程界限的最大传送带过炉速度与在此速度下的炉温曲线(图 9-10)。

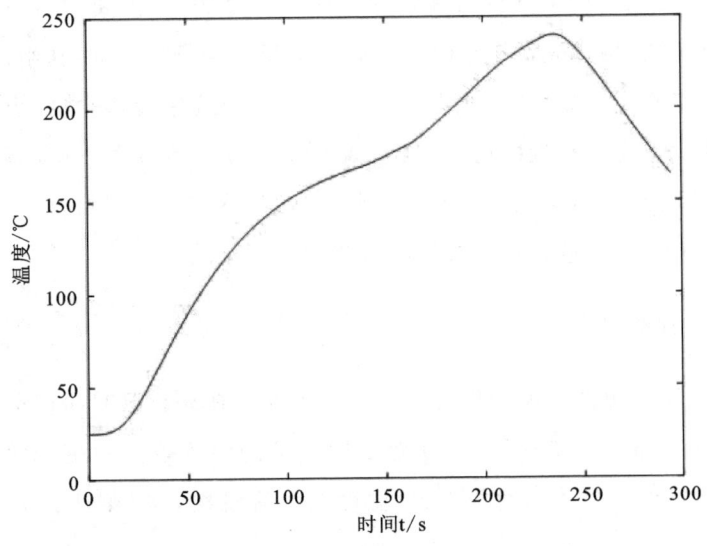

图 9-10 最大传送带过炉速度对应温度曲线

根据 9.4.2 中的求解步骤,结合 Matlab 软件进行编程求解。运行程序可得到如下结果:最大传送带过炉速度为 88.75cm/min,在此速度下所有的制程界限均可满足。

9.5 问题三的模型建立与求解

本问题在前两问的基础上,按题目要求控制各温区的设定温度和传送带的过炉速度,使得炉温曲线超过 217℃ 到达峰值所覆盖的面积最小。本问题需要决策的变量数达到 5 个,显然前一问中基于二分搜索的寻优方法不再适用,经分析和思考,我们选择采用遗传算法求解本问题,能够有效地减少搜索次数,降低搜索的复杂度,提高搜索的智能程度,为了使初始种群的选取更具有随机性,使用蒙特卡洛算法随机产生个体,从中挑选部分作为遗传算法的初始种群,然后经过多代演变,从中选出最优的个体。

9.5.1 模型的建立

遗传算法是从全局来寻找最优解的智能搜索算法,它需要对可行解进行编码操作(二进制编码、格雷码编码、十进制编码、浮点类编码等),使其组成染色体,模拟自然环境的"物竞天择,适者生存,不适者淘汰"的进化策略,选择出适应度较高的可行解,淘汰适应度较低的可行解。同时对种群进行交叉、变异使得新种群出现初始种群中不存在的新染色体。通过层层迭代,最终找出全局最优解,此算法具有较强的智能搜索能力,适合解决离散组合优化等问题。

1. 目标函数的建立

本问题要求确定使炉温曲线超过 217℃ 到达峰值所覆盖的面积最小的各温区设定温度和传送带的过炉速度,并使题目中所给的约束条件满足。设炉温曲线超过 217℃ 到达峰值所覆盖的面积为 S,温度上升阶段在 t_1 时刻达到 217℃,温度在 t_2 时刻达到峰值,因此面积 S 可以表示为

$$S = \int_{t_1}^{t_2} T(t)\,\mathrm{d}t \tag{9-32}$$

题目要求满足条件的面积 S 最小,因此目标函数为。

$$\min S \tag{9-33}$$

求 S 的最小值。

2. 约束条件的建立

此处约束条件依旧为制程界限,与问题二中相同,因此约束条件方程组与问题二中式(9-32)相同,如下所示:

$$\begin{cases} -3 < T'(t) < 3 \\ 60 < t|_{T(t)=190℃} - t|_{T(t)=150℃} < 120 \\ 40 < t|_{T(t)=217℃,2} - t|_{T(t)=217℃,1} < 90 \\ 240 < \mathrm{Max}(T(t)) < 250 \end{cases} \tag{9-34}$$

式中 $t|_{T(t)=190℃}$ 表示当 $T(t)$ 等于 190℃时的时刻 t,$t|_{T(t)=150℃}$ 表示当 $T(t)$ 等于 150℃时的时刻 t,$t|_{T(t)=217℃,1}$ 表示温度上升过程中达到 217℃的时刻,$t|_{T(t)=217℃,2}$ 表示温度下降过程中达到 217℃的时刻,$\mathrm{Max}(T(t))$ 表示温度函数的峰值。

综上所述,该问题可以抽象成以下数学模型:

$$\begin{cases} \min S \\ \mathrm{s.t} \begin{cases} -3 < T'(t) < 3 \\ 60 < t|_{T(t)=190℃} - t|_{T(t)=150℃} < 120 \\ 40 < t|_{T(t)=217℃,2} - t|_{T(t)=217℃,1} < 90 \\ 240 < \mathrm{Max}(T(t)) < 250 \end{cases} \end{cases} \tag{9-35}$$

9.5.2 模型的求解

遗传算法的流程图如图 9-11 所示。

1. 编码与初始化种群

首先使用蒙特卡洛算法随机产生 2000 组[0,1]随机数组,每组随机数组包含 4 个值,定义为 ϕ_1、ϕ_2、ϕ_3、ϕ_4,表示 4 个温度区间的调控系数,即有

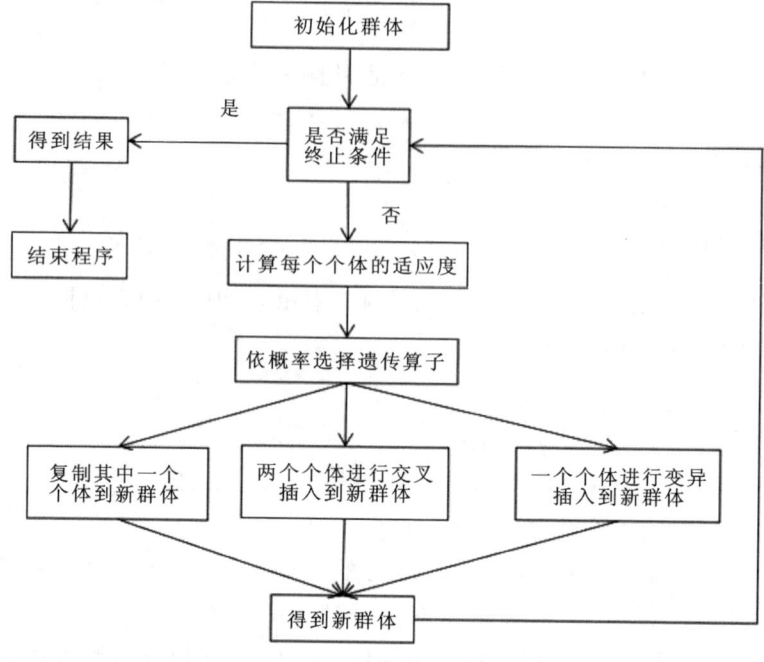

图 9-11 遗传算法流程图

$$\begin{cases} T_1 = 165 + 20 \times \phi_1 \\ T_2 = 185 + 20 \times \phi_2 \\ T_3 = 225 + 20 \times \phi_3 \\ T_4 = 245 + 20 \times \phi_4 \end{cases} \tag{9-36}$$

然后从中选取 100 个作为初始种群。一个随机数组表示一个染色体,初始种群染色体表示为

$$\mathrm{Chrom}(i) = [\phi_1^i, \phi_2^i, \phi_3^i, \phi_4^i], i = 1, 2, \cdots, 100 \tag{9-37}$$

2. 适应度函数 fitness 的确定

考虑到此问题为有约束条件的优化问题,采用惩罚策略降低不可行解的适应度,从而使得约束问题转化为无约束问题。本问题构造加法惩罚项如下:

$$\mathrm{fitness}(x) = \mathrm{minS} + p(x) \tag{9-38}$$

其中 x 代表染色体,minS 是问题三的目标函数,由于本问为极小值问题,$p(\mathrm{x})$ 为惩罚项,可取

$$\begin{cases} p(x) = 0, & x \text{ 可行} \\ p(x) = 9999, & \text{其他} \end{cases} \tag{9-39}$$

3. 选定遗传算法相关参数

本题选定的参数:种群个体数 $N=100$,最大遗传代数 MAXGEN$=100$,交叉概率 $P_c=0.5$,变异概率 $P_x=0.1$。

9.5.3 求解结果及分析

根据上述算法步骤,得到随着演化次数增加,适应度的变化如图 9-12 所示。

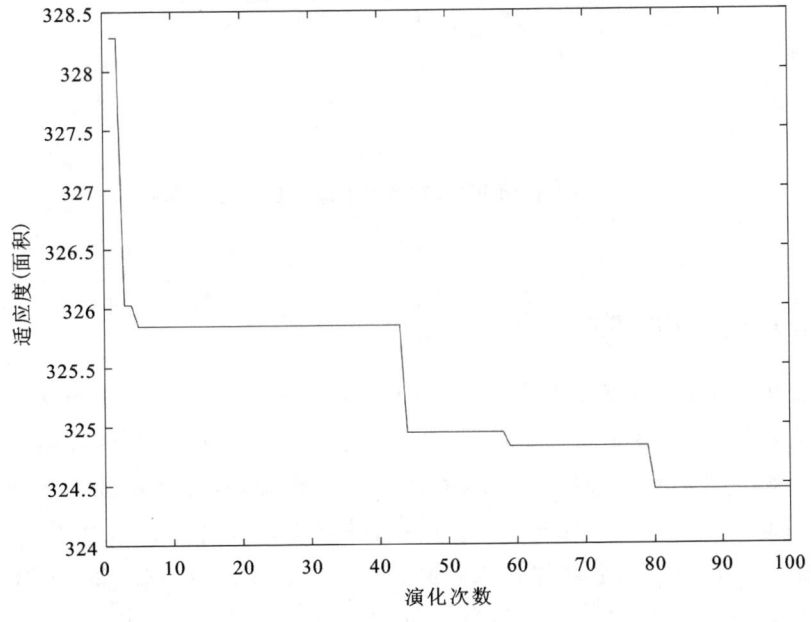

图 9-12 适应度随演化次数变化曲线

最终得到结果,当 $\phi_1=0.3401$、$\phi_2=0.0358$、$\phi_3=0.0345$、$\phi_4=0.9967$,对应 4 个区域的温度分别为 $T_1=171.8℃$、$T_2=185.7℃$、$T_3=225.7℃$、$T_4=264.9℃$,$v_{\text{oven}}=96.88\text{cm/min}$,求得最小面积为 324.46,绘制满足条件的最小面积如图 9-13 所示。

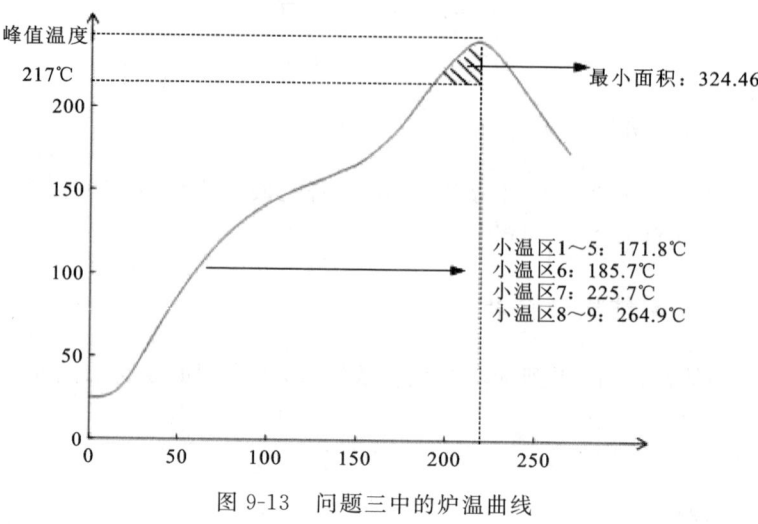

图 9-13 问题三中的炉温曲线

9.6 问题四的模型建立与求解

9.6.1 模型的建立

问题四在问题三的基础上进一步加强约束条件,要求以峰值温度为中心线的两侧超过 217℃ 的炉温曲线应尽量对称。为使曲线尽量对称,可使以峰值温度为中心线两侧超过 217℃ 的面积相等,但此方法的弊端是,即便曲线左右两侧不对称,最后得到的面积也有可能相等,这一点由基础几何知识可知,在此不做赘述。

根据以上分析可知,若能保证以峰值温度为中心线,向左右两侧相同时间间隔的时刻对应的温度能够尽量相等,就能够保证以峰值温度为中心线的两侧超过 217℃ 的炉温曲线尽量对称(图 9-14)。h 为温度曲线的峰值,以此为中心线,向左向右划分 n 段,可知 $\sum_{i=1}^{n}(h_{r,i} - h_{l,i})$ 取最小值时,以峰值温度为中心线的两侧超过 217℃ 的炉温曲线的对称性最好。

上面只考虑到了曲线的对称性,但问题三中还隐含面积最小这一约束条件。在问题三中求出了最小面积 S_m,按照前文分析,我们还可以求出最小相对误差和 A_m。为使这两点同时满足,我们需要创建新的适应度函数,并对函数做出归一化

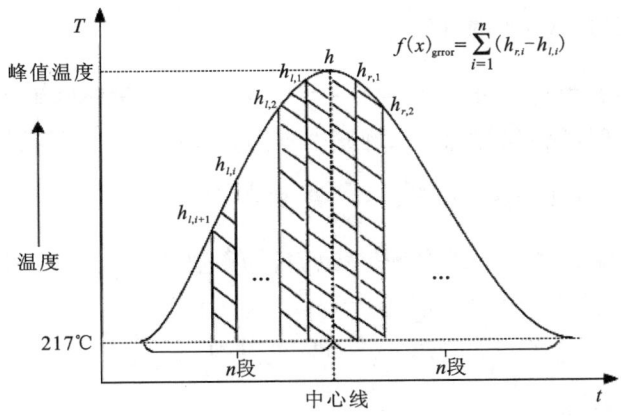

图 9-14 保证曲线对称示意图

处理,新的适应度函数 fitness 如下:

$$\text{fitness}(x) = \frac{S - S_\text{m}}{S_\text{m}} + \frac{A - A_\text{m}}{A_\text{m}} \tag{9-40}$$

9.6.2 模型的求解

1. 编码与初始化种群

首先使用蒙特卡洛算法随机产生 2000 组 [0,1] 随机数组,每组随机数组包含 5 个值,定义为 ϕ_1、ϕ_2、ϕ_3、ϕ_4、ϕ_5,表示 5 个温度区间的调控系数和传送带过炉速度调控系数,即有

$$\begin{cases} T_1 = 165 + 20 \times \phi_1 \\ T_2 = 185 + 20 \times \phi_2 \\ T_3 = 225 + 20 \times \phi_3 \\ T_4 = 245 + 20 \times \phi_4 \\ T_5 = 65 + 35 \times \phi_5 \end{cases} \tag{9-41}$$

然后从中选取 100 个作为初始种群。一个随机数组表示一个染色体,初始种群染色体表示为

$$\text{Chrom}(i) = [\phi_1^i, \phi_2^i, \phi_3^i, \phi_4^i, \phi_5^i], i = 1, 2, \cdots, 100 \tag{9-42}$$

2. 适应度函数 fitness 的确定

考虑到此问题为有约束条件的优化问题,采用惩罚策略降低不可行解的适应度从而使得约束问题转化为无约束问题。本问题构造加法惩罚项如下:

$$\text{fitness}(x) = \frac{S - S_\text{m}}{S_\text{m}} + \frac{A - A_\text{m}}{A_\text{m}} + p(x) \quad (9\text{-}43)$$

其中 x 代表染色体,minS 是问题三的目标函数,由于本问为极小值问题,可取

$$\begin{cases} p(x) = 0, & x\text{ 可行} \\ p(x) = 9999, & \text{其他} \end{cases} \quad (9\text{-}44)$$

3. 选定遗传算法相关参数

本题选定的参数:种群个体数 $N = 100$,最大遗传代数 MAXGEN=100,交叉概率 $P_\text{c} = 0.5$,变异概率 $P_x = 0.1$。

9.6.3 求解结果及分析

根据上述算法步骤,得到随着演化次数增加,适应度的变化如下图 9-15 所示。

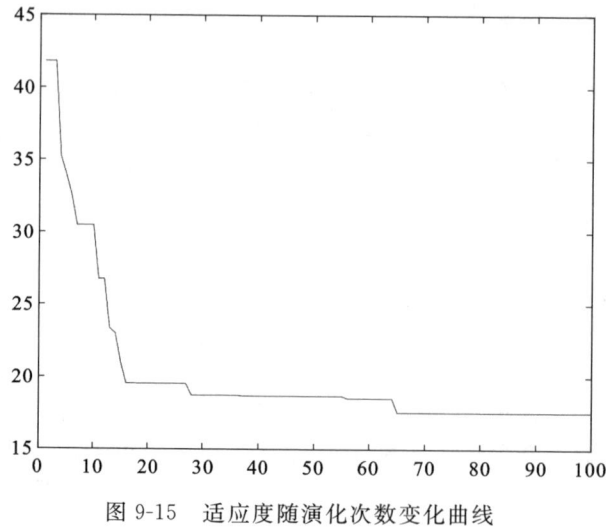

图 9-15 适应度随演化次数变化曲线

最终得到结果,当 $\phi_1 = 0.604\ 9$、$\phi_2 = 0.074\ 4$、$\phi_3 = 0.239\ 0$、$\phi_4 = 0.987\ 5$、$\phi_5 = 0.993\ 2$ 时对应 4 个区域的温度分别为 $T_1 = 177.1\ ℃$、$T_2 = 186.5\ ℃$、$T_3 = 229.8\ ℃$、

$T_4=264.8℃, v_{oven}=99.76 cm/min$,求得最小面积为 329.2,此时左右曲线的总相对误差为 19.020 4。

9.7 模型评价

1. 模型的优缺点

1)模型的优点

模型遵从了热辐射、热传导以及热对流的热力学原理,从理论的基础上建立模型,有充分的数学理论支持;使用了差分代替微分的思维求解一维的热传导方程,使得参数的处理更加容易;在不同温度情况下取用了不同的热对流系数,得到的结果更加准确可靠;蒙特卡罗算法和遗传算法结合使用,使遗传算法的计算效率更高,同时得到的结果也更好;使用了多标准经过归一化后结合形成适应度函数的形式,使得最后得到的结果可以尽可能地符合多种要求。

2)模型的缺点

差分模型不如微分模型精确。可能出现误差;多变量的遗传算法可能得到局部最优解,而不是全局最优解;遗传算法和蒙特卡罗算法的计算量过大,程序运行很慢。

2. 模型的改进方向

有限差分法求解时,需要选取更合适的步长来得到更精确的效果;在使用遗传算法时,可以进一步加大种群数量和迭代次数,调整各个概率参数的大小以得到更好的收敛效果;斜率误差可以使用更好的评判形式,而不是使用相对误差和的形式。

主要参考文献

[1] WU L J, ZHOU W G, CHENG H R, et al. The Study of Structure Optimization of Blast Furnace Cast Steel Cooling Stave Based on Heat Transfer

Analysis [J]. Applied Mathematical Modeling, 2006, 31 (7): 1249-1262.

[2] KANG J W, RONG Y M. Modeling and Simulation of Load Heating in Heat Treatment Furnaces [J]. Journal of Materials Process Technology, 2006, 174 (1-3): 109-114.

[3] ANTON J, BRANISLAV G, TOMAZ K, et al. A Simulation of Heat Transfer During Billet Transport [J]. Journal of Applied Thermal Engineering, 2002, 22 (7): 873-883.

[4] 贾海峰. 一维热传导方程的推导 [J]. 科技信息, 2013 (2): 159.

点 评

本赛题考虑热量以热对流和热辐射的方式由回焊炉到电路板表面,再以热传导方式传递至电路板中心,利用一维热传导方程建立了微分方程模型。另一种更好的方法是只考虑热传导,并结合第三类边界条件建立模型。之后利用有限差分的 BTCS 格式求解热传导方程,再根据附件中的数据拟合模型中的待定参数。在问题一的模型基础上,利用二分法,在给定范围内找到满足条件的最大速度。问题三涉及多个变量的寻优,使用蒙特卡洛算法产生多个随机个体,结合遗传算法求出最优解。问题四将对称性和面积最小两个要求通过归一化处理相加作为待优化的目标函数,再使用蒙特卡洛算法产生随机数,使用遗传算法求出最优解。本建模的特色是使用蒙特卡洛算法结合遗传算法来寻找最优值,取得较优参数。不足之处是对所找到的参数未进行检验,需要讨论这些参数的误差对于模型和算法稳定性的影响。

第 10 章　乙醇偶合制备 C_4 烯烃(2021B)[①]

C_4 烯烃广泛应用于化工产品及医药的生产,乙醇是生产制备 C_4 烯烃的原料。在制备过程中,催化剂组合(即 Co 负载量、Co/SiO_2 和 HAP 装料比和乙醇浓度的组合)与温度对 C_4 烯烃的选择性和 C_4 烯烃收率将产生影响(名词解释见附录)。因此通过对催化剂组合设计,探索乙醇催化偶合制备 C_4 烯烃的工艺条件具有非常重要的意义和价值。

某化工实验室针对不同催化剂在不同温度下做了一系列实验,结果如附件 1 和附件 2 所示。请通过数学建模完成下列问题:

问题一:对附件 1 中每种催化剂组合,分别研究乙醇转化率、C_4 烯烃的选择性与温度的关系,并对附件 2 中 350℃时给定的催化剂组合在一次实验不同时间的测试结果进行分析。

问题二:探讨不同催化剂组合及温度对乙醇转化率以及 C_4 烯烃选择性大小的影响。

问题三:如何选择催化剂组合与温度,使得在相同实验条件下 C_4 烯烃收率尽可能高。若使温度低于 350℃,又如何选择催化剂组合与温度,使得 C_4 烯烃收率尽可能高。

问题四:如果允许再增加 5 次实验,应如何设计,并给出详细理由。

[①] 本章由获得 2021 年全国大学生数学建模竞赛一等奖论文改写而成。竞赛小组成员为赵晨曦、杨帅帅、方知雨等,指导老师为余绍权。

名词解释与附件说明

温度:反应温度。

选择性:某一个产物在所有产物中的占比。

时间:催化剂在乙醇氛围下的反应时间,单位为 min。

Co 负载量: Co 与 SiO_2 的质量之比。例如,"Co 负载量为 1wt%"表示 Co 与 SiO_2 的质量之比为 1:100,记作"1wt%Co/SiO_2",依次类推。

HAP:一种催化剂载体,中文名称为羟基磷灰石。

Co/SiO_2 和 HAP 装料比:指 Co/SiO_2 和 HAP 的质量比。例如附件1中编号为 A14 的催化剂组合"33mg 1wt%Co/SiO_2-67mg HAP-乙醇浓度 1.68mL/min"指 Co/SiO_2 和 HAP 的质量比为 33mg:67mg 且乙醇按每分钟 1.68mL 加入,依次类推。

乙醇转化率:单位时间内乙醇的单程转化率,其值为 100%×(乙醇进气量-乙醇剩余量)/乙醇进气量。

C_4 烯烃收率:其值为乙醇转化率×C_4 烯烃的选择性。

附件1:性能数据表。表中乙烯、C_4 烯烃、乙醛、碳数为 4~12 脂肪醇,均为反应的生成物;编号 A1~A14 的催化剂在实验中使用装料方式Ⅰ,B1~B7 的催化剂在实验中使用装料方式Ⅱ。

附件2:350℃时给定的某种催化剂组合的测试数据。

由于篇幅有限,附件的完整内容可扫描前言处的二维码获取。

10.1 问题分析与基本思路

本建模的中心问题是研究催化剂组合、温度对 C_4 烯烃的选择性和 C_4 烯烃收率的影响。目的是为了获得更有效的催化剂组合,提高乙醇耦合制备 C_4 烯烃收率。

从数学建模角度而言,本赛题属于统计建模问题。具体过程包括数据预处理、各种方法的统计分析,以及实验设计等。

问题一要求针对附件1中的每种催化剂组合,分别研究乙醇转化率、C_4 烯烃的选择性与温度的关系。相关分析与回归分析都可用于研究变量之间的影响关系,如果只是简单地确定影响程度,可以采用相关分析方法;若想确定变量之间的影响程度、影响方向、影响模式,以及变量之间是否存在交互作用等等,则需采用回归分析方法。当然,无论是相关分析还是回归分析,作为统计方法的运用,必须考虑方法的适用条件,还要考虑统计显著性。统计推断结论是否可靠,仅有显著性检验还不够,还需要作其他检验,比如实际意义的检验,误差分析等。

问题二探讨不同催化剂组合及温度对乙醇转化率以及 C_4 烯烃选择性大小的影响。这里可采用多因素方差分析方法,也可以运用回归分析方法[1]。控制变量是催化剂组合,温度也是一个影响因素,因变量分别为乙醇转化率和 C_4 烯烃选择性。

问题三探讨如何选择催化剂组合与温度,使得在相同实验条件下 C_4 烯烃收率尽可能高,我们可以先确定 C_4 烯烃收率与催化剂组合及温度之间的关系,得到一个显示形式的函数,然后利用极值方法解决这个问题。当然,也可以直接建立最优化模型解决这个问题。

问题四属于实验设计,采用正交实验设计是常用的方法[2-3]。

10.2 建模建立准备

10.2.1 模型假设

(1) 假设实验过程中的检测对后续反应过程不产生影响。
(2) 假设实验和测量过程中没有误差。
(3) 反应温度限制在 $250 \sim 450 \degree C$。

10.2.2 符号说明及名词定义

符号说明及名词定义见表 10-1。

表 10-1 符号说明及名词定义

符号	意义
x_1	Co 负载量
x_2	Co/SiO_2 质量
x_3	反应温度
x_4	乙醇反应浓度
y_1	乙醇转化率
y_2	C_4 烯烃选择性

续表 10-1

符号	意义
y_3	C_4烯烃收率
y	某反应物的转化率或生成物的收率
t	反应时间
$s(t)$	某反应物的转化率或生成物的收率随时间变化的函数

10.3 问题一的模型建立与求解

10.3.1 温度与相关变量的关系以及催化剂组合的效果

小问一:要求分别研究附件1中每种催化剂组合下,乙醇的转化率和C_4烯烃的选择性与温度的关系。

附件1共有21种催化剂组合,分为A、B两种装填方式,其中A装填方式有14种,B装填方式有7种。每种催化剂组合都是在几种不同温度下实验测得的乙醇的转化率、乙烯的选择性、C_4烯烃的选择性等数据。

要分别研究乙醇转化率和C_4烯烃的选择性与温度的关系,需要我们分析每组催化剂组合在每种温度下的实验数据。为了分析三者之间的关系,需要直观呈现乙醇转化率和C_4烯烃的选择性随温度变化的大致趋势,由于该化学反应的内在机理尚未明确,本建模使用三次样条拟合,以温度为自变量,分别以乙醇转化率和C_4烯烃的选择性为因变量,针对每种催化剂组合画出图像,并作分析。

小问二:要求研究附件2中在某种催化剂、温度固定为350℃的条件下,一次实验不同时间下的测试结果。

附件2共有一次实验从20~273min的7组测试数据,测试数据包括乙醇的转化率、乙烯的选择性、C_4烯烃的选择性等。实验中催化剂组合和温度都保持不变。

本题选择探究反应物,即乙醇的转化率和各生成物的选择性与时间的关系,以及反应物转化率与各生成物选择性之间的关系。首先考虑以时间为自变量,分别以乙醇的转化率和各生成物的选择性为因变量,研究它们之间的关系。再将各时间下测得的乙醇转化率分别乘以各生成物的选择性,得到各生成物的收率,以时间为自变量,分别以乙醇的转化率和各生成物的收率为因变量,研究它们之间的关系。

10.3.2 问题一的分析

本建模希望构建一个能够通过各种决策变量预测 C_4 烯烃选择性与收率之间关系的函数模型。在决策变量中,催化剂组合包含 Co 负载量、Co/SiO_2 和 HAP 的装料比、乙醇浓度等子变量,Co/SiO_2 和 HAP 的装料比实际又包含 Co/SiO_2 的质量、Co/SiO_2 和 HAP 的质量比例等变量,除此之外,还有温度、装料方式和停留时间会影响 C_4 烯烃选择性和收率,逻辑框架如图 10-1 所示。

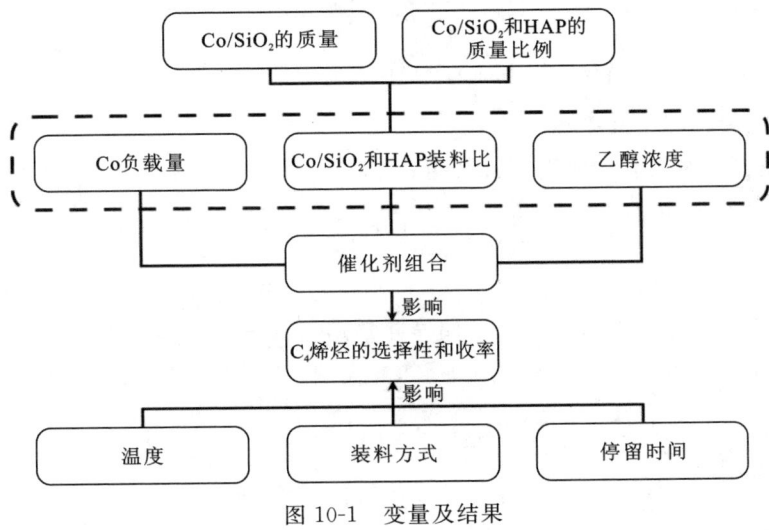

图 10-1 变量及结果

要分析催化剂组合与温度对 C_4 烯烃选择性和收率的影响,需要同时考虑上述所有变量。

10.3.3 模型一的建立

记催化剂反应的温度为 x,乙醇转化率为 y_1,C_4 烯烃选择性为 y_2,催化剂与乙醇转化率或 C_4 烯烃选择性之间的关系写作 $y_1 = f(x, a_i, b_i, c_i)$,其中 a_i、b_i、c_i 为参数,由催化反应的基本化学性质可得,当催化反应的温度较低时,乙醇转化率和 C_4 烯烃选择性与温度成正比(即一级反应),当温度慢慢增长到一定阈值,部分催化剂条件下乙醇转化率和 C_4 烯烃选择性会达到阈值(即零级反应),当温度继续增高,根据有机化学的基础知识可知,多数有机化合物的热稳定性不好,小分子有机化合物易燃易爆炸，大分子有机化合物受热易分解，会引起生成物不稳定，导致乙醇转化率和 C_4 烯烃转化率又下降，与温度成反比（即一级反应），基于上述描述，采用多项式方程拟合来分析温度与乙醇转化率和 C_4 烯烃转化率的关系为

$$y_i = a_i x^2 + b_i x + c_i \tag{10-1}$$

为了方便调用高斯-约当消去法，增加自变量 x_0，且令其值在每次测定中恒为 1。方程(10-1)改写为

$$y_i = a_i x^2 + b_i x + c_i x_0 \tag{10-2}$$

根据最小二乘法原理建立与方程式(10-1)相对应的方程组，即选择回归系数使残差平方和[4]：

$$Q_{余} = \sum_{j=1}^{m} [y_j - (cx_0 + ax^2 + bx)]^2 \tag{10-3}$$

式中，m 为试验次数（样本量）。

达到最小，为此应求解以下方程组：

$$\frac{\partial Q_{余}}{\partial b_k} = \frac{\partial}{\partial b_k} \sum_{j=1}^{m} [y_j - (cx_0 + ax^2 + bx)]^2 = 0 \tag{10-4}$$

其中，$k=0,1,2$。

上式经过对每一个回归系数求偏导并整理后得出以下矩阵方程：

$$\begin{bmatrix} \sum x_0 x_0 & \sum x_0 x^2 & \sum x_0 x \\ \sum x^2 x_0 & \sum x^2 x^2 & \sum x^2 x \\ \sum x x_0 & \sum x x^2 & \sum x x \end{bmatrix} \begin{bmatrix} c \\ a \\ b \end{bmatrix} = \begin{bmatrix} \sum x_0 y_i \\ \sum x^2 y_i \\ \sum x y_i \end{bmatrix} \tag{10-5}$$

对矩阵方程通过调用相应的高斯-约当消去法程序或高斯-赛德尔迭代程序即可求解出待定回归系数 a、b。

要分析 350℃ 时给定的催化剂组合在一次实验不同时间的测试结果，需要对各生成物的收率、选择性和反应物转化率的变化进行分析，建立变化幅度指标。某生成物的收率或选择性或反应物转化率的变化幅度 s 随温度变化的方程为

$$s(t_i) = (y_{i+1} - y_i)/(t_{i+1} - t_i) \tag{10-6}$$

10.3.4 模型一的求解

10.3.4.1 催化剂选择与温度关系

对于每种催化剂组合，分别作出乙醇转化率和 C_4 烯烃选择性与温度关系的折

线图,如图 10-2 所示。从图中可以看到,乙醇转化率与温度具有正相关关系,但不是一种线性相关关系,如图 10-3 所示。从图中可以看到,C_4 烯烃选择性与温度也具有正相关关系,但不是一种线性相关关系。

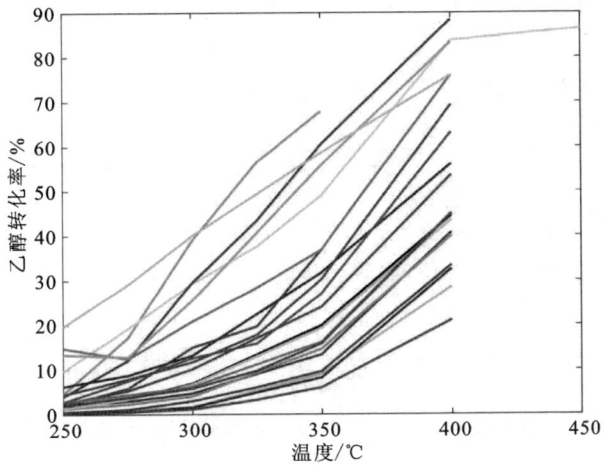

图 10-2　各催化剂组合下乙醇转化率随温度变化的图像

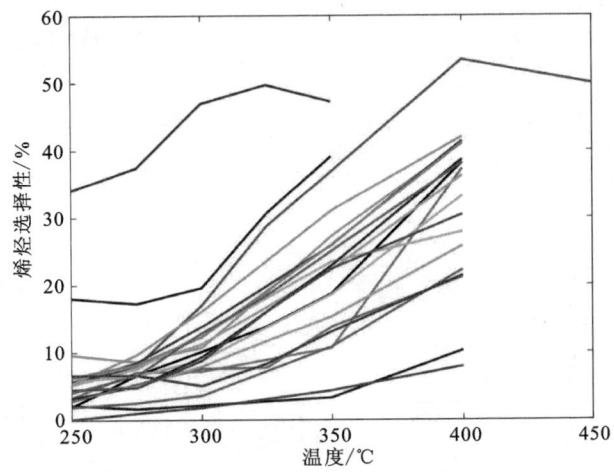

图 10-3　各催化剂组合下 C_4 烯烃选择性随温度变化的图像

为更精确地研究相关性,下面针对各个催化剂组合下的乙醇转化率和 C_4 烯烃选择性与温度的关系进行拟合。分别使用 $y = ax^2 + bx + c$ 和 $y = ae^{bx}$ 对曲线进行拟合,得到 R^2。如图 10-4 所示,$y = ax^2 + bx + c$ 的拟合效果优于 $y = ae^{bx}$。下面使用 $y = ax^2 + bx + c$ 对各个曲线进行拟合,如图 10-5 所示。

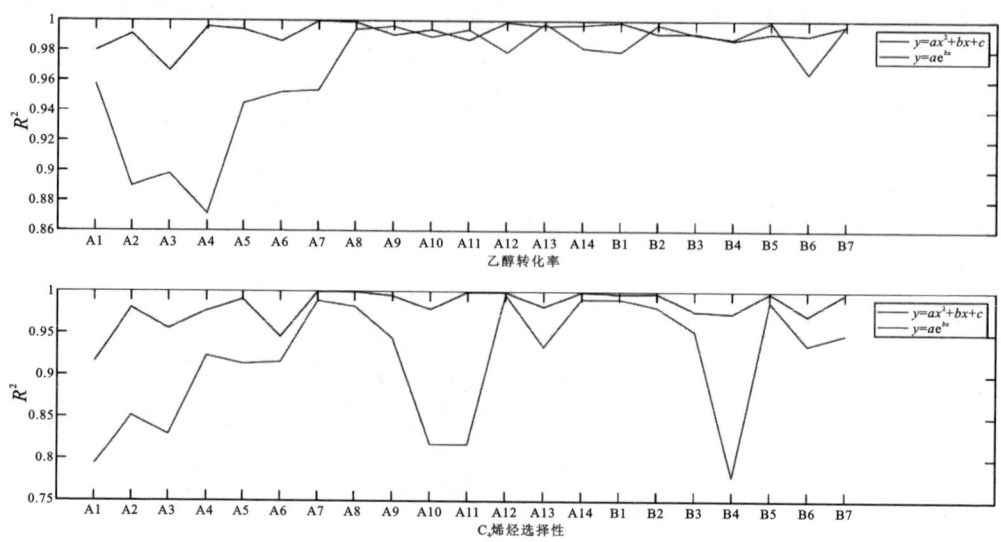

图 10-4　分别使用 $y = ax^2 + bx + c$ 和 $y = ae^{bx}$ 拟合曲线的 R^2

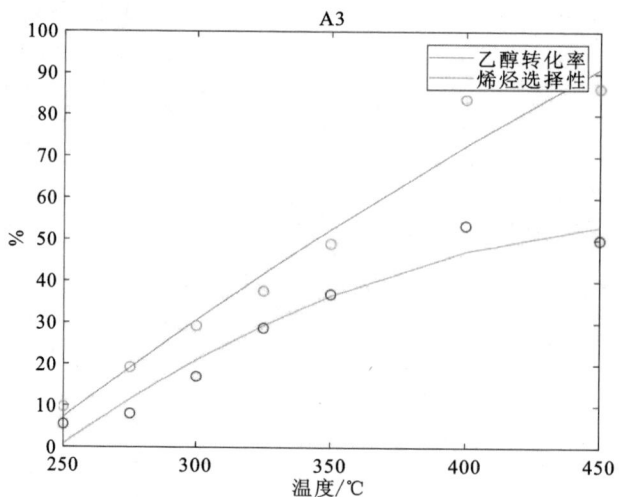

图 10-5　A3 组合下乙醇转化率和 C_4 烯烃选择性随温度变化的拟合曲线

以 A3 组合为例,乙醇转化率和 C_4 烯烃选择性及其增长率与温度的关系如图 10-5 和图 10-6 所示。各个拟合方程的参数如表 10-2 所示。

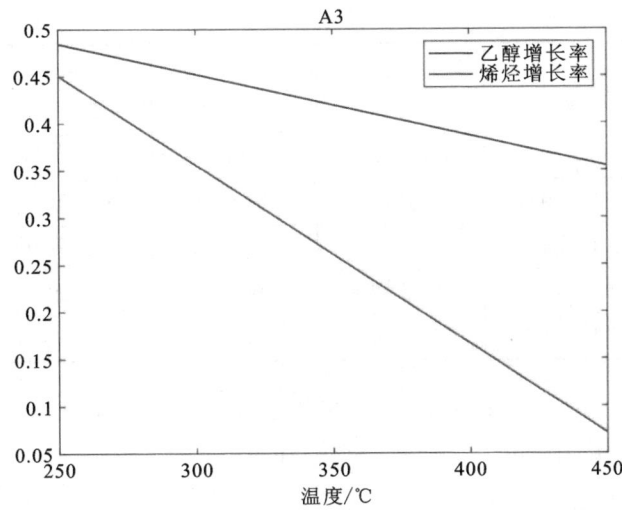

图 10-6 A3 组合下乙醇转化率和 C_4 烯烃选择性的增长率随温度变化的拟合曲线

表 10-2 乙醇转化率和 C_4 烯烃选择性的增长率随温度变化的拟合方程参数

$a_{乙醇}$	$b_{乙醇}$	$c_{乙醇}$	$a_{烯烃}$	$b_{烯烃}$	$c_{烯烃}$
0.002 545	−1.193 59	141.753 1	−0.002 11	1.422 246	−190.783
−0.000 74	1.105 786	−227.393	0.003 113	−1.646 29	234.745 4
−0.000 33	0.647 554	−134.344	−0.000 95	0.924 416	−171.076
0.000 365	0.344 54	−106.943	0.001 214	−0.562 42	72.773 36
0.003 196	−1.669 4	231.943	0.001 122	−0.499 53	57.883 71
0.001 665	−0.583 61	51.946 21	0.002 204	−1.233 55	176.615 7
−0.000 27	0.556 55	−102.598	0.001 154	−0.565 12	74.780 99
0.001 751	−0.801 48	96.862 78	0.000 747	−0.244 63	19.819 04
0.002 442	−1.342 55	186.287 1	0.000 055	0.218 015	−53.430 2
0.001 796	−0.987 15	135.651 2	0.000 699	−0.403 59	59.711 28
0.002 272	−1.274 08	177.917 7	0.000 183	−0.067 45	5.585 768
0.001 903	−0.954 36	121.525 9	0.000 902	−0.382 93	45.324 75
0.002 246	−1.21	164.302 2	−0.000 28	0.342 454	−64.332 9
0.002 178	−1.083 4	137.991 2	0.000 969	−0.493 95	64.862 87
0.001 884	−0.948 45	121.238	0.000 929	−0.365 44	39.067 76

续表 10-2

$a_{乙醇}$	$b_{乙醇}$	$c_{乙醇}$	$a_{烯烃}$	$b_{烯烃}$	$c_{烯烃}$
0.002 512	−1.364 77	188.254 7	0.000 993	−0.402 76	41.329 49
0.001 388	−0.770 71	106.953 6	0.000 478	−0.190 34	20.969 86
0.002 057	−1.129 04	155.274 7	0.001 002	−0.548 66	81.074
0.002 502	−1.354 67	185.740 7	0.000 65	−0.276 14	32.402 36
0.002 813	−1.444 71	190.082 8	0.000 326	−0.021 67	−12.128 7
0.003 278	−1.711 05	228.710 7	0.000 452	−0.060 02	−9.858 43

根据上述二次方程系数可知,绝大多数曲线拟合的结果在给定的温度范围内一直在增长,且温度在 300 ℃ 以上增长得往往更快。

10.3.4.2 不同催化剂组合情况

以时间为自变量,分别以各生成物的选择性和乙醇的转化率为因变量,得出的折线图如图 10-7、图 10-8 所示。

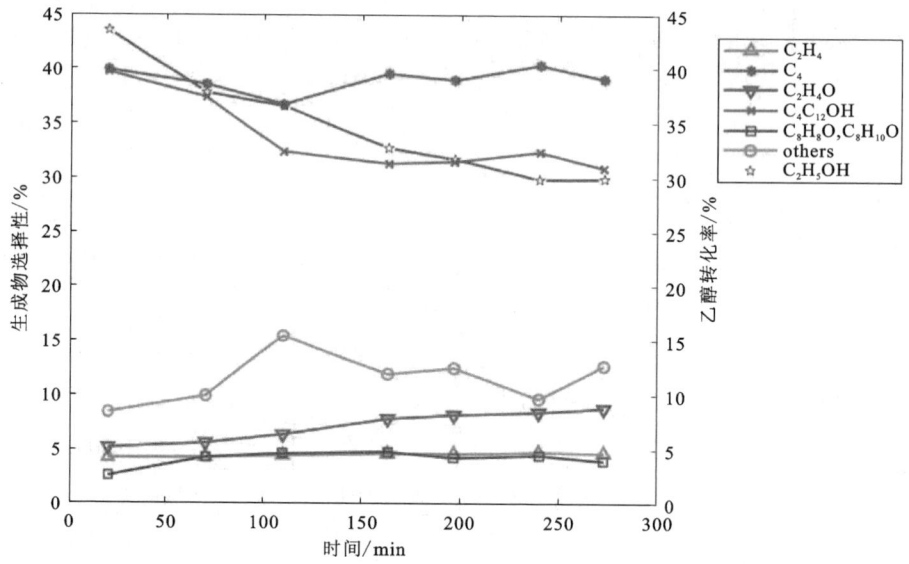

图 10-7 给定的催化剂组合和温度条件下各生成物选择性和乙醇转化率随时间变化的图像

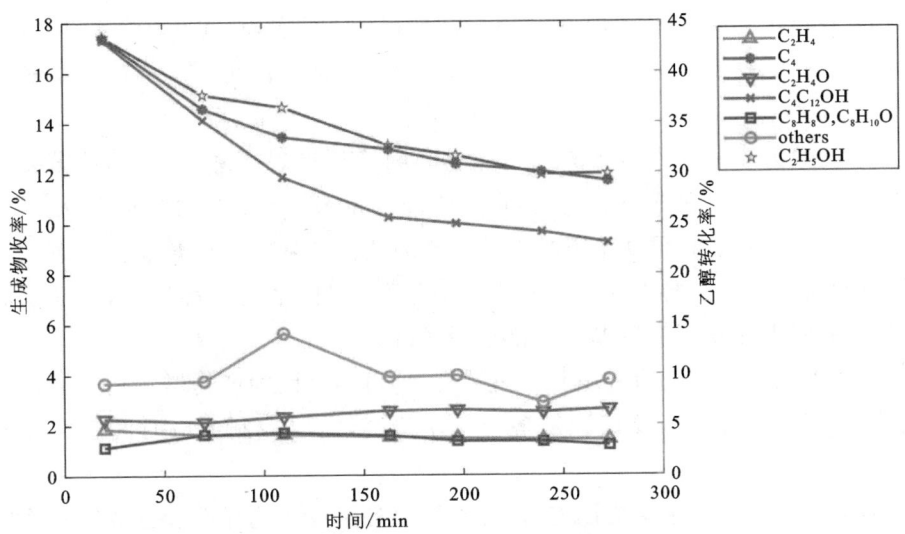

图 10-8 给定的催化剂组合和温度条件下各生成物收率和乙醇转化率随时间变化的图像

再以变化幅度为因变量,画出各生成物选择性和乙醇转化率与时间的变化曲线,如图 10-9 所示。

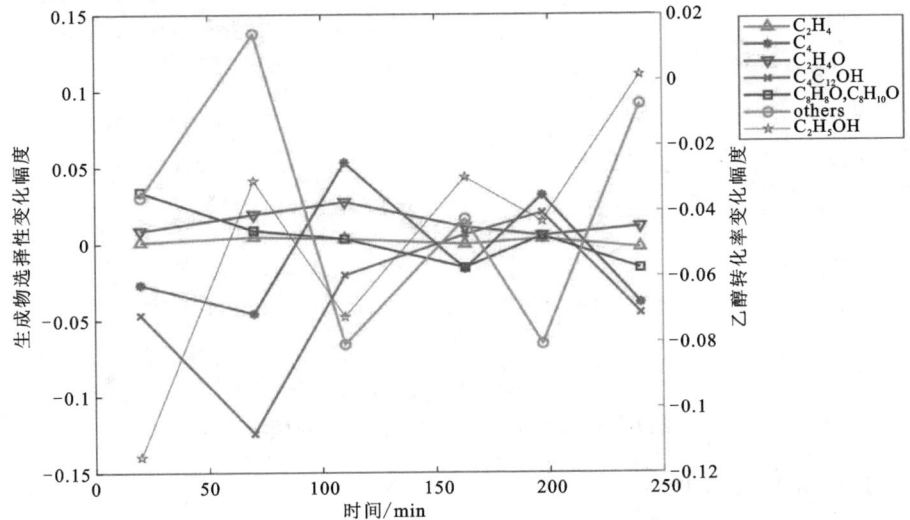

图 10-9 给定的催化剂组合和温度条件下各生成物选择性和乙醇转化率随时间的变化幅度图像

通过分析图 10-7 和图 10-9,得出以下结论。

(1) 在给定的时间区间内,C_4 烯烃选择性随时间增长,在缓慢下降后缓慢上升,呈现无序变化,认为其与时间没有相关性,这可能是因为在 20min 或之前反应已经达到平衡。

(2) 碳数为 4~12 脂肪醇的选择性随时间增长呈现下降趋势,因此若要提高碳数为 4~12 脂肪醇的选择性,应当在反应进行 20min 或更早时收集产物。

(3) 甲基苯甲醛和甲基苯甲醇以及乙醛的选择性随时间增长总体呈现增长趋势,但在全部产物中选择性相对较小,且延长反应时间消耗能源较多,不建议利用此反应制备甲基苯甲醛和甲基苯甲醇以及乙醛。

(4) 乙醇的转化率随时间增长一直下降,这可能是因为产物增多后平衡向化学方程式反向移动。因此,要保证乙醇转化率最高,需要控制反应时间在 20min 或之内。

同样地,再以变化幅度为因变量,分别绘出各生成物选择性和乙醇转化率的变化幅度随时间的变化曲线,如图 10-10。

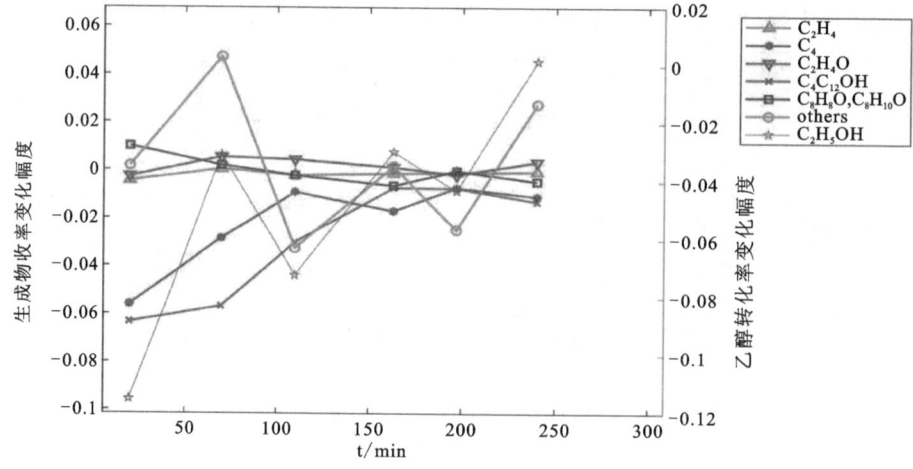

图 10-10　给定的催化剂组合和温度条件下各生成物收率和乙醇转化率随时间的变化幅度图像

通过分析图 10-8 和图 10-10,得出以下结论。

(1) C_4 烯烃的收率随时间增长呈下降趋势,且随时间增长,下降的速率逐渐变缓。要提高 C_4 烯烃的收率,应当在反应进行 20min 或更早时收集产物。此外,

C_4烯烃的收率为其选择性和乙醇转化率的乘积,而据前文分析可知,在给定时间范围内,C_4烯烃的选择性与时间没有相关性,因此,C_4烯烃收率降低的原因是乙醇转化率降低。要想提高 C_4 烯烃的收率,就必须选择乙醇转化率较高的停留时间。

(2)碳数为 4~12 脂肪醇的选择性随时间增长呈现下降趋势,因此若要提高碳数为 4~12 脂肪醇的选择性,应当在反应进行 20min 或更早时收集产物。

(3)甲基苯甲醛和甲基苯甲醇以及乙醛的收率随时间增长总体呈现增长趋势,但在全部产物中选择性相对较小,且延长反应时间消耗能源较多,不建议利用此反应制备甲基苯甲醛和甲基苯甲醇以及乙醛。

10.3.5 模型一的检验

检验多元线性回归方程可以采用相关系数检验法,从统计意义上分析回归效果,下列给出多元线性拟合复相关系数 R 的计算公式:

$$R = \sqrt{\frac{\sum_{j=1}^{m}(\hat{y_j}-\bar{y})^2}{\sum_{j=1}^{m}(y_i-\bar{y})^2}} \tag{10-7}$$

式中,$\hat{y_j}$ 是在确定回归系数 a、b 后,按式(10-1)计算出的第 i 个回归值,$Q_{余} = \sum_{j=1}^{m}(y_i-\hat{y_j})^2$ 为残余平方和,表示除了所有的 n 个自变量 x 与 y 的线性关系以外其他随机因素对 y 的影响;$Q_{回}$ 表示由所有的 n 个自变量 x 与 y 的线性关系引起的总偏差。式(10-4)表明,$Q_{回}$ 越大或 $Q_{余}$ 越小,R 越趋近于 1,变量 y 同自变量 x 的关系越密切,回归效果越好。

各拟合方程的 R^2 如表 10-3 所示。由表 10-3 可知,对于乙醇转化率和 C_4 烯烃选择性随温度变化的拟合方程,R^2 均大于 0.9,方程拟合效果较好。

表 10-3 乙醇转化率和 C_4 烯烃选择性随温度变化的拟合方程的 R^2

回归模型	$R^2_{乙醇}$	$R^2_{烯烃}$	$R^2_{乙醇}$	$R^2_{烯烃}$	$R^2_{乙醇}$	$R^2_{烯烃}$
模型一	0.979 748	0.915 957	0.999 039	0.999 526	0.998 876	0.997 177
模型二	0.991 08	0.980 284	0.990 262	0.994 887	0.991 29	0.997 736
模型三	0.966 32	0.955 075	0.994 009	0.978 469	0.991 475	0.976 297
模型四	0.995 911	0.976 519	0.987 127	0.999 444	0.987 028	0.973 684
模型五	0.994 027	0.990 547	0.999 083	0.999 258	0.991 44	0.998 222

续表 10-3

回归模型	$R^2_{乙醇}$	$R^2_{烯烃}$	$R^2_{乙醇}$	$R^2_{烯烃}$	$R^2_{乙醇}$	$R^2_{烯烃}$
模型六	0.986 032	0.945 403	0.996 508	0.981 657	0.990 249	0.970 93
模型七	0.999 708	0.999 651	0.997 162	0.999 463	0.996 598	0.997 144

10.4 问题二的模型建立与求解

问题二要求针对不同催化剂组合及温度探讨对乙醇转化率以及 C_4 烯烃选择性大小的影响。由表 10-3 可知，需要纳入考量的自变量有 Co 负载量、Co/SiO_2 的质量、Co/SiO_2 和 HAP 的质量比例、乙醇浓度和温度等，且催化剂组合较多，为分别研究各自变量对乙醇转化率以及 C_4 烯烃选择性大小的影响，需要按照控制变量原则对催化剂组合的各子项进行分组。温度为固定自变量，每一组只另外研究一个自变量。

10.4.1 问题二的分析

问题二要求探讨不同催化剂组合及温度对乙醇转化率和 C_4 烯烃选择性的影响。由图 10-11 可知，影响 C_4 烯烃选择性的变量有 7 种，但问题二中的要求不包含时间和装料方式 2 个变量，故只要分析 Co 负载量、Co/SiO_2 的质量、Co/SiO_2 和 HAP 的质量比例、乙醇浓度和温度 5 个变量对乙醇转化率和 C_4 烯烃选择性的影响。如图 10-11 所示。

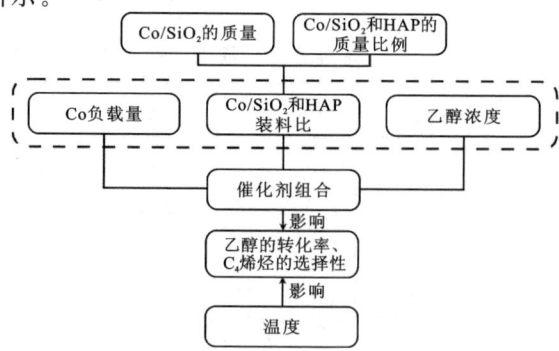

图 10-11 问题二的自变量和因变量

由于温度固定为自变量,要分别研究每一个变量的作用,需要控制其他3种变量相同,只改变其中1个变量,分析乙醇的转化率和C_4烯烃的选择性随该变量的变化趋势。注意到存在装料方式和是否添加HAP的差别,在此一并分析。

10.4.2 模型二的建立

要求解催化剂不同组合及温度对乙烯转化率和C_4的选择性的影响,需要对所有情况进行对比,通过分组分析得出结论。根据催化剂组合的不同,可以提取出催化剂中包含有Co负载量、Co/SiO_2和HAP装料比、Co/SiO_2与HAP催化剂的质量以及乙醇浓度4个变量。可以利用上述4个因素进行研究,通过建立多元映射函数对催化剂情况进行研究。

$$y_1 = f(x_1, x_2, x_4, x_5) \tag{10-8}$$

其中,x_5代表Co/SiO_2和HAP装料比,上述映射函数可以通过附件1构建21组映射关系,当研究x_1自变量与因变量的关系时,寻找与当前映射除x_1自变量之外的其他自变量都相同的映射,保持单一自变量原则,单独进行分析,同理,对后续的自变量分析也是同样的步骤。

10.4.3 模型二的求解

以各项变化的自变量为双自变量,作为x轴;以乙醇转化率或C_4烯烃的选择性为因变量,作为y轴。对各组分别绘出乙醇转化率随催化剂组合和温度变化的图像。分组和图像见表10-4和图10-12。

1. Co/SiO_2质量因素的分析

分析表10-4和图10-12,可以得到以下结论:① 随温度升高,乙醇转化率和C_4烯烃选择性升高;② 随Co/SiO_2质量升高,乙醇转化率升高,C_4烯烃选择性先升高后下降,在Co/SiO_2质量为50mg时,C_4烯烃选择性最高。

表10-4 Co/SiO_2质量不同的催化剂组合

催化剂组合编号	Co/SiO_2质量/mg
B6	75
B1	50
B4	25
B3	10

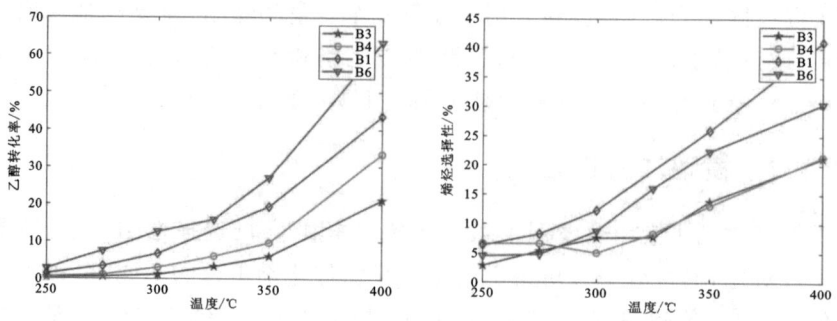

图 10-12　B3、B4、B1、B6 组乙醇转化率和 C_4 烯烃选择性随温度变化的图像

2. Co/SiO_2 和 HAP 质量比例因素的分析

分析表 10-5 和图 10-13，可以得到以下结论：①随温度升高，乙醇转化率和 C_4 烯烃选择性升高；②随 Co/SiO_2 和 HAP 的质量比例升高，乙醇转化率下降，C_4 烯烃选择性在 300℃、350℃ 时上升，在 250℃、275℃ 和 400℃ 时，先上升后下降，在 1∶1 时达到最高点。

表 10-5　Co/SiO_2 和 HAP 的质量比例不同的催化剂组合

催化剂组合编号	Co/SiO_2 和 HAP 的质量比例
A12	1∶1
A13	67∶33
A14	33∶67

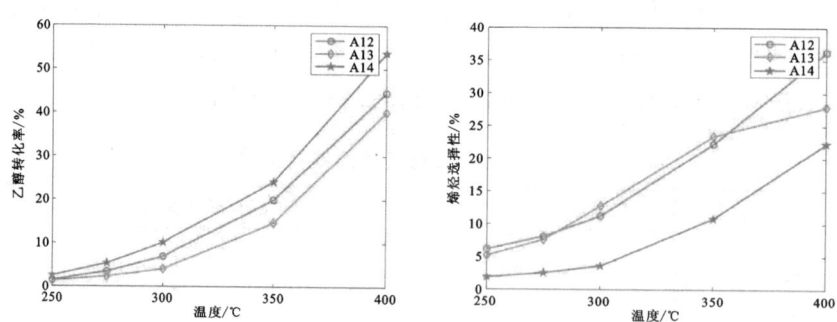

图 10-13　A12、A13、A14 组乙醇转化率和 C_4 烯烃选择性随温度变化的图像

考虑进一步分析 Co/SiO$_2$ 和 HAP 的质量比例对 C$_4$ 烯烃收率的影响。由图 10-14 可知,随 Co/SiO$_2$ 和 HAP 的质量比例升高,C$_4$ 烯烃收率先上升后下降,且总在 1∶1 时达到最高点。

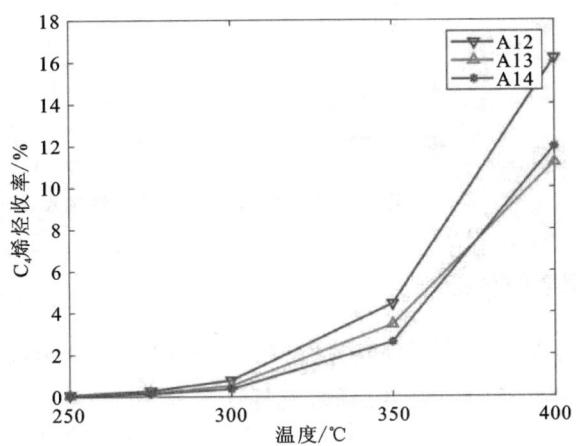

图 10-14　A12、A13、A14 组 C$_4$ 烯烃收率随温度变化的图像

3. Co 负载量因素的分析

由表 10-6 和图 10-15 可知,① 以 275℃为左端点,随温度升高,乙醇转化率和 C$_4$ 烯烃选择性升高,但在 Co 负载量为 1wt% 时,乙醇转化率在 325℃达到最高点后下降;② 随 Co 负载量升高,乙醇转化率先上升后下降,在 Co 负载量为 1wt% 时达到最高点,C$_4$ 烯烃选择性以 275℃为左端点,呈现降→升→降的趋势,在 Co 负载量为 2wt% 时达到最高点。

表 10-6　Co 负载量不同的催化剂组合

催化剂组合编号	Co 负载量/wt%
A4	0.5
A1	1
A2	2
A6	5

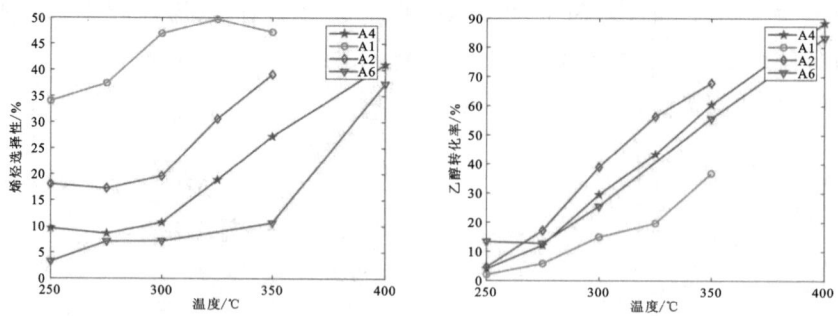

图 10-15　A4、A1、A2、A6 组乙醇转化率和 C_4 烯烃选择性随温度变化的图像

4. 乙醇浓度因素的分析

由表 10-7 和图 10-16 可知，随温度升高，乙醇转化率和 C_4 烯烃选择性升高；随乙醇浓度升高，乙醇转化率下降，C_4 烯烃选择性升高。

表 10-7　乙醇浓度不同的催化剂组合

催化剂组合编号	乙醇浓度/mL·min^{-1}
A9	2.1
A8	0.9
A7	0.3

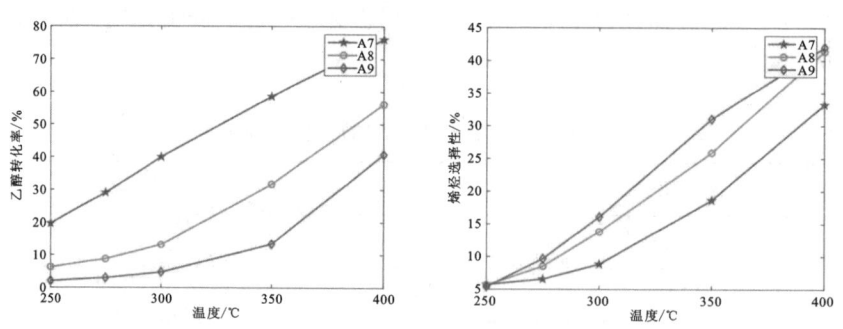

图 10-16　A7、A8、A9 组乙醇转化率和 C_4 烯烃选择性随温度变化的图像

题目二要求的因素已经分析完毕，以下再针对有无 HAP 因素和装料方式两种因素进行分析。

5. 有无 HAP 因素的分析

由表 10-8 和图 10-17 可知,随温度升高,乙醇转化率和 C_4 烯烃选择性升高;有 HAP 的情况下,乙醇转化率和 C_4 烯烃选择性远大于无 HAP 的情况。

表 10-8 有无 HAP 不同的催化剂组合

催化剂组合编号	有无 HAP
A11	无,替代为 90mg 石英砂
A12	有,50mgHAP

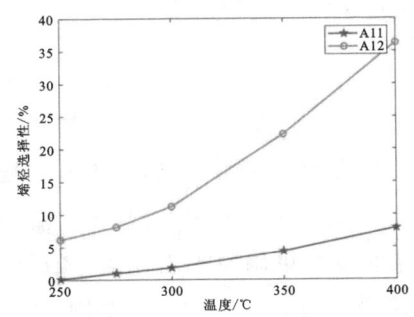 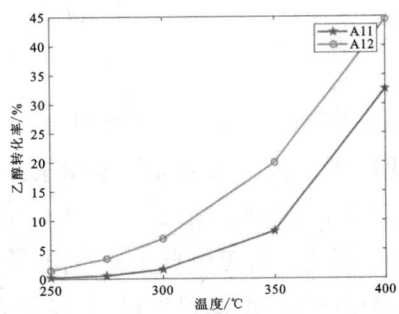

图 10-17 A11、A12 组乙醇转化率和 C_4 烯烃选择性随温度变化的图像

6. 装料方式因素的分析

由表 10-9 和图 10-18 可知,随温度升高,乙醇转化率和 C_4 烯烃选择性升高;对于装料方式Ⅰ和Ⅱ,乙醇转化率几乎没有差别,装料方式Ⅰ下的 C_4 烯烃选择性略小,且随着温度增长差距扩大。

表 10-9 装料方式不同的催化剂组合

催化剂组合编号	装料方式
A12	Ⅰ
B1	Ⅱ

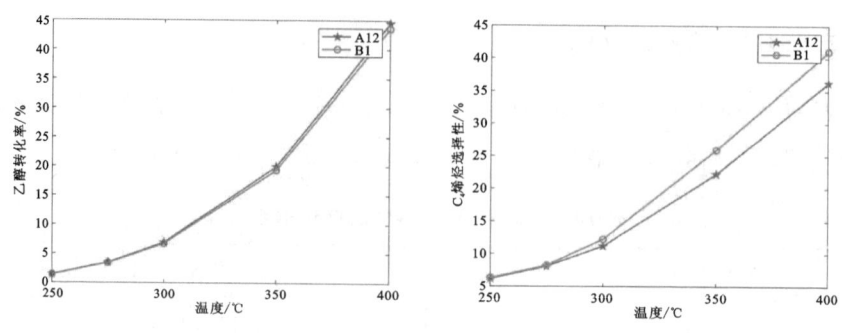

图 10-18 A12、B1 组乙醇转化率和 C_4 烯烃选择性随温度变化的图像

10.5 问题三的模型建立与求解

问题三要求选择合适的催化剂组合与温度,在没有温度限制和温度低于 350℃ 两种情况下,使得在相同实验条件下 C_4 烯烃收率尽可能高,考虑到需要求解 C_4 烯烃收率的优化解,采用多元线性回归模型拟合数据,根据拟合出的方程研究单一自变量,固定其余无关自变量,对当前研究的自变量函数求出极值,考虑到拟合函数的误差以及实验结果的误差,本题给出取极值时自变量的一个范围。同理,求出所有自变量的优化解范围,最终给出选择催化剂组合与温度的方案。

10.5.1 问题三的分析

问题三要求给出在相同实验条件下,使得 C_4 烯烃收率尽可能高的选择催化剂组合及温度的方案。并且在不限制温度范围和低于 350℃ 两种条件下给出方案。

首先确定问题三中影响 C_4 烯烃收率的自变量有 Co 负载量、Co/SiO_2 的质量、Co/SiO_2 和 HAP 的质量比例、乙醇浓度和温度 5 项,需要注意的是,问题二的求解中已经知道对于 C_4 烯烃收率,Co/SiO_2 和 HAP 的质量比例为 1∶1 时全面优于其他情况,所以,在此问中将 Co/SiO_2 和 HAP 的质量比例视为常量,只考虑 Co 负载量、Co/SiO_2 的质量、乙醇浓度和温度 4 项变量。

要对方案给出指导,就要对 4 项变量分别分析。因此考虑建立四元线性方程组,在研究某一项变量时,视其他 3 项变量为常量。由于 C_4 烯烃收率 = C_4 烯烃选择性 × 乙醇转化率,因此在研究每一项变量时,需要分别建立 C_4 烯烃选择性和乙醇转化率的一元方程组,再将两方程组相乘得到一个反映收率的二次方程,通过分析方程可以得到收率最高时该变量的值。

10.5.2 模型三的建立

根据观察催化剂组合的不同,可以提取催化剂中包含有 Co 负载量、Co/SiO_2 和 HAP 装料比、Co/SiO_2 与 HAP 催化剂的质量以及乙醇浓度 4 个变量。且大部分组别中 Co/SiO_2 和 HAP 的装料比固定为 1∶1,通过分析装料比为 1∶1 的情况下,对应其他相等条件下的乙醇转化率和 C_4 烯烃选择性较高,所以在研究催化剂组合和温度对上述两个因素的影响的问题中,选择 Co 负载量、Co/SiO_2 与 HAP 的质量、乙醇浓度和温度作为 4 个自变量,默认装料比为 1∶1,对此建立多元线性回归方程为

$$\begin{cases} y_i = f(x_1, x_2, x_3, x_4) \\ y_i = ax_1 + bx_2 + cx_3 + dx_4 + e \end{cases} \quad (10\text{-}9)$$

与一元线性回归方程的解法类似,n 元线性回归系数 a、b、c、d、e 将通过解 $n+1$ 阶线性方程组求得,为方便地调用高斯-约当消去法程序,增加自变量 x_0,且令其值在每次测定中恒为 1,方程(10-9)改写为

$$y_i = ax_1 + bx_2 + cx_3 + dx_4 + ex_0 \quad (10\text{-}10)$$

则选择回归系数使残差和为

$$Q_{余} = \sum_{j=1}^{m} \delta i^2 = \sum_{j=1}^{m} [y_j - (ex_{j0} + ax_{j1} + bx_{j2} + cx_{j3} + dx_{j4})]^2 \quad (10\text{-}11)$$

求解下列方程组:

$$\frac{\partial Q_{余}}{\partial b_k} = \frac{\partial}{\partial b_k} \sum_{j=1}^{m} [y_j - (ex_{j0} + ax_{j1} + bx_{j2} + cx_{j3} + dx_{j4})]^2 = 0 \quad (10\text{-}12)$$

式(10-12)经过对每一个回归系数求偏导并整理后得出以下矩阵方程:

$$\begin{bmatrix} \sum x_{j0}x_{j0} & \sum x_{j0}x_{j1} & \sum x_{j0}x_{j2} & \sum x_{j0}x_{j3} & \sum x_{j0}x_{j4} \\ \sum x_{j1}x_{j0} & \sum x_{j1}x_{j1} & \sum x_{j1}x_{j2} & \sum x_{j1}x_{j3} & \sum x_{j1}x_{j4} \\ \sum x_{j2}x_{j0} & \sum x_{j2}x_{j1} & \sum x_{j2}x_{j2} & \sum x_{j2}x_{j3} & \sum x_{j2}x_{j4} \\ \sum x_{j3}x_{j0} & \sum x_{j3}x_{j1} & \sum x_{j3}x_{j2} & \sum x_{j3}x_{j3} & \sum x_{j3}x_{j4} \\ \sum x_{j4}x_{j0} & \sum x_{j4}x_{j1} & \sum x_{j4}x_{j2} & \sum x_{j4}x_{j3} & \sum x_{j4}x_{j4} \end{bmatrix} \begin{bmatrix} e \\ a \\ b \\ c \\ d \end{bmatrix} = \begin{bmatrix} \sum x_{j0}y_j \\ \sum x_{j1}y_j \\ \sum x_{j2}y_j \\ \sum x_{j3}y_j \\ \sum x_{j4}y_j \end{bmatrix} \quad (10\text{-}13)$$

式(10-13)是多元线性最小二乘法正规方程组的矩阵方式,是一个 $n+1$ 元的线性代数方程组,式子中各求和项由实验数据确定,通过调用相应的高斯-约当消去法程序或高斯-赛德尔迭代程序求解出待定系数 a、b、c、d。

乙醇转化率方程

$$y_1 = 0.16x_1 + 0.11x_2 + 0.34x_3 - 8.76x_4 - 84.27 \qquad (10-14)$$

式中,x_1 为 Co 负载量;x_2 代表 Co/SiO$_2$ 质量;x_3 为温度;x_4 为乙醇浓度。

C$_4$烯烃转换性方程:

$$y_2 = -3.29x_1 + 0.08x_2 + 0.19x_3 + 2.96x_4 - 50.94 \qquad (10-15)$$

式中,x_1 为 Co 负载量;x_2 为 Co/SiO$_2$ 质量;x_3 为温度;x_4 为乙醇浓度。

对于乙醇转化率 y_1 有

$$y_1 = a_1 x_1 + b_1 x_2 + c_1 x_3 + d_1 x_4 + e_1 \qquad (10-16)$$

式中,x_1 为 Co 负载量;x_2 为 Co/SiO$_2$ 质量;x_3 为温度;x_4 为乙醇浓度。

对于 C$_4$烯烃转化率 y_2 有

$$y_2 = a_2 x_1 + b_2 x_2 + c_2 x_3 + d_2 x_4 + e_2 \qquad (10-17)$$

问题三中我们要探究尽可能得到较高的收率(收率 $y_3 = y_1 y_2$),就要单独分析上述 4 个变量对于 y_1 和 y_2 的影响,对于上述两个多元线性方程,采取"定多动一"的原则进行求解,为了寻找较好的 C$_4$烯烃收率,选择附件 1 中 C$_4$烯烃收率最高的那组催化剂种类和温度作为定量代入上述方程的变量,当研究负载量对 y_1 和 y_2 的影响时,固定 x_2、x_3、x_4,将数据代入 3 个自变量,这样多元线性方程式可以简单地化为线性方程式:

$$y_1 = a_1 x_1 + C_1 \qquad (10-18)$$

同理可知,

$$y_2 = a_2 x_1 + C_2 \qquad (10-19)$$

上述两式进行相乘可得

$$y_3 = a_1 a_2 x_1^2 + (C_1 a_2 + C_2 a_1) x_1 + C_1 C_2 \qquad (10-20)$$

即得到关于收率的二元方程,对此方程在规定的定义域中进行求解最值,从而给出该自变量对于收率较好的区间。

10.5.3 模型三的求解

分别对 4 个自变量作式(10-20)类型的方程变换,在各自的定义域绘出各自的方程图,如图 10-19 所示。可以看出,温度和 Co/SiO$_2$ 质量与 C$_4$烯烃收率成正比,乙醇浓度和 Co 负载量与 C$_4$烯烃收率成反比,故给出以下的区间以得到尽可能高

的 C_4 烯烃收率。当温度不限时,计算的自变量预测区间见表 10-10。

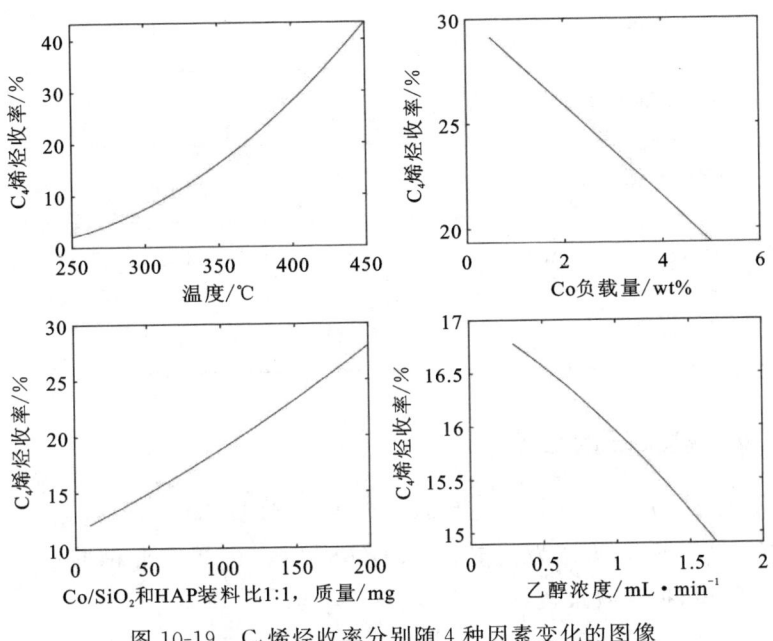

图 10-19 C_4 烯烃收率分别随 4 种因素变化的图像

表 10-10 温度不限时给出的自变量预测区间

自变量	区间
Co 负载量	[0.5, 1]
Co/SiO_2 质量/mg	[150, 200]
乙醇浓度/mL·min^{-1}	[0.3, 0.5]
温度/℃	[400, 450]

对于小问二,仅仅是改变温度不能超过 350℃ 的条件,在此基础上需要筛选掉附件 1 中所有温度大于 350℃ 的数据,再次寻找剩余数据组中的最大值,筛选出需要的自变量数据代替上述方程的自变量,经过同样的求解后,得出与图 10-19 相同的趋势,所以对于温度条件给出的预测是 [300, 350],其他变量保持不变,如表 10-11 所示。

表 10-11 温度限制最大为 350℃ 时给出的自变量预测区间

自变量	区间
Co 负载量	[0.5, 1]
Co/SiO₂ 质量/mg	[150, 200]
乙醇浓度/mL·min⁻¹	[0.3, 0.5]
温度/℃	[300, 350]

10.5.4 模型三的检验

对于 y_1 与 x_1、x_2、x_3、x_4 拟合之后求出残差,再计算出标准化残差,绘出频率直方图,如图 10-20 所示,近似为正态分布,且 $R^2 = 0.79$,表明此模型在一定程度上可以代表实际值,拟合效果较好。

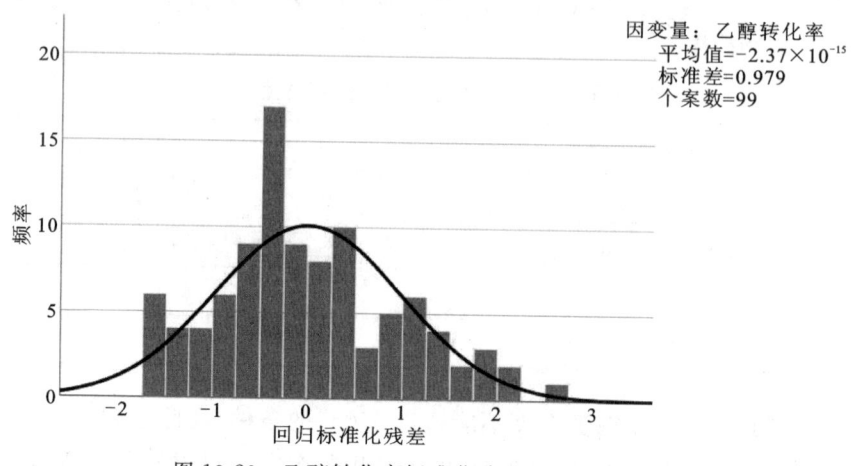

图 10-20 乙醇转化率标准化残差的频率直方图

对于 y_2 与 x_1、x_2、x_3、x_4 拟合之后求出残差,再计算出标准化残差,绘出频率直方图,如图 10-21 所示,近似为正态分布,且 $R^2 = 0.72$,表明此模型在一定程度上可以代表实际值,拟合效果较好。

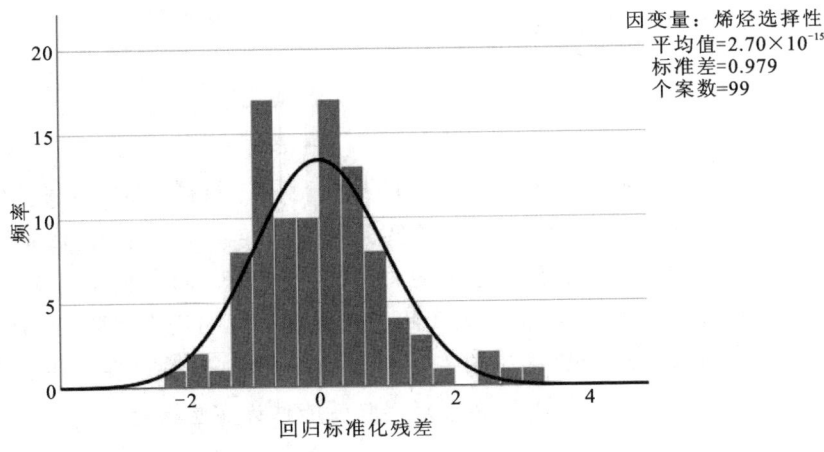

图 10-21　C_4 烯烃选择性标准化残差的频率直方图

10.6　问题四的模型建立与求解

题目四要求给出 5 次新的实验方案,目标函数依旧是要尽可能地得到较大的 C_4 烯烃收率,虽然数据数量不大,但是数据种类很多,在较少的实验方案下,通过正交实验设计,可以找到决定因变量的多个自变量与因变量的相关性,即自变量的重要性,得到自变量重要性排序后,在同一因素下不同水平层次上继续比较目标函数得分大小,得到自变量不同水平的重要性排序,依照这些排序给出合适的实验方案,以求得较大的 C_4 烯烃收率。

10.6.1　问题四的分析

问题三的题目要求不同于前两问,要求是 y_3 尽可能高。已知 $y_3 = y_1 \times y_2$,因此问题转化为控制条件,尽可能使 y_1、y_2 同时高。从附件 1 中给出的实验数据可以知道,催化剂由 4 个变量组成,上文已经得出控制 Co/SiO_2 和 HAP 装料比为 1∶1 最佳的结论,此时可以知道对于 y_1、y_2 的自变量因素有 x_1、x_2、x_3、x_4,因此选择四元回归模型分别拟合出关于 y_1、y_2 的方程。得到方程之后应先对回归拟合方程进行误差检验,评价拟合函数。根据两个方程进行选择催化剂组合和温度时应采用控制变量法,从附件 1 中选取一个最好的组合 y_3 对应的参数,分别控制其中一个,基于本建模中的参数范围进行选取,并绘出趋势图,以期求出各个参数的最佳选取范围。

10.6.2 模型四的建立

根据第三问建立函数模型

$$y_i = ax_1 + bx_2 + cx_3 + dx_4 \tag{10-21}$$

可以在此模型的基础上对问题三给出的数据范围进行插值拟合,得到估计的目标函数值,接下来进行设计实验,由于该实验因素水平较高,若使用全面实验法,虽然可以将个别因素对于实验指标之间的关系剖析得比较清楚,但实验次数太多,时间长,费用高,实验可完成性太差,因此我们选择无交互的正交实验,正交实验是利用根据数学原理制作好的规格化的正交表进行设计实验,可以在较少的实验次数下,分清各因素的主次,且不需要做重复实验就能估计实验误差。

10.6.3 模型四的求解

首先生成 $L_{49}(6^4)$ 的正交表安排实验,实验指标测定值如表 10-12 所示。

表 10-12 $L_{49}(6^4)$ 的正交表安排实验及实验指标

温度/℃	质量/mg	乙醇浓度/mL·min^{-1}	Co负载量/wt%	C$_4$烯烃收率/%	温度/℃	质量/mg	乙醇浓度/mL·min^{-1}	Co负载量/wt%	C$_4$烯烃收率/%
400	160	0.3	0.8	25.4	400	150	0.34	0.9	24.18
450	200	0.34	1	44.35	450	150	0.3	0.6	39.33
440	160	0.34	0.7	37.01	450	180	0.42	0.5	43.09
450	190	0.38	0.7	43.87	440	150	0.42	0.8	35.48
410	150	0.5	0.7	27.01	400	190	0.42	1	27.77
400	180	0.3	0.9	27.15	430	180	0.38	0.8	35.91
420	180	0.5	1	32.23	440	180	0.3	0.6	39.72
410	200	0.3	0.5	33	420	170	0.3	0.7	32.16
440	200	0.46	0.5	42.16	430	160	0.46	0.9	33.28
400	200	0.38	0.6	29.77	430	190	0.34	0.5	37.91
410	160	0.42	0.9	28.35	420	200	0.42	0.9	34.82
430	150	0.5	0.6	32.85	420	150	0.34	0.8	29.73
410	190	0.3	0.8	31.19	440	170	0.3	1	37.45

续表 10-12

温度/℃	质量/mg	乙醇浓度/mL·min^{-1}	Co 负载量/wt%	C$_4$烯烃收率/%	温度/℃	质量/mg	乙醇浓度/mL·min^{-1}	Co 负载量/wt%	C$_4$烯烃收率/%
400	150	0.3	0.5	25.09	400	160	0.38	1	24.87
450	160	0.5	0.5	40.48	400	150	0.42	0.7	24.51
400	180	0.46	0.7	27.38	410	150	0.46	1	26.4
430	150	0.3	1	32.16	430	170	0.42	0.5	35.46
450	150	0.3	0.9	38.52	450	170	0.46	0.8	40.96
410	170	0.38	0.9	28.74	400	170	0.5	0.5	26.76
440	150	0.38	0.5	36.31	400	190	0.3	0.5	29.08
420	150	0.38	0.5	30.38	420	190	0.46	0.6	34.37
430	200	0.3	0.7	38.64	400	200	0.5	0.8	29.13
400	170	0.34	0.6	26.77	420	160	0.3	0.5	31.57
400	150	0.46	0.5	24.88	410	180	0.34	0.5	30.78
440	190	0.5	0.9	39.79					

对正交实验结果通常采用极差法分析，步骤如下：①计算各因素每一水平下实验指标值的总和 T 与平均值 k；②计算各因素的极差 R，所谓极差是指各因素的最大平均值同最小平均值的差；③根据极差的大小来判断因素的重要性，极差越大，表明该因素的影响越大，是主要因素；④通过考察主要因素中不同水平时的实验指标的平均值大小，确定最佳实验条件。极差法分析结果见表 10-13 所示。

表 10-13 因变量为收率的主体间效应检验

源	Ⅲ 类平方和	自由度	均方	F 统计量	显著性
修正模型	1 602.905a	20	80.145	2 296.469	0.000
截距	44 699.561	1	44 699.561	1 280 813.800	0.000
乙醇浓度	0.551	5	0.110	3.157	0.022
温度	1 400.561	5	280.112	8 026.291	0.000

续表 10-13

源	Ⅲ类平方和	自由度	均方	F统计量	显著性
Co/SiO$_2$ 质量	192.457	5	38.491	1 102.925	0.000
Co 负载量	9.336	5	1.867	53.504	0.000
误差	0.977	28	0.035	—	—
总计	54 385.663	49	—	—	—
修正后总计	1 603.883	48	—	—	—

注:$R^2 = 0.999$,$R_a^2 = 0.999$。

由极差法以及方差分析可知,影响因素中温度、质量和 Co 负载量对收率具有显著的影响,而乙醇浓度对收率的影响相对较小。4 个因素的主次关系:温度＞Co/SiO$_2$ 质量＞Co 负载量＞乙醇浓度。

再对各因素的各水平平均数进行多重对比,根据式(10-22)对同一水平的目标函数进行求和再平均,结果见表 10-14 及图 10-22。比较不同水平之间平均目标函数值的大小,即可求得同一因素不同水平的重要性排序,据此可根据重要性关系给出 5 种新的实验方案。

$$\overline{x_{j(k)}} = \sum_{i=1}^{m} x_{j(k)} x_{2i} x_{3i} / m \tag{10-22}$$

表 10-14 对某一因素确定水平下求和再取平均的结果

Co 负载量	质量/mg	温度/℃	乙醇浓度/mL·min^{-1}
33.353 571 43	30.487 857 14	26.624 285 71	32.89
33.022 857 14	31.565 714 29	29.352 857 14	32.961 428 57
32.94	32.614 285 71	32.18	32.835 714 29
32.542 857 14	33.751 428 57	35.172 857 14	32.782 857 14
32.354 285 71	34.854 285 71	38.274 285 71	32.775 714 29
32.175 714 29	35.981 428 57	41.514 285 71	32.607 142 86

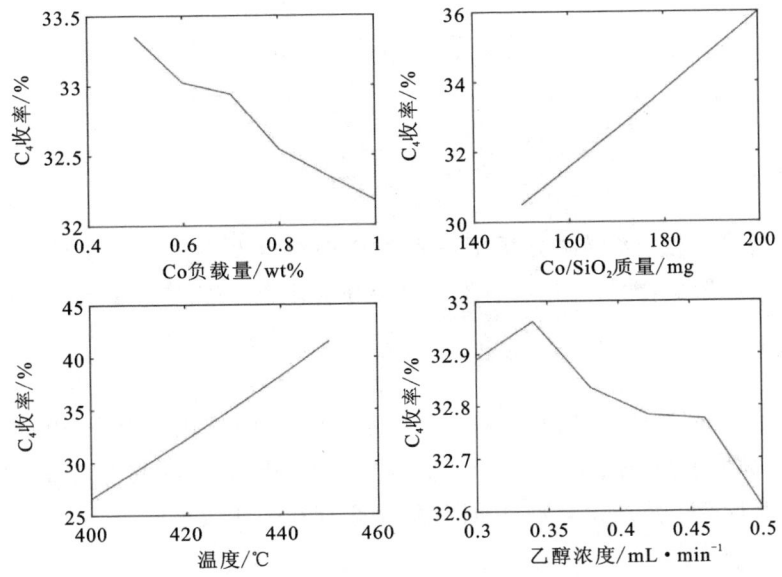

图 10-22 对某一因素确定水平下求和再取平均的结果

由表 10-12 和图 10-22 得到：

$$\overline{x_{1(0.5)}} > \overline{x_{1(0.6)}} > \overline{x_{1(0.7)}} > \overline{x_{1(0.8)}} > \overline{x_{1(0.9)}} > \overline{x_{1(1.0)}}$$

$$\overline{x_{2(200)}} > \overline{x_{2(190)}} > \overline{x_{2(180)}} > \overline{x_{2(170)}} > \overline{x_{2(160)}} > \overline{x_{2(150)}}$$

$$\overline{x_{3(450)}} > \overline{x_{3(440)}} > \overline{x_{3(430)}} > \overline{x_{3(420)}} > \overline{x_{3(410)}} > \overline{x_{3(400)}}$$

$$\overline{x_{4(0.34)}} > \overline{x_{4(0.3)}} > \overline{x_{4(0.38)}} > \overline{x_{4(0.42)}} > \overline{x_{4(0.46)}} > \overline{x_{4(0.5)}}$$

可以选择方案如表 10-15 所示。

表 10-15 再增加 5 次实验选择的方案

方案序号	Co 负载量/wt%	质量/mg	温度/℃	乙醇浓度/mL·min^{-1}
1	0.5	200	450	0.34
2	0.6	200	450	0.34
3	0.5	190	450	0.34
4	0.5	200	440	0.34
5	0.5	200	450	0.3

10.7 模型评价

1. 优点

本模型多维度、多层次分析了各种催化剂组合及温度对 C_4 烯烃的选择性和 C_4 烯烃收率的影响,能够得出各种温度环境条件限制下 C_4 烯烃最大收率的方案。

2. 缺点

受限于数据量,模型的建立只能基于给出的 21 种催化剂组合,模拟出线性回归方程,准确性上稍有欠缺。没有对副产物进行分析,在实际的生产过程中这些副产物可能对目标函数产生影响,因此该模型会存在一些微小误差。

3. 改进方法

实践得到同一催化剂组合、温度和其他实验条件的多组数据,重新分析相关性。

4. 模型推广

由于化学反应的内在底层机理相似,本模型建立的多项式方程拟合模型可以用于分析其他生成物制备过程中生成物的收率、选择性和反应物的转化率等因素随温度变化的趋势,进而确定最佳催化剂组合。

主要参考文献

[1] 吕绍沛. 乙醇偶合制备丁醇及 C_4 烯烃[D]. 大连:大连理工大学,2018.

[2] 王如德,怀燕,程琮. SPSS13.0 在空白列正交试验设计及其数据处理中的应用[J]. 中国卫生统计,2007,24(4):426-427.

[3] 张卫. 化学实验数据的统计处理与计算[M]. 北京:化学工业出版社,2010.

[4] 姜启源,谢金星,叶俊. 数学模型[M]. 北京:高等教育出版社,2011.

点 评

本赛题属于统计建模范畴。参赛队员们要认真审题,并利用赛题提供的数据文件,选择适当的统计方法研究每一个问题。本建模在以下方面做得比较好。

第一,精准把握问题,把要研究的问题明确化、细致化,体现了竞赛小组深入研究问题的态度,这正是数学建模竞赛活动所推崇的。比如把赛题的第一问分为两个具体问题,一是分别研究附件1中每种催化剂组合下,乙醇的转化率和C_4烯烃的选择性与温度的关系,二是研究附件2中某种催化剂在温度固定为350℃的条件下,一次实验不同时间下的测试结果。也就是探究反应物,即乙醇的转化率和各生成物的选择性与时间的关系,以及反应物转化率与各生成物选择性之间的关系。厘清问题,才能开展具体研究。

第二,文字表达意思准确,且辅助以逻辑框图,让读者很容易理解他们的思路和想法。科技论文虽然不要求很好的文采,但要求词能达意,言简意赅,重点突出,思路清晰。本建模在文字、图表等表达方面做得比较好,很容易让读者理解。

第三,针对每个具体研究的问题,采用了合适的统计分析方法。数学建模赛题是为了解决实际问题,不是"炫耀"数学,一味用所谓的高大上而不符合实际问题的方法并不可取,合适的定量分析方法才是最好的。本建模值得赞扬的是对第4个问题的解决过程。有些竞赛小组在解决这个问题时可能比较注重理论解释,定量过程对结论的支撑不足,但本建模在这个方面做得比较好,用较为充分的定量依据,增加结论的可靠性。

当然本建模也有需要改进的地方,比如赛题提供的数据样本量都比较小,这会影响统计结论的可信度,如果针对小样本采用更好的统计分析方法,无疑会进一步提升建模的质量。

第 11 章　生产企业原材料的订购与运输(2021C)[①]

某建筑和装饰板材的生产企业所用原材料主要是木质纤维和其他植物素纤维材料，总体可分为 A、B、C 三种类型。该企业每年按 48 周安排生产，需要提前制定 24 周的原材料订购和转运计划，即根据产能要求确定需要订购的原材料供应商(称为"供应商")和相应每周的原材料订购数量(称为"订货量")，确定第三方物流公司(称为"转运商")并委托其将供应商每周的原材料供货数量(称为"供货量")转运到企业仓库。

该企业每周的产能为 $2.82 \times 10^4 m^3$，每立方米产品需消耗 A 类原材料 $0.6 m^3$，或 B 类原材料 $0.66 m^3$，或 C 类原材料 $0.72 m^3$。由于原材料的特殊性，供应商不能保证严格按订货量供货，实际供货量可能多于或少于订货量。为了保证正常生产的需要，该企业要尽可能保证不少于满足两周生产需求的原材料库存量，因此，该企业对供应商实际提供的原材料总是全部收购。

在实际转运过程中，原材料会有一定的损耗(损耗量占供货量的百分比称为"损耗率")，转运商实际运送到企业仓库的原材料数量称为"接收量"。每家转运商的运输能力为 $6000 m^3$/周。通常情况下，一家供应商每周供应的原材料尽量由一家转运商运输。

原材料的采购成本直接影响到企业的生产效益，实际中 A 类和 B 类原材料的采购单价分别比 C 类原材料高 20% 和 10%。三类原材料运输和储存的单位费用相同。

[①] 本章内容由获得 2021 年全国大学生数学建模竞赛二等奖的论文改写而成，建模竞赛小组成员是唐菽婧、李子豪和梁雄壮，指导老师为向东进。

第 11 章 生产企业原材料的订购与运输(2021C)

附件 1 给出了该企业近 5 年 402 家原材料供应商的订货量和供货量数据。附件 2 给出了 8 家转运商的运输损耗率数据。请团队结合实际情况,对相关数据进行深入分析,研究下列问题:

问题一:根据附件 1,对 402 家供应商的供货特征进行量化分析,建立反映保障企业生产重要性的数学模型,在此基础上确定 50 家最重要的供应商,并在建模中列表给出结果。

问题二:参考问题一,该企业应至少选择多少家供应商供应原材料才可能满足生产的需求?针对这些供应商,为该企业制订未来 24 周每周最经济的原材料订购方案,并据此制订损耗最少的转运方案。试对订购方案和转运方案的实施效果进行分析。

问题三:该企业为了压缩生产成本,现计划尽量多地采购 A 类原材料和尽量少地采购 C 类原材料,以减少转运及仓储的成本,同时希望转运商的转运损耗率尽量少。请制订新的订购方案及转运方案,并分析方案的实施效果。

问题四:该企业通过技术改造已具备了提高产能的潜力。根据现有原材料的供应商和转运商的实际情况,确定该企业每周的产能可以提高多少,并给出未来 24 周的订购方案和转运方案。

注:请将问题二、问题三和问题四订购方案的数值结果填入附件 A,转运方案的数值结果填入附件 B,并作为支撑材料(勿改变文件名)随论文一起提交。

附件 1 的数据说明

(1) 企业的订货量:第一列为供应商的名称;第二列为供应商供应原材料的类别;第三列及以后共 240 列为企业向各供应商每周的订货量(单位:m^3);数值"0"表示相应的周(所在列)没有向供应商(所在行)订货。

(2) 供应商的供货量:第一列为供应商的名称;第二列为供应商供应原材料的类别;第三列及以后共 240 列为各供应商每周的供货量(单位:m^3);数值"0"表示相应的周(所在列)供应商(所在行)没有供货。

附件 2 的数据说明

第一列为转运商的名称;第二列及以后共 240 列为每周各转运商的运输损耗率(%),即损耗率 $= \dfrac{供货量-接收量}{供货量} \times 100\%$;数值"0"表示没有运送。

由于篇幅有限,附件的完整内容可扫描前言处的二维码获取。

11.1 问题分析及思路概述

从数学建模角度看,企业生产问题是典型的优化问题:成本最小化,或者是利润最大化。本赛题的关键任务是评估并选择供货厂商,属于 0-1 规划问题。赛题有几个具体问题需要解决,我们要深入研究这些问题,给出相应解决方案。数学建模赛题是为解决实际问题提供可行的定量决策方案,作出合理的方案,离不开对问题的深入分析。定性分析往往是定量分析的前提,但定量分析又要根据数据等情况灵活处理,不拘泥于定性分析的结论。

问题一要根据所给的数据文件对 402 家供应商的供货特征进行量化分析,建立反映保障企业生产重要性的数学模型,在此基础上确定 50 家最重要的供应商。理论上,企业供应商的最重要供货特征应该体现在质量保证、交货准时性、良好的咨询和技术服务以及稳定的供货渠道和健康的财务状况等方面。由于建模竞赛时只能根据赛题提供的数据文件做分析,所以无法了解 402 家供货企业的全部特征,只能就数据文件提供的信息确定重要的供货特征,这里确定了稳定性、供货趋势、任务完成率、总供货量和订单总数作为供货商重要性的评价指标。

特别地,在考虑供货商重要性问题时,要注意不同供货商提供不同类型的材料,不同材料的利用率不同,因此要构建具有可比性的供货能力评价指标,这样才能准确评价供货商的重要性。

问题二要求我们在对问题一进行分析的基础上,确定能满足企业生产需要的最少供货厂家数量,以及制订损耗最少的转运方案。这里涉及订购和转运两个环节,相应地,需要利用 0-1 规划模型求解。对于每个环节建立的规划模型,需要根据具体情况,确定合适的目标函数和约束条件,并求解出结果,得到最优解决方案。

数据文件中提供的各供货商不同年份的供货情况,企业实际生产过程是在年度内持续完成,而不是在其中某个时间点一次性完成,因此,我们应该系统考虑若干年中每个供货商的动态变化情况,不要简单地用均值或最大值度量供货商的供货能力。订购原材料的成本,包含各种原材料大单位产能成本、运输成本以及存储成本。每周的订购方案都与前一周的订购方案有关,因此订购方案要反映出这种变化过程。

问题三与问题二的不同之处是,企业基于压缩成本的考虑,计划尽量多地采购 A 类原材料和尽量少地采购 C 类原材料,其他考虑不变。我们可以将不同材料类型按照选择喜好赋予不同的权重,建立加权的 0-1 规划模型求解。显然 A、B、C 类材料的权重是逐渐降低的。

问题四的前提是技术改造提高了企业产能,根据供货和转运商的情况,确定可以将产能提高到怎样的水平。与前面问题相比,这里要建立的规划模型目标函数要改变为产能水平,约束条件由供货商和转运商情况决定。这个问题中,企业的产能取决于每周获得的原材料数量,这个数量与供应商的供货能力、转运商的转运能力及损耗率有关。对于优化建模问题,解决每个问题都要做敏感性分析。

11.2 模型建立准备

11.2.1 基本假设

(1)题目中"保持不少于满足两周生产需求的原材料库存量"指每周开始时原材料仓库有满足不少于两周生产需求的库存量。

(2)供应商的供应情况与转运商的转运情况在未来24周与前5年变化不大。

(3)对转运成本和仓储成本不作细分,笼统考虑。

(4)该企业的仓库足够大,能够存储所有转运来的原材料。

11.2.2 符号说明

符号	说明
Q_{ij}	第 i 号供应商对应的第 j 项指标($j=1,2,3,4,5$)
U_i	供货商 i 的评价得分
rest	原材料库存量
n_s	供货商总数
S_i	是否第 i 个供应商订货($S_i=\{0,1\}$)
D_i	第 i 个供应商在第 j 周的供货量
A_i	每单位产能需要供货商 i 供应的原材料的单位数量
R_j	第 j 个转运商的损耗率
n_t	转运商的数量

11.3 问题一的模型建立与求解

11.3.1 问题分析

问题一要求我们对 402 家供应商的供货特征进行量化分析,并建立反映保障企业生产重要性的数学模型,确立 50 家最重要的供应商。

首先,确定评价供应商的指标集,对于一个供应商,题目所给数据有近 5 年每周企业订单量和供货量两类信息。通过查阅文献,结合所给的数据,我们从这两类信息中分析出五项评价指标:稳定性、供货趋势、完成率、总供货量和总订单数[1-5]。

(1)稳定性:供应商在近五年内供货量数值稳定的程度。

(2)供货趋势:供应商近五年内供货量数值变化的总体趋势。供货量呈上升趋势的供应商在未来的供货量大概率变大,从而大概率更好地满足企业的生产需求,而供货量呈下降趋势的供应商则相反。

(3)完成率:供应商能完成企业订货要求的概率。完成率越高的供应商,越可能满足企业的生产需求。

(4)总供货量:供应商近五年内供货量的总和。总供货量一方面反映了该供应商在过去五年对企业总生产方面的贡献,另一方面反映了供应商自身的供应能力。

(5)总订单数:供应商近五年内接到的企业订单总数。

确定指标集后,需要对指标分别进行量化计算,并确立其权重。确定权重的方法主要分为主观赋权法和客观赋权法,而在赋权的时候应尽量客观,避免个人主观的局限性,这里选用客观赋权法。常见的客观赋权法有熵权法、标准离差法和 Critic 法,Critic 法[6]在关注指标数据变异程度的同时,也关注了指标间的相关性,减少指标之间信息上的重叠,从而使评价结果更加全面客观。

基于量化好的指标数据和确立好的指标权重,建立 TOPSIS 评价体系,TOPSIS 法[3-4]是一种常用的组内综合评价方法,能充分利用原始数据的信息,其结果能精确地反映各评价对象之间的差距,可以客观地反映供应商的供货水平。

11.3.2 模型建立

11.3.2.1 综合评估模型的建立

我们构建基于 Critic 赋权的 TOPSIS 评估模型,对供应商进行评估量化。首先,对指标集进行量化处理。为了消除量纲影响,对量化结果再作归一化处理。然后选用 Critic 法结合归一化结果对指标进行赋权。最后用 TOPSIS 法对各供应商进行量化评估。

1. 因素的量化计算

设第 i 号供应商对应的五项指标(稳定性、供货趋势、完成率、总供货量和总订单数)分别为 Q_{i1}、Q_{i2}、Q_{i3}、Q_{i4} 和 Q_{i5}。

1) 稳定性 Q_{i1} 的量化

设第 i 号供应商在近五年内共供货 m 次,则这 m 次供货量组成序列为 g_i,第 j 次供货量即为 g_{ij}。

由于各供应商的供应能力存在差异,而稳定性 Q_{i1} 反映的是变化幅度,所以要对序列 g_i 进行归一化处理,以便消除量纲带来的影响,归一化后序列为 g_i^*,即

$$g_i^* = \frac{g_{ij} - \min_{1<=j<=m}\{g_{ij}\}}{\max_{1<=j<=m}\{g_{ij}\} - \min_{1<=j<=m}\{g_{ij}\}} \tag{11-1}$$

设 g_i^* 的平均值为 $\overline{g}_i$,标准差为 d_i,d_i 反映 g_i^* 的离散程度即不稳定性,计算公式如下:

$$\overline{g}_i = \frac{\sum_{j=1}^m g_{ij}^*}{m} \tag{11-2}$$

$$d_i = \sqrt{\frac{\sum_{j=1}^m (g_{ij}^* - \overline{g}_i)^2}{m-1}} \tag{11-3}$$

则第 i 号供应商的稳定性 Q_{i1} 为

$$Q_{i1} = d_i \tag{11-4}$$

2) 供货趋势 Q_{i2}

设第 i 号供应商在近五年内共供货 m 次,则这 m 次供货对应的供货周数和供

货量分别组成序列 x_i 和 y_i,第 j 次供货对应的周数和供货量分别为 x_{ij} 和 y_{ij}。

通过调用 Matlab 内置的鲁棒拟合函数 robustfit,对序列供货趋势进行直线拟合,其中 x_{ij} 和 y_{ij} 分别对应自变量和因变量。得到线性拟合方程为 $y=kx+b$。k 反映了随着周数的增加,供应商的供货量的变化趋势。则供货趋势 Q_{i2} 为

$$Q_{i2}=k \tag{11-5}$$

3) 完成率 Q_{i3}

设第 i 号供应商在近五年内共供货 m 次,期间供应商提供货量不少于企业订货量的次数为 num,则供应商的完成率 Q_{i3} 为

$$Q_{i3}=\frac{\text{num}}{m} \tag{11-6}$$

4) 总供货量 Q_{i4}

设第 i 号供应商在近五年内共供货 m 次,则这 m 次供货量组成序列为 g_i,第 j 次供货量为 g_{ij},则供应商的总供货量 Q_{i4} 为

$$Q_{i4}=\sum_{j=1}^{m} g_{ij} \tag{11-7}$$

5) 总订单数目 Q_{i5}

Q_{i5} 为第 i 号供应商近五年内收到的总订单数。

2. 因素标准化处理

为了消除各因素量纲的影响,从而更好地评估,我们须进行归一化处理。对于 i 供应商的 j 项指标 Q_{ij},其标准化结果为 Q_{ij}^*,即

$$Q_{ij}^*=\frac{Q_{ij}-\min\limits_{1<=i<=402}\{Q_{ij}\}}{\max\limits_{1<=i<=402}\{Q_{ij}\}-\min\limits_{1<=i<=402}\{Q_{ij}\}} \tag{11-8}$$

3. Critic 法确立权重

Critic 法是一种客观赋权法,其基于评价指标的对比强度和指标之间的冲突性来综合衡量指标的客观权重。考虑指标变异性大小的同时兼顾指标之间的相关性,并非数字越大就说明越重要,利用数据自身的客观属性进行科学评价。

这里的数据矩阵 Q^*,Q^* 为正向化且统一量纲的矩阵,大小为 $m\times n$。第 i 号供应商的 j 项指标为 Q_{ij}^*。

1) 构建指标变异性 T_j

指标变异性是指同一个指标各个评价对象之间取值差距的大小,以标准差的形式来表现。标准差越大,说明波动越大,即各对象之间的取值差距越大,权重会越高。设 j 项指标 x_j 的平均值为 $\overline{x}_j$,标准差即为 T_j,计算方法如下:

$$\overline{x}_j = \frac{\sum_{i=1}^{m} Q_{ij}^*}{m} \tag{11-9}$$

$$T_j = \sqrt{\frac{\sum_{i=1}^{m}(Q_{ij}^* - \overline{x}_j)^2}{m-1}} \tag{11-10}$$

2) 指标冲突性 C_j

指标之间的冲突性 C_j,用相关系数进行表示,若两个指标之间具有较强的正相关,说明其冲突性越小,权重会越低。通过 SPSS 软件来求出各指标间的相关系数,得到相关系数矩阵 R,R_{ij} 为第 i 和第 j 指标间的相关性。则指标冲突性 C_j 为

$$C_j = \sum_{i=1}^{n}(1 - R_{ij}) \tag{11-11}$$

3) 客观赋权

设第 j 项指标的权重 W_j 为

$$W_j = \frac{C_j}{\sum_{j=1}^{n} C_j} \tag{11-12}$$

4. TOPSIS 法综合评估

TOPSIS 法是一种较为客观的方法,能充分利用原始数据的信息,其结果能精准反映各评价方案之间的差距。

设评价对象数为 m,指标数为 n,最优解为 T^+,最差解为 T^-。T^+、T^- 分别包含在最好情况和最差情况下各项因素的值。由于指标都为正向指标(即值越大,结果越优),且由于已经作了归一化处理,消除量纲,则最优解 T^+ 里的任一项 T_j^+ 为

$$T_j^+ = \max_{1 <= k <= m} \{Q_{kj}^*\} \tag{11-13}$$

最差解 T^- 里的任一项 T_j^- 为

$$T_j^- = \min_{1 <= k <= m} \{Q_{kj}^*\} \tag{11-14}$$

可得第 i 个评价对象离最优评价对象的差距 L_i^+ 为

$$L_i^+ = \sqrt{\sum_{j=1}^{n} W_j (T_j^+ - Q_{ij}^*)^2} \tag{11-15}$$

可得第 i 个评价对象离最差评价对象的差距 L_i^- 为

$$L_i^- = \sqrt{\sum_{j=1}^{n} W_j (T_j^- - Q_{ij}^*)^2} \tag{11-16}$$

则第 i 个对象的得分 U_i 为

$$U_i = \frac{L_i^-}{L_i^+ + L_i^-} \tag{11-17}$$

11.3.2.2 模型求解

1. 因素量化

根据模型定义,对各项因素进行量化处理,为消除量纲影响进行归一化处理,部分结果如表 11-1 所示。

表 11-1 归一化处理部分结果

供应商 ID	稳定性	供货趋势	完成率	总供货量	总订单数
S001	0.120 83	0.516 50	0.208 79	0.000 06	0.352 173
S002	0.035 51	0.124 21	0.673 68	0.000 69	0.369 565
S003	0.153 24	0.500 01	0.854 27	0.036 94	0.821 739
S004	0.078 59	0.566 29	0.203 88	0.000 10	0.404 347
S005	0.188 66	0.516 50	0.903 51	0.019 40	0.452 173
...	...	...	...	...	...
S402	0.042 18	0.516 50	0.054 79	0.000 02	0.273 913 043

2. 求解权重

1) 指标变异性系数

通过式(11-9)与式(11-10),得到 5 个指标的变异性系数,如表 11-2 所示。

表 11-2　指标变异性系数

供应商 ID	稳定性	供货趋势	完成率	总供货量	总订单数
0.136 83	0.078 01	0.284 86	0.116 49	0.273 73	0.136 83

2) 指标冲突性系数

Pearson 相关系数和 Spearman 相关系数都可以用来衡量指标间的相关程度，但前者要求数据服从正态分布。利用软件绘出各项指标的正态概率分布图（P-P图），如图 11-1 所示。

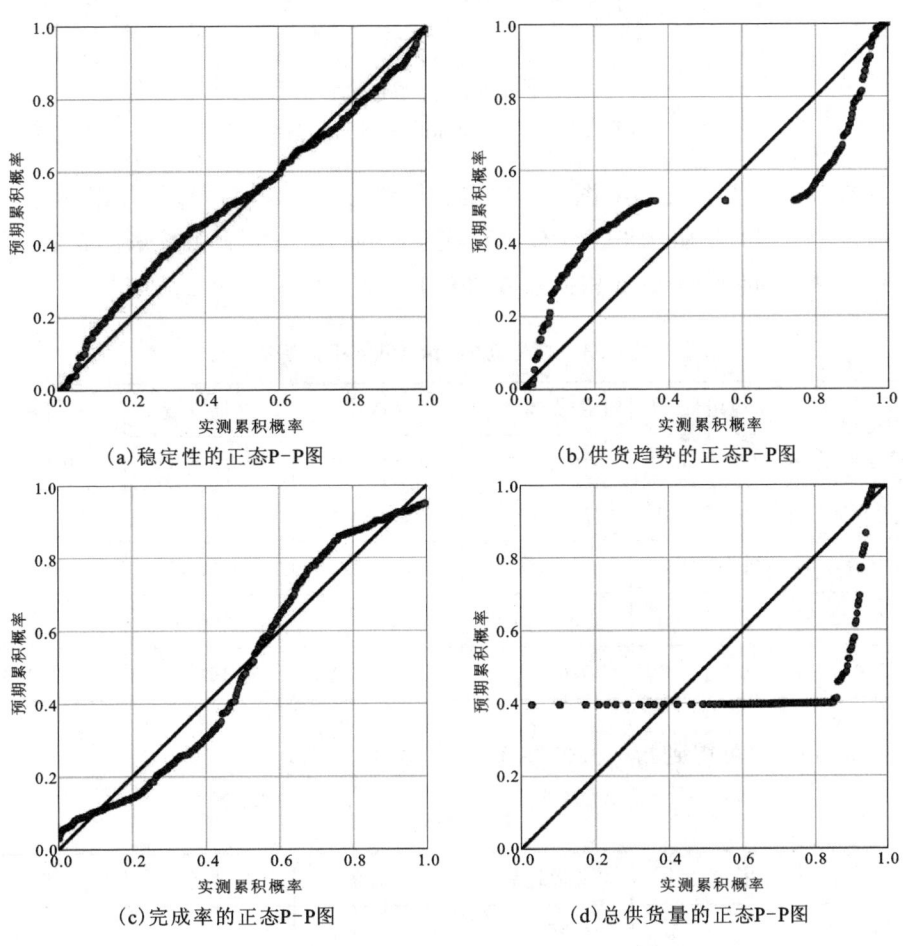

(a) 稳定性的正态P-P图　　(b) 供货趋势的正态P-P图

(c) 完成率的正态P-P图　　(d) 总供货量的正态P-P图

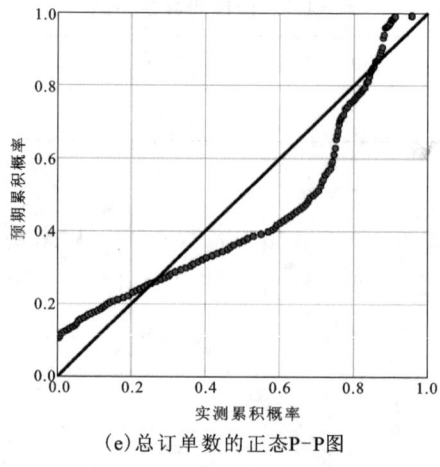

(e) 总订单数的正态P-P图

图 11-1　5 个指标的正态 P-P 图

由图 11-1 可知,(b)、(d)图中的数据点与理论直线(即对角线)并不重合,说明这两项指标数据并不服从正态分布,于是选用 Spearman 相关系数来代表指标间的相关系数,指标间 Spearman 相关系数如表 11-3 所示。

表 11-3　指标间的 Spearman 相关系数

	稳定性	供货趋势	完成率	总供货量	总订单数
稳定性	1.000 00	−0.030 00	0.003 00	−0.229 00	−0.347 00
供货趋势	−0.030 00	1.000 00	−0.059 00	−0.020 00	0.017 00
完成率	0.003 00	−0.059 00	1.000 00	0.496 00	0.195 00
总供货量	−0.229 00	−0.020 00	0.496 00	1.000 00	0.468 00
总订单数	−0.347 00	0.017 00	0.195 00	0.468 00	1.000 00

由式(11-11)可得到指标的冲突系数,如表 11-4 所示。

表 11-4　指标冲突系数

供应商 ID	稳定性	供货趋势	完成率	总供货量	总订单数
4.603 00	4.092 00	3.365 00	3.285 00	3.667 00	4.603 00

3) 权重求解

根据式(11-12),求得各项指标的权重,如表 11-5 所示。

表 11-5 指标的权重

供应商 ID	稳定性	供货趋势	完成率	总供货量	总订单数
0.191 21	0.096 91	0.291 00	0.116 17	0.304 72	0.191 21

3. 综合评估

基于 TOPSIS 法,结合权重,根据式(11-17)得到各供应商的得分。按供应商重要性得分从高到低进行排序,前 50 名供应商列表如表 11-6 所示。

表 11-6 供应商重要性得分

排名	1	2	3	4	5
供应商	S229	S151	S108	S361	S308
得分	1	0.967 674 629	0.953 430 004	0.938 991 75	0.928 316 623
排名	6	7	8	9	10
供应商	S140	S340	S330	S329	S131
得分	0.926 331 283	0.925 526 6	0.914 293 348	0.907 479 119	0.893 085 703
排名	11	12	13	14	15
供应商	S275	S306	S282	S194	S139
得分	0.878 136 613	0.872 203 705	0.871 553 157	0.870 501 5	0.854 961 098
排名	16	17	18	19	20
供应商	S356	S143	S374	S284	S348
得分	0.854 071 429	0.851 925 442	0.848 823 997	0.845 922 6	0.834 702 821
排名	21	22	23	24	25
供应商	S268	S247	S031	S367	S352
得分	0.825 864 364	0.824 133 159	0.814 651 839	0.801 815 591	0.796 409 372
排名	26	27	28	29	30
供应商	S364	S266	S055	S365	S150
得分	0.792 535 897	0.787 872 542	0.784 877 334	0.775 241 61	0.773 838 664

续表 11-6

排名	31	32	33	34	35
供应商	S346	S040	S123	S098	S218
得分	0.773 470 231	0.773 176 98	0.771 482 803	0.762 356 512	0.751 099 756
排名	36	37	38	39	40
供应商	S307	S291	S244	S007	S114
得分	0.748 100 987	0.748 026 686	0.746 644 479	0.741 930 666	0.738 826 606
排名	41	42	43	44	45
供应商	S314	S294	S338	S076	S037
得分	0.733 636 806	0.726 883 977	0.724 445 811	0.715 480 96	0.715 477 028
排名	46	47	48	49	50
供应商	S146	S086	S129	S080	S003
得分	0.711 472 354	0.710 669 778	0.710 490 332	0.707 223 729	0.697 904 11

4. 基于材料偏好的综合评估

通过查阅参考文献[7-8]并考虑问题三中企业对供货材料的偏好,在评估供应商供货能力时,考虑了供应商供应材料类型的影响。我们设材料种类为 n ,则第 i 号材料的产出率为 Out_i ,单价为 Per_i ,系数 k_i 为

$$k_i = \frac{1 - \dfrac{\text{Out}_i}{n}}{\text{Out}_i * \text{Per}_i} \tag{11-18}$$

将材料 A、B 和 C 的产出率和单价代入,可得它们的系数比为

$$k_A : k_B : k_C = 1.06 : 1.02 : 1$$

通过系数比,对供应商得分重新进行系数相乘,并根据新的得分对供应商的供应能力进行排名,前 50 名供应商的得分与排名情况如表 11-7 所示。

表 11-7 基于材料偏好调整的供应商重要性得分

供应商 ID	材料分类	原排名	新的得分	新的排名
S229	A	1	1.06	1
S108	B	3	0.972 499	2
S151	C	2	0.967 675	3

续表 11-7

供应商 ID	材料分类	原排名	新的得分	新的排名
S329	A	9	0.961 928	4
S308	B	5	0.946 883	5
S140	B	6	0.944 858	6
S340	B	7	0.944 037	7
S361	C	4	0.938 992	8
S330	B	8	0.932 579	9
S275	A	11	0.930 825	10
S282	A	13	0.923 846	11
S131	B	10	0.910 947	12
S143	A	17	0.903 041	13
S348	A	20	0.884 785	14
S306	C	12	0.872 204	15
S139	B	15	0.872 06	6
S194	C	14	0.870 502	17
S356	C	16	0.854 071	18
S374	C	18	0.848 824	19
S284	C	19	0.845 923	20
S352	A	25	0.844 194	21
S266	A	27	0.835 145	22
S031	B	23	0.830 945	23
S268	C	21	0.825 864	24
S247	C	22	0.824 133	25
S150	A	30	0.820 269	26
S367	B	24	0.817 852	27
S123	A	33	0.817 772	28
S364	B	26	0.808 387	29
S055	B	28	0.800 575	30
S307	A	36	0.792 987	31

续表 11-7

供应商 ID	材料分类	原排名	新的得分	新的排名
S291	A	37	0.792 908	32
S346	B	31	0.788 94	33
S040	B	32	0.788 641	34
S007	A	39	0.786 447	35
S114	A	40	0.783 156	36
S098	B	34	0.777 604	37
S365	C	29	0.775 242	38
S218	C	35	0.751 1	39
S244	C	38	0.746 644	40
S338	B	43	0.738 935	41
S314	C	41	0.733 637	42
S294	C	42	0.726 884	43
S146	B	46	0.725 702	44
S076	C	44	0.715 481	45
S037	C	45	0.715 477	46
S269	A	54	0.711 115	47
S086	C	47	0.710 67	48
S129	C	48	0.710 49	49
S080	C	49	0.707 224	50

对比表 11-6 和表 11-7，发现考虑材料类型偏好之后，供应商的重要性排序略有变化，但前 50 名供应商的排序变化不是很大。

5. 供应商评价模型的检验

采用 K-均值聚类法对 402 家供应商进行聚类，并通过交叉验证的方法验证聚类结果的可靠性。由于在考虑材料偏好后的供应商排名顺序变动不大，故这里仅检验表 11-6 中所示的评估结果。

以供应商作为样本，其对应的 5 个指标作为样本的属性。若评价结果合理，则这 50 家供应商的特征应相似，在聚类时应尽量被划分在同一类里。对整体供应商

分别作 $K=3$ 和 $K=4$ 的 K 均值聚类。

当 $K=3$ 时,得到整体供应商的划分结果见附录,评选的 50 家最重要的供应商划分结果如表 11-8 所示,通过观测结果我们发现最重要的 50 家供应商都被划分在同一类里。

表 11-8 $K=3$ 时前 50 家供应商所属类号表

排名	供应商 ID	所属类号	排名	供应商 ID	所属类号
1	S229	1	26	S364	1
2	S151	1	27	S266	1
3	S108	1	28	S055	1
4	S361	1	29	S365	1
5	S308	1	30	S150	1
6	S140	1	31	S346	1
7	S340	1	32	S040	1
8	S330	1	33	S123	1
9	S329	1	34	S098	1
10	S131	1	35	S218	1
11	S275	1	36	S307	1
12	S306	1	37	S291	1
13	S282	1	38	S244	1
14	S194	1	39	S007	1
15	S139	1	40	S114	1
16	S356	1	41	S314	1
17	S143	1	42	S294	1
18	S374	1	43	S338	1
19	S284	1	44	S076	1
20	S348	1	45	S037	1

续表 11-8

排名	供应商 ID	所属类号	排名	供应商 ID	所属类号
21	S268	1	46	S146	1
22	S247	1	47	S086	1
23	S031	1	48	S129	1
24	S367	1	49	S080	1
25	S352	1	50	S003	1

利用交叉验证来验证聚类结果的可靠性,其验证结果如表 11-9 所示,从验证结果发现,组别 1 的验证准确率为 91.2%,认为聚类结果较为准确。

表 11-9 $K=3$ 时的交叉验证分析表

		案例的类别号	预测组成员			合计
			1	2	3	
初始	计数	1	53	4	0	57
		2	0	139	5	144
		3	0	2	199	201
	%	1	93.0	7.0	0	100.0
		2	0	96.5	3.5	100.0
		3	0	1.0	99.0	100.0
交叉验证 a	计数	1	52	5	0	57
		2	0	139	5	144
		3	0	2	199	201
	%	1	91.2	8.8	0	100.0
		2	0	96.5	3.5	100.0
		3	0	1.0	99.0	100.0

当 $K=4$ 时,把 402 家供应商划分为四类,得到整体供应商归类,结果见附件。评选的 50 家最重要的供应商划分结果如表 11-10 所示,我们发现最重要的 50 家供应商中有 45 家供应商被划分在同一类里,而另外 5 家供应商都被划在另一类。

表 11-10　$K=4$ 时前 50 家供应商所属类号表

排名	供应商 ID	所属类号	排名	供应商 ID	所属类号
1	S229	1	26	S364	1
2	S151	1	27	S266	1
3	S108	1	28	S055	1
4	S361	1	29	S365	1
5	S308	1	30	S150	1
6	S140	1	31	S346	1
7	S340	1	32	S040	1
8	S330	1	33	S123	1
9	S329	1	34	S098	1
10	S131	1	35	S218	1
11	S275	1	36	S307	1
12	S306	1	37	S291	1
13	S282	1	38	S244	1
14	S194	1	39	S007	1
15	S139	1	40	S114	1
16	S356	1	41	S314	1
17	S143	1	42	S294	1
18	S374	1	43	S338	1
19	S284	1	44	S076	2
20	S348	1	45	S037	2
21	S268	1	46	S146	2

续表 11-10

排名	供应商 ID	所属类号	排名	供应商 ID	所属类号
22	S247	1	47	S086	1
23	S031	1	48	S129	2
24	S367	1	49	S080	1
25	S352	1	50	S003	2

利用交叉验证来验证聚类结果的可靠性,其验证结果如表 11-11 所示,从验证结果发现,组别 1 的验证准确率为 95.6%,聚类结果较为准确。

表 11-11　$K=4$ 时的交叉验证分析表

		案例的类别号	预测组成员				合计
			1	2	3	4	
初始	计数	1	43	2	0	0	45
		2	0	60	0	3	63
		3	0	2	193	0	195
		4	0	0	3	96	99
	%	1	95.6	4.4	0	0	100.0
		2	0	95.2	0	4.8	100.0
		3	0	1.0	99.0	0	100.0
		4	0	0	3.0	97.0	100.0
交叉验证 a	计数	1	43	2	0	0	45
		2	0	60	0	3	63
		3	0	2	193	0	195
		4	0	0	4	95	99
	%	1	95.6	4.4	0	0	100.0
		2	0	95.2	0	4.8	100.0
		3	0	1.0	99.0	0	100.0
		4	0	0	4.0	96.0	100.0

当 $K=3$ 和 $K=4$ 时,组别 1 的划分准确率分别为 91.3% 和 95.6%,检验结果显示评选的前 50 家最重要的供应商被划分在同一组别的概率分别为 100% 和 90%,即大多数最重要的供应商被归在同一类里,这表明模型评价结果较为可靠。

11.4 问题二的模型建立与求解

11.4.1 问题分析

问题二要求在问题一的基础上求解最少供货商,且使供货商订购最经济和损耗最少的原材料。显然,这是一个优化问题。根据题意,将订购与转运过程分开进行分析求解。在订购过程中不考虑损耗问题,而把这个放到转运过程中具体求解。在求解订购问题时,现实中的供货量具有不确定性,但越是稳定的供货商其供货量越是有规可循,可以从其往期供货量预测未来供货量。通过分析赛题提供的供货量数据,发现其中不少数据具有明显周期性特征。鉴于近期数据要比远期数据更有说服力,所以在预测时,计算的是每个周期相同位置的加权平均值。图 11-2 展示了几组预测结果(左侧深色为现有数据,右侧浅色为预测数据)。

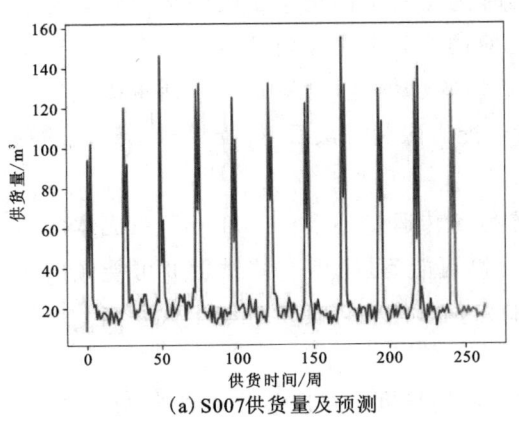

(a) S007 供货量及预测

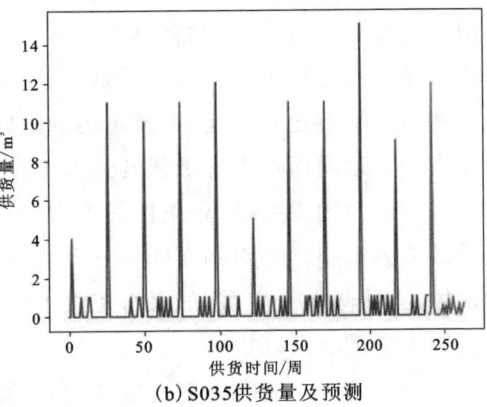

(b) S035 供货量及预测

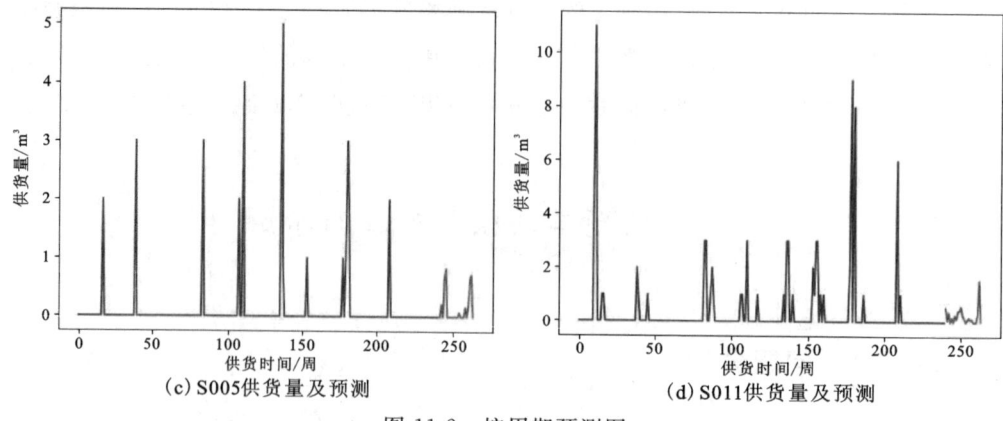

图 11-2　按周期预测图

11.4.2　模型建立及数据处理

分别对订购问题和转运问题建立 0-1 规划模型与循环 0-1 规划模型。

订购问题的 0-1 模型中，决策变量为是否选择某个供货商，目标函数为供货商数量。约束条件设为每周开始时原材料库存量满足不少于两周的生产需求。

循环 0-1 规划模型中，目标函数为仅使用之前求出的最少供应商时的最少成本。求解转运问题时，可以将转运商往期转运过程的平均损耗率（去除 0 后求平均）作为该转运商的损耗率。在具体转运时优先使用损耗率小的转运商转运总价值大的货物。若还有货物没转运完，反复使用 0-1 线性规划模型对单个转运商的最大转运量进行规划。目标函数为转运货物的总价值，约束条件包括每家供货商只能由一家转运商转运，以及转运商的转运能力限制。最后，按损耗从小到大的顺序安排转运商即可求出最优转运方案

转运问题模型，约束条件设为单个转运商转运量不多于 $6000 m^3$，总成本的目标函数为最小。考虑到不同供货商供货习惯可能不同，即有些供货商可能倾向于多供，有些倾向于少供，如果直接将求出的供货量作为订货量可能不太妥当。所以使用供货量求出订货量。

选择所有可能的周期进行迭代，计算该周期长度下供应量之间的自相关系数，求出自相关系数最大的周期作为该供应商的周期。然后用计算出的每个周期相同位置的加权平均值作为未来周期的供货量，并且将预估中超过 6000 的供货量数据设为 6000。

1. 订购过程 0-1 规划模型的建立

1) 最少供应商

设共有 n 家供货商,原材料库存量为 rest。通过对供货量数据的处理,只需每周开始时原材料库存量满足不少于两周的生产需求,即

$$\text{rest} + \sum_{i=1}^{n} \frac{S_i * D_i}{A_i} <= 56\,400, S_i \in \{0,1\} \tag{11-19}$$

其中,S_i 为是否选择供应商 i,D_i 为供应商供应量,A_i 为每单位产品需要多少单位供货商 i 供应的原材料。

在求解最少需要多少供货商时,结合问题一的得分结果,列出以下目标函数:

$$\min \sum_{i=1}^{n} S_i * (1 - U_i)$$

其中,U_i 为供应商 i 的得分。因为要求最小值,且 $U_i \in [0,1]$,通过 $(1-U_i)$ 的形式将得分转化为扣分。综上,我们建立的模型为

$$\min \sum_{i=1}^{n} S_i * (1 - U_i)$$

$$\text{s.t } \text{rest} + \sum_{i=1}^{n} \frac{S_i * D_i}{A_i} <= 56\,400, S_i \in \{0,1\} \tag{11-20}$$

由于有可能会出现即使把所有供应商的货物全买来也无法满足模型限制条件的情况,所以当这种情况出现时我们会直接购买所有货物,只要情况不是特别极端,缺少的部分会在以后的规划中补齐。

2) 最经济的原材料订购方案

设最少供应商家 $n_{\min}$,在求解最经济的原材料订购方案时,目标函数为最小成本和最高优势评分,即

$$\min \sum_{i=1}^{n_{\min}} S_i * D_i * C_i * (1 - U_i)$$

其中,C_i 为供货商 i 产品的单位成本。

综上,建立的模型为

$$\min \sum_{i=1}^{n_{\min}} S_i * D_i * C_i * (1 - U_i)$$

$$\text{s.t } \text{rest} + \sum_{i=1}^{n} \frac{S_i * D_i}{A_i} <= 56\,400, S_i \in \{0,1\} \tag{11-21}$$

经过此步规划,可以得出从哪些供应商订购原材料。

2. 转运过程循环 0-1 规划模型的建立

设待转运货物共 n 个。转运的货物受到转运量的限制,即

$$\sum_{i=1}^{n} S_i * V_i <= 6000, S_i \in \{0,1\}$$

其中,S_i 代表选择第 i 个货物,V_i 代表第 i 个货物的体积。

每次循环总选择总成本最大的组合,则目标函数为

$$\max \sum_{i=1}^{n} S_i * V_i * D_i * C_i \qquad (11\text{-}22)$$

综上,建立的模型为

$$\max \sum_{i=1}^{n} S_i * V_i * D_i * C_i$$

$$\text{s. t} \sum_{i=1}^{n} S_i * V_i <= 6000, S_i \in \{0,1\} \qquad (11\text{-}23)$$

对于选出来的货物,直接安排平均损耗最小的可用转运商转运(安排后此转运商便不可用了)。对于未被转运的货物,继续进行 0-1 规划,直到所有货物转运完。

3. 模型求解

使用 Python 的 ortools 库对模型进行求解,得到最少使用多少供应商,结果如图 11-3 所示(横坐标为周数,纵坐标为供应商数量)。我们共选用了 39 家不同的供应商。表 11-12 为对这 39 家供应商进行规划的结果。从表可以看出,利用对应供应商供货量与订货量的拟合函数,将规划结果中的供货量转换为订货量。具体求解结果可见附件 A 与附件 B。

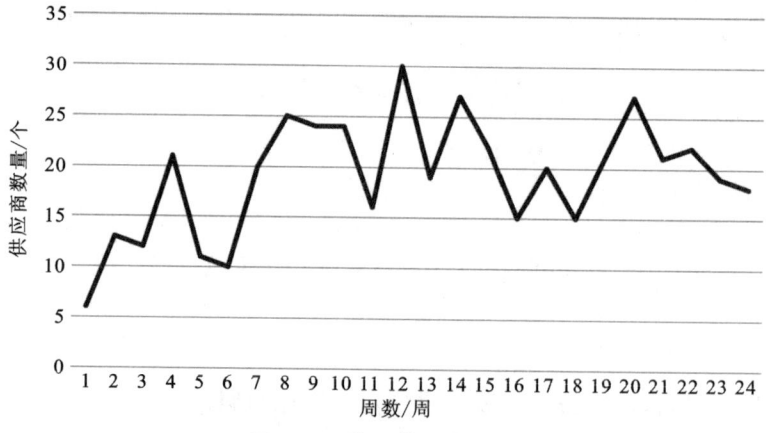

图 11-3 使用供应商数量

表 11-12 最经济且损耗最小的规划结果

周数	总成本	损耗成本占总成本比例
1	20 849	0.015 61
2	19 965.5	0.015 38
3	20 541.9	0.015 5
4	20 208.6	0.015 36
5	20 410.7	0.015 48
6	20 362	0.015 3
7	20 385.8	0.015 34
8	20 251.8	0.015 32
9	20 358.5	0.015 37
10	20 312.4	0.015 37
11	20 512.2	0.015 45
12	20 189.9	0.015 32
13	20 445.8	0.015 38
14	20 240.9	0.015 34
15	20 330.4	0.015 35
16	20 363.6	0.015 38
17	20 496.1	0.015 39
18	20 200.1	0.015 38
19	20 344.1	0.015 33
20	20 309.1	0.015 33
21	20 361.8	0.015 35
22	20 345.1	0.015 35
23	20 292.4	0.015 38
24	20 357.9	0.015 44

4. 敏感性分析

对供货商供货能力进行调整，重新对订货与转运过程进行规划，结果如表 11-13 所示。

表 11-13 模型对供货量的敏感性

操作	最少供应商数量	最少总成本
增加 10%	47	488 448.4
减少 10%	334	469 741.9
无	222	488 457.5

可以看到，在供货量增加的情况下，模型在总成本基本不变的情况下最少供应商随着供货量的变化有明显改变。当供货量减少时，可能出现了供不应求的情况，所以成本减少了。模型对供应量较为敏感。

11.5 问题三的模型建立与求解

11.5.1 问题分析

在问题二中，将订购与运输分成了两个阶段进行处理，在订购时没有考虑损耗，使得库存量很容易小于两周的需求总量。其实可以将两个阶段同时处理，在简化模型的同时更能吻合题目条件。将转运商是否转运某个供应商的货物作为优化变量，建立 0-1 规划模型。限制条件为每个供应商货物只能由一家转运商转运、库存总量和转运商转运能力。题目要求尽量选 A 类原材料，问题一中虽然考虑了材料种类的好坏，但偏向性不明显。为了更契合题目要求，在本问题中我们在规划时，减小了 A 类原材料贡献成本的权重，目标函数为向单个供货商订购成本与权重乘积的加权总成本。

11.5.2 模型建立

1. 订货-运输 0-1 规划模型的建立

设供应商共 n_s 个，转运商共 n_t 个，为满足库存量限制，可以列出以下不等式：

$$\text{rest} + \sum_{i=1}^{n_s}\sum_{j=1}^{n_t} T_{ij} * D_i * (1-R_j) >= 56\,400, T_{ij} \in \{0,1\} \quad (11\text{-}24)$$

其中，T_{ij} 为是否选择 j 号转运商转运 i 号供应商的货物，D_i 为供应商 i 的供应量，R_j 为 j 号转运商的平均损耗。

转运商的运输能力限制可用如下不等式表示：

$$\sum_{j=1}^{n_t} T_{ij} * D_i <= 6000, i=1,2,\ldots,n_s \quad (11\text{-}25)$$

每家供应商只能由一家转运商运输，所以可以列出如下不等式：

$$\sum_{i=1}^{n_s} T_{ij} <= 1, j=1,2,\ldots,n_t \quad (11\text{-}26)$$

目标函数为

$$\min \sum_{i=1}^{n_s}\sum_{j=1}^{n_t} T_{ij} * D_i * C_i * R_j * (1-U_i) * w_i$$

其中，w_i 为供应商 i 生产的产品种类的权重。

综上，最后建立的模型为

$$\min \sum_{i=1}^{n_s}\sum_{j=1}^{n_t} T_{ij} * D_i * C_i * R_j * (1-U_i) * w_i$$

$$\text{s.t.} \begin{cases} \text{rest} + \sum_{i=1}^{n_s}\sum_{j=1}^{n_t} T_{ij} * D_i * (1-R_j) >= 56\,400, T_{ij} \in \{0,1\} \\ \sum_{j=1}^{n_t} T_{ij} * D_i <= 6000, i=1,2,\ldots,n_s \\ \sum_{i=1}^{n_s} T_{ij} <= 1, j=1,2,\ldots,n_t \end{cases} \quad (11\text{-}27)$$

2. 模型求解

使用 Python 的 ortools 库对模型进行求解。对于规划结果，利用对应供应商供货量与订货量的拟合函数,将规划结果中的供货量转换为订货量。具体求解结果可见附件 A 与附件 B。

3. 敏感性分析

将求得的 24 周总订购情况与问题二中的总订购情况作对比,如表 11-14 所示。可以看到,本问题的求解结果相对于问题二明显提高了 A 的用量并减少了 C 的用量。

表 11-14 总订购情况

材料种类	体积(m^3)	问题二体积(m^3)
A	155 727	133 473
B	106 742	124 839
C	184 392	190 967

11.6 问题四的模型建立与求解

11.6.1 问题分析

在问题四中,由于产能不受限制,我们只需要在转运商运输能力范围内尽可能多地订购供应商的货物即可。目标函数可设为订购的货物能生产的产品总量的最大值。

11.6.2 模型建立

1. 订购-运输 0-1 规划模型建立

设供应商共 n_s 个,转运商共 n_t 个,为满足库存量限制,可以列出以下不等式:

$$\text{rest} + \sum_{i=1}^{n_s}\sum_{j=1}^{n_t} T_{ij} * D_i * (1-R_j) >= 56\ 400, T_{ij} \in \{0,1\} \qquad (11\text{-}28)$$

转运商的运输能力限制可用如下不等式表示:

$$\sum_{j=1}^{n_t} T_{ij} * D_i <= 6000, i=1,2,\ldots,n_s \tag{11-29}$$

每家供应商只能由一家转运商运输，所以可以列出如下不等式：

$$\sum_{i=1}^{n_s} T_{ij} <= 1, j=1,2,\ldots,n_t \tag{11-30}$$

目标函数为

$$\max \sum_{i=1}^{n_s} \sum_{j=1}^{n_t} \frac{T_{ij} * D_i * (1-R_j) * U_i}{A_i}$$

A_i 为每单位产品需要多少单位供货商 i 供应的原材料，由于求的是最大值，所以不用对得分 U_i 进行其他处理。

综上，建立的模型为

$$\max \sum_{i=1}^{n_s} \sum_{j=1}^{n_t} \frac{T_{ij} * D_i * (1-R_j) * U_i}{A_i}$$

$$\text{s.t.} \begin{cases} \text{rest} + \sum_{i=1}^{n_s} \sum_{j=1}^{n_t} T_{ij} * D_i * (1-R_j) >= 56\,400, T_{ij} \in \{0,1\} \\ \sum_{j=1}^{n_t} T_{ij} * D_i <= 6000, i=1,2,\ldots,n_s \\ \sum_{i=1}^{n_s} T_{ij} <= 1, j=1,2,\ldots,n_t \end{cases} \tag{11-31}$$

2. 模型求解

使用 Python 的 ortools 库对模型进行求解。模型求得的接下来 24 周产量情况如图 11-4 所示。

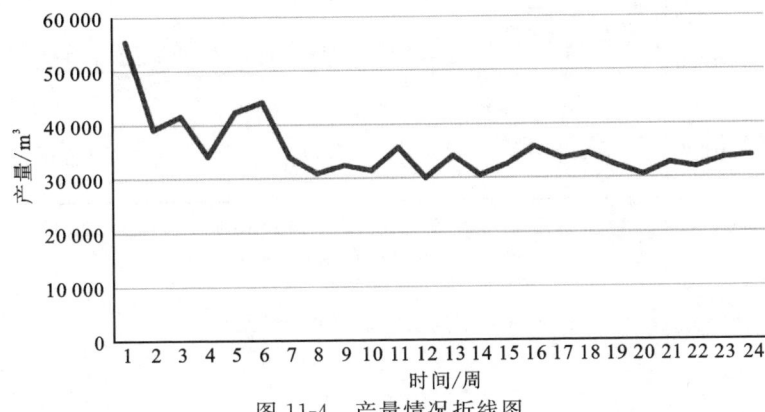

图 11-4　产量情况折线图

对于规划结果,利用对应供应商供货量与订货量的拟合函数,将规划结果中的供货量转换为订货量。具体求解结果可见附件A与附件B。

3. 敏感性分析

问题三中的产量对比图如图11-5所示。可以看到本模型提高了产量。提升幅度不是特别大的原因可能是供应商供应能力的限制。

图11-6为改变供应商供应量的规划结果。增加10%供应量时产量平均增长了9.5%,减少10%供应量时产量平均减少了9.5%。本模型对供应量较为敏感。

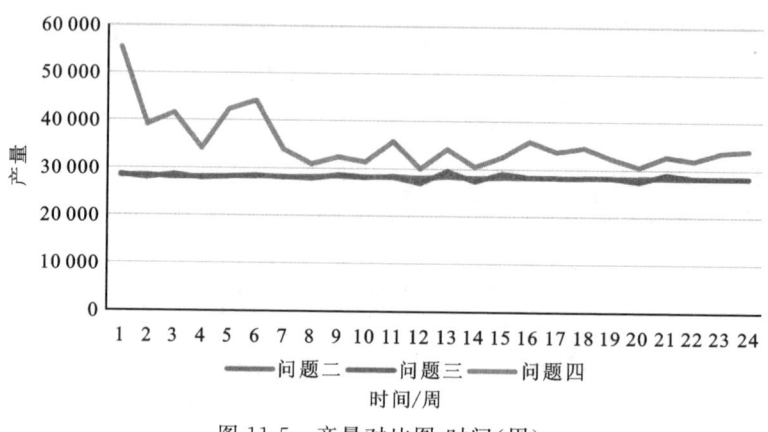

图11-5 产量对比图 时间(周)

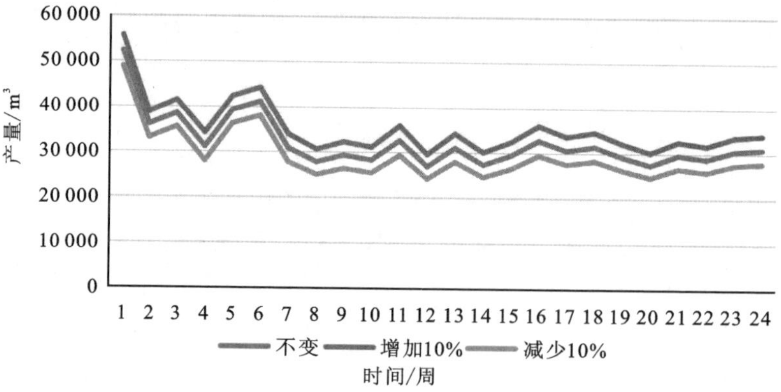

图11-6 不同供应量下的产量结果

11.7 模型评价

1. 优点

评估时,本模型采用客观赋权,公平公正,且基于 Critic 法,关注数据的差异性和指标间的关联性,充分利用数据自身的特性。建模时将多种方法进行对比,选择相对合适的方法。在对问题三、问题四进行规划时,同时考虑订购与转运过程,简化了求解过程的同时能直接求出当前限制条件下的最优解。

2. 缺点

问题一中指标数目较少,评估供应商的供货能力时可能考虑的不够全面。没有对数据进行筛查,可能会有极端供货情况的供应商的得分偏大或偏小。对供应量的预测较为粗糙。

主要参考文献

[1] 蔡亚轩,郑志雯. 木材加工企业的物流运输成本可控性研究[J]. 林产工业, 2021,58(7):95-97.

[2] DIAKOULAKI D, MAVROTAS G, PAPAYANNAKIS L. Determining objective weights in multiple criteria problems:the critic method[J]. Computers & Operations Research, 1995, 22(7): 763-770.

[3] 赵息,卢赫,高博. 基于修正 TOPSIS 法的电信企业综合绩效评价[J]. 东华大学学报(社会科学版),2007,7(1):18-21.

[4] 王红旗,周庆涛,王帅,等. 基于熵权的 Topsis 方法在地下水水源地污染调查优化布点中的应用[J]. 安全与环境学报,2008,8(6):39-42.

[5] 王慧贤,靳惠佳,王娇龙,等. K 均值聚类引导的遥感影像多尺度分割优化方法[J]. 测绘学报,2015,44(5):526-532.

[6] 王昆,宋海洲. 三种客观权重赋权法的比较分析[J]. 技术经济与管理研究,

2003(6):48-49.

[7]蒋一琳.财务敏感性分析方法研究[J].经济师,2021(8):93-95.

[8]刘向东.单因素敏感性分析在项目经济评价中的应用[J].现代商业,2007(23):286-287.

点 评

本赛题中给出了4个具体问题,每个问题意义明确,不同参赛队员对问题的理解不存在太大差异,但数学建模的过程与方法可以不同。

问题一的目的是通过赛题附件给出的402家供货企业数据,对它们作重要性评价。对于参加数学建模竞赛的大学生而言,数学建模赛题往往与其专业无关,即使是与所学专业有关,作为本科生,如果仅凭个人有限的专业知识,也不一定能深入了解背景原理,不能选择或者构建合理的评价指标体系。为了完成问题一的建模工作,队员们应该查阅相关专业文献,依据权威的背景理论构建理论指标体系,再结合附件中数据文件给出的指标数据,选择或者构建出实际的评价指标,给出可供操作的指标体系。本建模参考了相关专业文献,构建了包含供货稳定性、供货趋势、完成率、总供货量和总订单数5个评价指标体系,这一点值得肯定。一般来说,对供货企业的重要性作评价时,理论上可以考虑很多指标,但我们不能"胡子眉毛一把抓",要选择那些关键指标,忽略次要因素,构建科学的评价指标体系。因此,这里应该将赛题背景理论和统计学原则相结合,本建模体现了这种结合的思想。

确定指标体系之后,建立定量评价模型时的关键问题有①指标的权重确定;②模型的求解或计算方法的选择。即使具有丰富经验的专业人士,采用主观定权法也可能得到不合理的结果,因此,客观定权法往往更被看好。数学建模赛题往往是解决各种实际问题,参赛队伍要深入研究问题,建立能很好刻画问题的模型,采用合适的方法,这样才能得出比较客观有用的结果,并不是表面上看起来很高大上的模型和最时髦的方法就是最好的。本建模解决问题一采用的方法是合适的,且在建模过程中,建立了基于材料偏好的模型进行对比分析,展现出参赛队员试图尽量充分研究问题,通过对比让所得结论更加可信。另外,数学建模解决实际问题是否可行,需要进行模型验证,本建模做了这个工作,利用聚类分析说明评价结果的可靠性,验证方法基本合理,不过,如果验证工作做得更细致,效果会更好。

在满足需要的前提下,厂家如何确定最少的供货商数目,这显然是一个典型的运筹优化问题。解决问题二的关键是分析订购与转运两个环节的主要因素,确定规划模型的目标函数和约束条件。经过问题一的研究,已经确定了供货商的重要性排序,厂家自然会优先选择重要性排名靠前的供货商,不过,供货商的供货量并不是恒定不变的,需要根据供货商们的历史数据对其供货特征作出分析及预测。本建模参赛者分析数据文件后发现一些供货商的供货数据存在周期性特征,同时考虑到近期数据比早先数据更能说明供货商的供货能力,将这些因素考虑进数学模型之中。建模思路清晰,问题分析合理,并且作了敏感性分析,分析过程完整,结论可信。

问题三和问题四与问题二的总体思路相似,解决问题的要求或者前提条件有所不同,数学建模时只要相应地修改目标函数或者约束条件即可。但建模这两个部分的过程稍显简单,有点虎头蛇尾的感觉。